面向“十二五”数字艺术设计规划教材

网站制作与管理技术标准实训教程

◎ 易锋教育　总策划
◎ 姚莹 于俊丽 杨春浩 马增友　编著

印刷工业出版社

内容提要

本书以一个完整动态网站制作为案例，分为网站前期准备、网页版式设计、静态网页制作、数据库创建及登录注册、文章发布、留言板、网站发布与维护7个模块。从网页版式、布局、CSS样式设计与制作到网站后台代码开发，展示了网站设计与制作的全过程，让读者掌握制作网站的技能。

本书根据编者的实际教学和开发经验编写而成，由浅入深、循序渐进地介绍了网站的制作过程。使读者通过学习一个网站的整个制作过程，来掌握网站设计的工作流程。

本书侧重综合职业能力与职业素质的培养，融“教、学、做”为一体，以尽可能适应以“能力本位”为主旨的学生为主、教师为辅的新型教学模式的需要。

本书不仅适合作为各院校网页设计相关专业的教材，也可作为网页设计和网站管理爱好者的参考用书。

图书在版编目（CIP）数据

网站制作与管理技术标准实训教程/姚莹，于俊丽，杨春浩，马增友编著.
-北京：印刷工业出版社，2011.6
ISBN 978-7-5142-0103-1

I.网… II. ①姚… ②于… ③杨… ④马… III.网站-设计-教材 IV.TP391.41

中国版本图书馆CIP数据核字(2011)第077702号

网站制作与管理技术标准实训教程

编　　著：姚　莹　于俊丽　杨春浩　马增友

责任编辑：赵　杰　　　　执行编辑：周　蕾
责任印制：张利君　　　　责任设计：张　羽
出版发行：印刷工业出版社（北京市翠微路2号　邮编：100036）
网　　址：www.keyin.cn　　www.pprint.cn
网　　店：//shop36885379.taobao.com
经　　销：各地新华书店
印　　刷：北京通州丽源印刷厂

开　　本：787mm × 1092mm　1/16
字　　数：435千字
印　　张：17
印　　数：1～3000
印　　次：2011年6月第1版　2011年6月第1次印刷
定　　价：39.00元
I S B N：978-7-5142-0103-1

◆ 如发现印装质量问题请与我社发行部联系　发行部电话：010-88275602

丛书编委会

前言 preface

互联网的出现给人们带来了又一个人机交互的工具，它的应用与发展给人们的生活带来了翻天覆地的变化。信息时代步伐的加快，互联网的迅猛发展，使企业的生存与发展越来越离不开网络。网站是企业利用互联网宣传、提高自己知名度、实现营销的现代化武器和工具，因此，网站的建设就越来越重要。

网站的流行催生了新的工作岗位——网站设计者（Website Designer）和网站管理者（Web Master）。如何设计一个网站并吸引更多的用户访问呢？如何管理网站，使之运行可靠，响应迅速呢？这都是基本的也是很重要的问题。

本教材以培养出网站的设计者和管理者为目标，从学生的实际需求出发来组织教学内容，教材侧重实用，课堂教学和实训紧密结合，从网站开发的程序设计到网站管理的实施项目，均安排了丰富的实训内容。

全书内容包括网站前期准备、网页版式设计、静态网页制作、数据库创建及登录注册、文章发布、留言板、网站发布与维护共7个学习模块，详细介绍了如何进行网站的前期策划，如何使用Dreamweaver、Photoshop、Flash等网页制作工具和美化工具来建设网站，如何在ASP环境下建设动态网站，以及如何创建数据库和网站的推广与宣传等知识。

本教材围绕着一个完整的网站设计实例展开，重点介绍网站设计的基本技术。课程以 开发和 应用 为原则，彻底打破原来的学科课程链路模式，基于工作过程的专业建设模式，以能力为本位，构建以实际工作情境为单位的课程体系。课程内容的选取按照软件开发市场、软件企业、行业对网站开发人员的需求确立。在教学实施的过程中，应用基于实际工作的教学模式、通过多种教学方法和教学手段，培养网站开发人员应具备的能力。

每个任务都围绕职业能力的形成组织课程内容，以真实项目为核心整合网站开发人员所需的知识、技能和态度。实践中创设职业情境，围绕着软件企业、软件行业中的实际项目而展开的，学生通过各个环节的技能训练，感受职业环境，实现岗位技能的逐步提升。

本书可作为网页设计与制作人员、网站建设与开发人员、大中专院校相关专业师生、网页制作培训班学员用书，也可供网站爱好者与自学者学习参考。

由于编者水平有限，教材中难免会存在不妥之处，恳请使用本教材的师生和其他读者朋友提出宝贵的意见和建议。

编者

2011 年 6 月

目录 Contents

模块01
网站前期准备

模块02
网页版式设计

模块03
静态网页制作

模块04
数据库创建及登录注册

模块05
文章发布

模块06
留言板

模块07
网站发布与维护

模块01

网站前期准备

在制作网站之前，首先要有一个整体上的规划。网站建设前期准备工作相当重要，这决定了所建网站的目的，以及日后的网站维护。

能力目标

1. 网站结构规划。
2. 网站ASP运行平台搭建。
3. 设置Dreamweaver站点。
4. 设置IIS网站属性。

知识目标

1. IIS的作用。
2. 网站策划书。
3. 网站推广。

学时分配

4课时（讲课2课时，实践2课时）

知识储备

知识 1 网站结构规划

进行网站的规划也就是组织网站的内容和设计其结构。网页制作者在明确网页制作的目的及要包括的内容之后，接下来就应该对网站进行规划，以确保文件内容条理清楚、结构合理，这样不仅可以很好地体现设计者的意图，也将使网站的可维护性与可扩展性增强。

组织网站的内容可以分两种角度来考虑。从设计者的角度来考虑，可以依据被描述对象的组织机构、类别划分等来组织内容；从浏览者的角度来考虑，就应该将各种素材依据浏览者的需要进行内容分类，以便浏览者可以快捷地获取所需要的信息及其相关内容。当然，设计网页时通常需要多方位考虑设计者和浏览者的需要，使网站最大限度地实现设计者的目标，并为浏览者提供最有效的信息服务。

合理的结构设计对于网站的规划也是至关重要的。下面介绍几种常用的结构类型：

[1] 分级结构

分级结构类似于目录系统的树型结构，由网站文件的主页开始，依次划分为一级标题、二级标题等，逐级细化，直至提供给浏览者具体信息。在分级结构中，主页是对整个网站文件的概括和归纳，同时提供了与下一级的链接。分级结构具有很强的层次性。

[2] 线性结构

线性结构类似于数据结构中的线性表，用于组织本身以线性顺序形式存在的信息，可以引导浏览者按部就班地浏览整个网站文件。

事实上，通常网站文件的结构是分级结构和线性结构相结合的，这样可以充分利用两种结构各自的特点，使网站文件既具有条理性、规范性，又可同时满足设计者和浏览者的要求。

[3] Web结构

Web结构类似于Internet的组成结构，各网页之间形成网状连接，允许用户随意浏览。

知识 2 撰写网站策划书

在制作网站之前，需要对网站有一个大体的规划，这就是网站策划书。网站策划书是网站策划人员在网站建设前期根据客户的不同情况进行市场分析，对网站建设和运营进行有计划的指导和阶段性总结所形成的书面报告。

网站策划书包含如下内容：

[1] 建设网站前的市场分析（企业自行处理）

（1）相关行业的市场是怎样的？市场有什么样的特点？是否能够在互联网上开展公司业务？

（2）市场主要竞争者分析，竞争对手上网情况及其网站策划、功能作用。

（3）公司自身条件分析、公司概况、市场优势，可以利用网站提升哪些竞争力，建设网站的能力（费用、技术、人力等）。

【2】建设网站的目的及功能定位（企业自行处理或与专业公司商议）

（1）为什么要建立网站？是为了树立企业形象、宣传产品、进行电子商务，还是建立行业性网站？是企业的基本需要还是市场开拓的延伸？

（2）整合公司资源，确定网站功能。根据公司的需要和计划，确定网站的功能类型，如企业型网站、应用型网站、商业型网站（行业型网站）、电子商务型网站。其中企业型网站又分为企业形象型、产品宣传型、网上营销型、客户服务型、电子商务型等。

（3）根据网站功能，确定网站应达到的目的。

（4）企业内部网（Intranet）的建设情况和网站的可扩展性。

注意 上面三点——建设网站前的市场分析、建设网站的目的及功能定位、网站技术解决方案主要由公司本身来完成，下面的内容才是由专业的网站制作公司完成的。

【3】网站技术解决方案（与专业公司商议）

根据网站的功能确定网站技术解决方案。

（1）采用自建服务器，还是租用虚拟主机。

（2）选择操作系统，如Window XP、Window 2007还是UNIX/Linux。分析投入成本、功能、开发、稳定性和安全性等。

（3）采用模板自助建站、建站套餐还是个性化开发。

（4）网站安全性措施，防黑、防病毒方案（如果采用虚拟主机，则该项由专业公司代劳）。

（5）选择什么样的动态程序及相应数据库，如程序ASP、JSP、PHP；数据库SQL、Access、Oracle等。

【4】网站内容及实现方式（与专业公司商议）

（1）根据网站的目的确定网站的结构导航。一般企业型网站应包括公司简介、企业动态、产品介绍、客户服务、联系方式、在线留言等基本内容。更多内容有常见问题、营销网络、招贤纳士、在线论坛、英文版等。

（2）根据网站的目的及内容确定网站整合功能。如Flash引导页、会员系统、网上购物系统、在线支付、问卷调查系统、在线支付、信息搜索查询系统、流量统计系统等。

（3）确定网站的结构导航中的每个频道的子栏目。如公司简介中可以包括总裁致词、发展历程、企业文化、核心优势、生产基地、科技研发、合作伙伴、主要客户、客户评价等；客户服务可以包括服务热线、服务宗旨、服务项目等。

（4）确定网站内容的实现方式。如产品中心使用动态程序数据库还是静态页面；营销网络是采用列表方式还是地图展示。

【5】网页设计

（1）网页美术设计要求，网页美术设计一般要与企业整体形象一致，要符合企业CI规范。要注意网页色彩、图片的应用及版面策划，保持网页的整体一致性。

（2）在新技术的采用上要考虑主要目标访问群体的分布地域、年龄阶层、网络速度、阅读习惯等。

（3）制定网页改版计划，如半年到一年时间进行较大规模改版等。

【6】费用预算

（1）企业建站费用的初步预算。

一般根据企业的规模、建站的目的、上级的批准而定。

（2）专业建站公司提供详细的功能描述及报价，企业进行性价比研究。

（3）网站的价格从几千元到十几万元不等。如果排除模板式自助建站（通常认为企业的网站无论大小，必须有独创性，如果千篇一律会影响企业形象）和牟取暴利的因素，网站建设的费用一般与功能要求是成正比的。

【7】网站维护

（1）服务器及相关软/硬件的维护，对可能出现的问题进行评估，制定响应时间。

（2）数据库维护。有效地利用数据是网站维护的重要内容，因此数据库的维护要受到重视。

（3）内容的更新、调整等。

（4）制定相关网站维护的规定，将网站维护制度化、规范化。

> **注意** 动态信息的维护通常由企业安排相应人员进行在线的更新管理；静态信息（即没用动态程序数据库支持）可由专业公司进行维护。

【8】网站测试

网站发布前要进行细致周密的测试，以保证正常浏览和使用。主要测试内容有：

（1）文字、图片是否有错误。

（2）程序及数据库测试。

（3）链接是否有错误。

【9】网站发布与推广

以上为网站策划中的主要内容，根据不同的需求和建站目的，内容也会相应增加或减少。在建设网站之初一定要进行细致的策划，才能达到预期的建站目的。

知识 3 网站推广

网站推广的最终目的是让更多的客户知道你的网站在什么位置。顾名思义，网站推广就是通过网络手段，把要推广的信息推广到受众目标。换句话说，凡是通过网络手段进行优化推广，都属于网络推广。具体包括通过传统的广告、企业形象系统去宣传；通过网络技术的方式，如链接、网络广告等方式去宣传。

国内网站推广是指将网站推广到国内各大知名网站和搜索引擎。主要有搜狐、新浪、网易、百度、雅虎、谷歌等，以及各行业门户网站和电子商务网站的推广。国内推广主要分为商业推广、普通推广、竞价排名、中文地址栏搜索、行业推广等。商业推广主要有搜狐、新浪、网易商业网站推广；竞价排名有搜狐竞价广告、百度竞价排名等；中文地址栏搜索有通用网址；行业推广主要有中国搜索联盟以及一些专业的推广软件在各行业网站推广。

国际推广是指全球性的网站推广，主要是指在全球知名网站做网站推广。目前最好的国际推广是Google。Google的数据量全球最大，查询信息最方便，全球市场占有率最大。全球访问人数最多。Google是包括Yahoo、AOL在内全球500多家著名搜索引擎的提供商。2002年4月底Google全球访问率13%，Yahoo全球访问率41%；2002年8月底Google全球访问率27%，Yahoo全球访问率29%。目前Google全球访问率超过Yahoo，预计将来Google的直接全球访问率会超过50%，加上Google提供的500多家（如Yahoo、AOL等）著名搜索引擎的间接访问全球访问率会达到95%。

在网络世界里,除了用较传统的推广方式，让客户通过网络广告或其他方式找到要推广的网站，其实还有更好的方式，那就是让客户主动找到，怎么做呢?最合适的方法就是使用搜索引擎，客户在搜索引擎上所搜到的内容都是他们急需得到的，所以，一旦他们找到网站，那么相关的合作成功概率将非常大。

在信息泛滥的时代，如何让人们来主动发现你，是一门高深的学问。以下列出几种典型的网站推广方式可作为参考。

【1】 搜索引擎优化

SEO（Search Engine Optimization）推广，汉译为搜索引擎优化，为近年来较为流行的网络营销方式，主要目的是增加特定关键字的曝光率以增加网站的能见度，进而增加销售的机会。分为站外SEO和站内SEO两种。SEO的主要工作是通过了解各类搜索引擎如何抓取互联网页面、如何进行索引以及如何确定其对某一特定关键词的搜索结果排名等技术，来对网页进行相关的优化，提高搜索引擎排名，从而提高网站访问量，最终提升网站的销售能力或宣传能力。所以，如何让Google、Baidu、Yahoo等搜索引擎工具更多地抓取网站的内容，是网站推广的首要问题。针对这一问题，有相当多的技术人员进行了专门的研究与论述，但是总体来看，主要有以下几个方面：

第一，确保网站不宕机。一旦网站宕机，被搜索引擎记录在案，必将影响下一次的抓取，网站在搜索排名中的位置必然会受影响，不断下降，被用户访问的概率就越来越小。

第二，网站安全标志。网站越安全，尤其是网站有McAfee的安全认证标识，越容易被Google、Yahoo等认可。用户能在Google、Yahoo和MSN等搜索结果里看到红盾标志的McAfee安全认证网站和各个网站的安全级别。这样，不仅有利于提高搜索引擎排名，也有利于提高企业品牌形象和竞争性，使企业从竞争对手中脱颖而出。

第三，域名被信任度直接影响搜索引擎对网站的抓取。一般来说，域名有效期越长，搜索引擎可能给予域名的信任度越高。旧的域名更容易获得信任，所以如果购买了一个旧域名，不要马上把所有的域名注册信息都改掉，要一项一项的改。有人为保护隐私而使用匿名注册，也就是查不到真正域名拥有人的姓名，但是搜索引擎可能会降低这类域名的信任度。

【2】 竞价排名

自从百度推出竞价排名广告，就受到许多人的热捧。企业在购买该项服务后，通过注册一定数量的关键词，其推广信息就会率先出现在网民相应的搜索结果中。如企业在Baidu注册“手机”这个关键词，当消费者寻找“手机”的信息时，企业网站就会优先被找到，而Baidu按照给企业带去的潜在客户访问量收费。

在做好搜索引擎优化之后，可对网站进行竞价排名，设置关键词数量不在于多，而在于精准，例如，网站产品是手机，在设置关键词的时候，仅写“手机”就不行，因为手机相关网页太多了，所以，可以设置更为精准的关键词，比如“1000元以下品牌手机”、“最新上网3G手机”、“iPhone最新超低价手机”等。

【3】博客、论坛营销

前面提到用户习惯用搜索引擎查找信息，这里面很大一部分信息就是产品信息。如今的用户都习惯在购物前全面了解产品、比较产品之间的不同，寻找最适合自己的产品，而这个了解的途径就是互联网上的博客、论坛等。

通过自建博客、论坛或在其他网站的博客、论坛上发软文，引导用户去了解产品信息，好的博客、论坛软文，甚至会形成忠实的用户群体。

【4】问题答疑和知识库营销

将问题答疑与知识库营销结合起来。可以通过百度知道、搜搜问问、雅虎问答、新浪问答等问答类网站，不断地模拟网友和网站的关系，引发用户不断提出与网站关系密切的问题，让用户都来关注网站，进而访问网站。如果再结合知识库营销，建立一个系统的知识库网站，对产品的技术、使用等进行系统的释疑，同时建立线上互动系统，在线释疑，必将使网站访问率大增。

【5】友情链接

与一些流量大、信息量大的网站交换链接是推广自己网站的捷径之一。

【6】通讯工具（邮件和即时聊天工具）

利用通讯工具也可以达到好的网站推广效果。比如说，邮件可以帮助进行很多推广，通过邮件，可以邀请用户评价网站产品；通过邮件也可以将最新的促销信息最快地传递给用户，吸引用户参与活动，从而使网站促销活动进行得更好；通过邮件也能发一些活动邀请函、节日祝福等，让用户感受到更好的服务。

【7】口碑营销（用户评价系统）

口碑营销依赖于用户体验，依赖于好的服务和产品质量，一般做好这几点，网站就很容易产生好的口碑，再多做博客、软文宣传，自然能形成好的口碑营销效果。在口碑营销这一块，必须要提到用户评价系统。现在很多购物网站都做了专门的用户评价系统，甚至会通过邮件专门邀请购买过产品的用户到网站上进行评价。

一个完善的用户评价系统，不仅能吸引用户更多的访问，通过丰富的产品评价还能为新用户进行购物指导。

【8】网络广告与线下推广

直接在各大门户或专业网站上发布性广告，结合广告推出线下的促销推广活动，也是网站推广的重要方式。

【9】推手推广

推手推广是近年来发展比较快的一种推广方式，也是比较有效的一种推广方法。雇主通过推广网站平台发布推广任务，而推手就按照任务的要求进行推广赚取佣金。这是一种公平的交易，所以现在很多站长都喜欢通过这种方式来推广自己的网站。

模拟制作任务

任务1 规划“精品课程展示”网站结构

任务背景：

“精品课程展示”就要开始程序开发了，首先要进行开发前的准备，规划网站结构是网站开发比较重要的一个环节，它关系到网站的易读性。

任务要求：

建立“精品课程展示”目录结构。要求文件夹名称清晰易懂、目录层次不要超过四层。

【技术要领】：建立网站结构。

【解决问题】：规划网站目录结构。

【应用领域】：网站前期规划。

【素材来源】：无。

【ASP成品】：无。

建立的目录结构效果如图1-1～图1-3所示。

图 1-1 “精品课程展示”结构目录

图 1-2 Admin文件夹下的结构目录

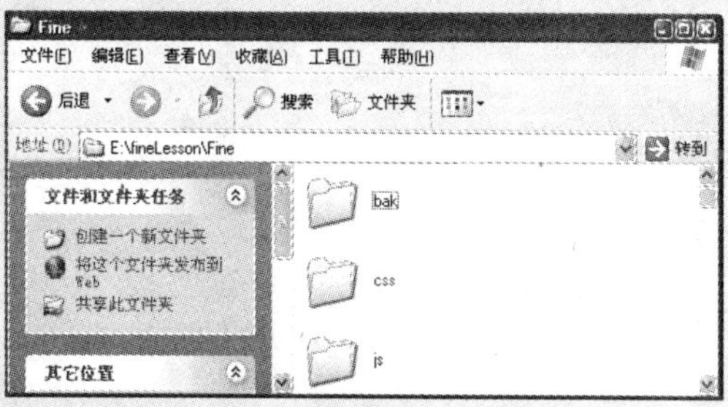

图 1-3 Fine文件夹下的结构目录

任务分析：

“精品课程展示”网站包括以下文件夹结构：

[1] fineLesson：网站根目录。

[2] Admin：存放后台管理员管理目录。

[3] Databases：存放Access数据库。

[4] Fine：存放前台页面。

[5] Images：存放前台页面引用图片。

[6] Inc：存放include文件。

[7] Uploads：存放文章新闻上传图片（及上传Flash、多媒体文件）。

[8] Admin/Image：存放后台页面引用图片。

[9] Admin/Inc：存放后台页面引用include文件。

[10] Fine/bak：存放前台页面的备份文件。

[11] Fine/css：存放前台页面引用CSS样式文件。

[12] Fine/js：存放前台页面引用js特效脚本文件。

根据网站建设需要，网站制作过程中可以随时建立网站功能所需要的文件夹。

重点、难点：

建立目录层次。

操作步骤：

新建网站根目录文件夹

（1）在本地机上任意盘符下，单击鼠标右键，在弹出的快捷菜单中选择【新建】>【文件夹】命令，如图示1-4所示。文件夹命名为fineLesson，如图1-4、图1-5所示。网站根目录建立完成。

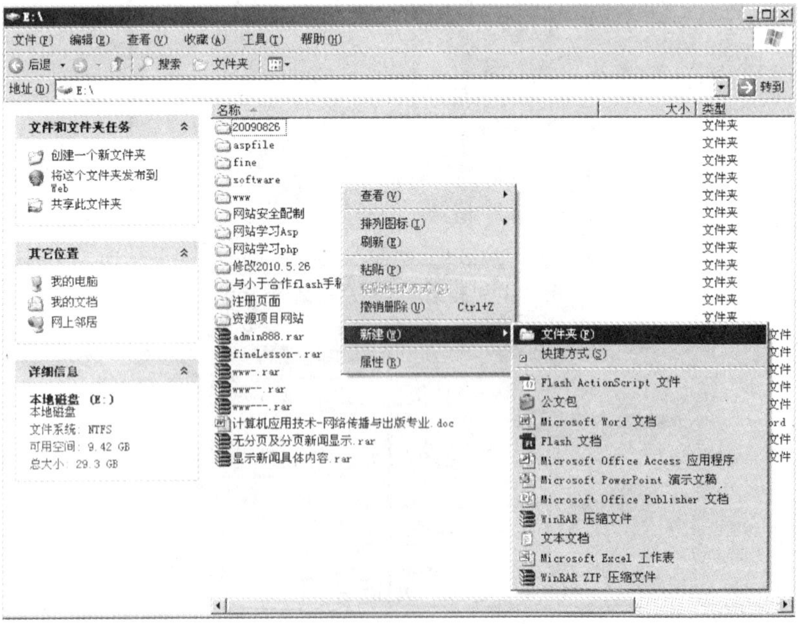

图1-4　新建文件夹

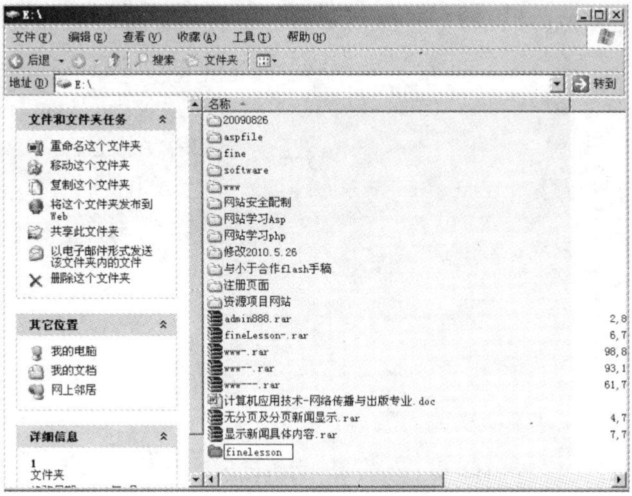

图1-5 将文件夹命名为fineLesson

建立网站二级目录

（2）双击打开fineLesson文件夹，在文件夹下按照步骤1方法分别建立Admin、Inc、Fine、Images、Databases、Uploads共6个文件夹。

建立网站三级目录

（3）双击打开Fine文件夹，在文件夹下按照步骤1方法分别建立css、bak、js文件夹。

（4）双击打开Admin文件夹，在文件夹下按照步骤1方法分别建立Image、Inc文件夹。

任务2 网站ASP运行平台搭建

任务背景：

小明今天是第一天来公司上班，公司刚分给小明一台计算机，以后的网站代码编写都得在这台计算机中完成，所以小明要对这台计算机进行ASP程序运行环境的搭建，也就是IIS的安装。

任务要求：

安装IIS 5.0。

【技术要领】：IIS 5.0安装。

【解决问题】：搭建ASP程序代码运行环境。

【应用领域】：ASP网页编程。

【素材来源】：无。

【ASP成品】：无。

任务分析：

网站服务器端运行环境可以按如下组合选择安装：

1. Windows Server 2008 + IIS 7.0
2. Windows Server 2003 + IIS 6.0
3. Windows Server 2000 + IIS 5.0

4. Windows XP+IIS 5.0

客户端使用普通的浏览器即可，如Internet Explorer。通常情况下，一般人都是先在自己的计算机上编写、调试好ASP程序后，然后再移植到网站服务器上去。那么在编写及调试代码的时候，自己的计算机就既是服务器端又是客户端，所以必须同时安装服务器端和客户端必需的软件。根据大部分人的实际情况，本书的讲述主要以在Windows XP 系统上调试和运行ASP为主。

重点、难点：

安装Internet信息服务（IIS）。

操作步骤：

插入Window XP操作系统安装光盘

（1）插入Windows XP安装光盘，选择【开始】>【设置】>【控制面板】命令，打开控制面板，然后单击【添加/删除程序】选项，如图1-6所示。

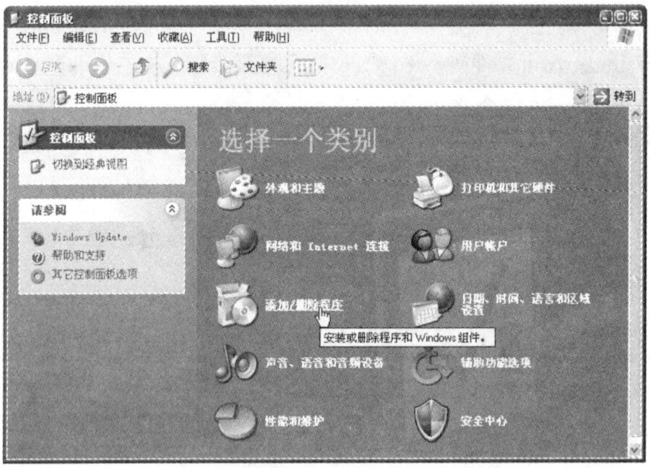

图1-6 单击“添加/删除程序”选项

安装Internet信息服务（IIS）

（2）在“添加或删除程序”窗口左侧单击“添加/删除Windows组件”选项，如图1-7所示。

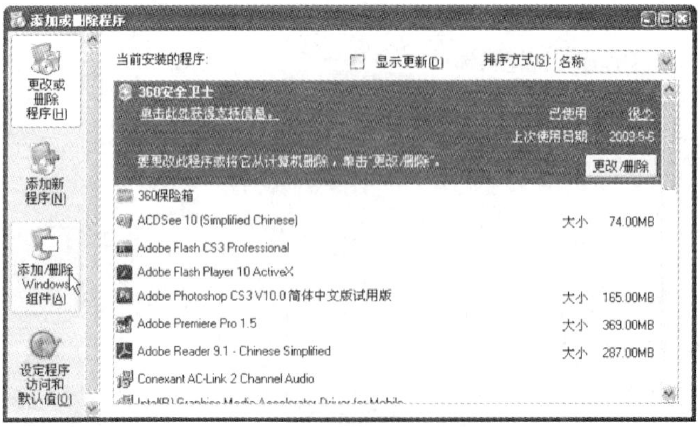

图1-7 单击“添加/删除Windows组件”选项

（3）弹出“Windows组件向导”对话框，选中“Internet信息服务（IIS）”复选框，单击【下一步】按钮，如图1-8所示。

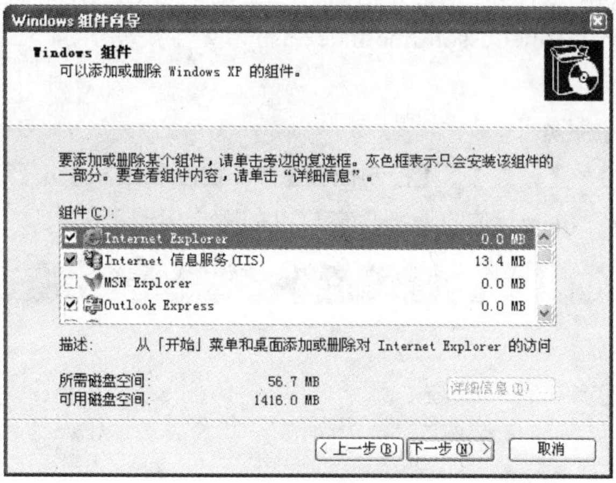

图1-8 选中“Internet信息服务(IIS)”复选框

IIS安装成功，系统会自动创建了一个默认的Web网站，该网站的主目录默认为“C:\Inetpub\wwwroot”。

任务3 配制IIS网站属性

任务背景：

进行网站程序编写之前，需要对IIS进行设置，才可以通过IIS解析网站中的网页。

任务要求：

1.设置“默认网站”为fineLesson文件夹。

2.添加并设置index.asp文件为网站“默认文档”。

3.在IE浏览器中输入网页地址进行浏览。

【技术要领】：设置IIS网站属性。

【解决问题】：设置默认文档。

【应用领域】：网站程序调试、网站服务器维护。

【素材来源】：html素材\fineLesson\fine\index.asp

【ASP成品】：无。

任务分析：

在进行IIS设置之前保证计算机上已经安装了IIS。IIS设置主要包括把“默认网站”设置为我们建立的文件夹、设置网站“默认文档”。默认文档的作用是，如果在浏览器地址栏里输入“http://localhost/”，并没有输入指定的网页文件名，系统会自动按照默认文档的顺序在localhost文件夹中查找，找到后就显示出来。

重点、难点：

设置网站显示默认文档。

操作步骤：

复制素材网站到本地计算机中

（1）找到“html素材\fineLesson\fine\index.asp”文件并复制到“E:\ fineLesson\fine\”目录下。

打开Internet信息服务

（2）选择【开始】>【设置】>【控制面板】>【性能和维护】>【管理工具】>【Internet信息服务】命令，打开“Internet信息服务”窗口，如图 1-9所示。

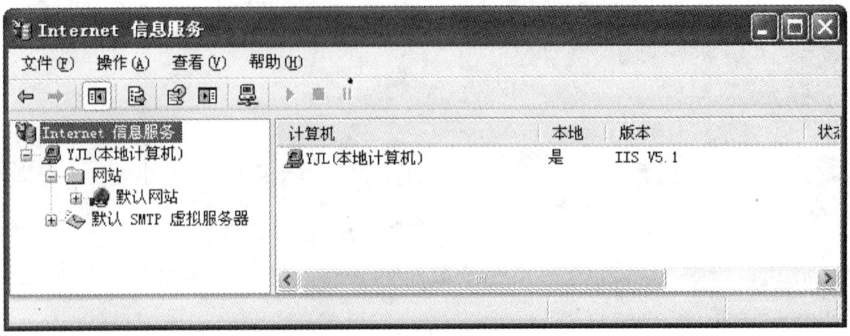

图1-9 【Internet信息服务】窗口

设置默认网站主目录

（3）在【默认网站】项目上右击，在弹出的快捷菜单中选择【属性】命令，如图 1-10所示。

图1-10 选择【属性】命令

（4）弹出“默认网站 属性”对话框，选择【主目录】选项卡。在“本地路径”文本框后单击【浏览】按钮，更改网站所在文件夹位置，设置为“E:\ fineLesson”，如图1-11所示。

设置网站默认文档

（5）在“默认网站 属性”对话框中选择“文档”选项卡，选中“启用默认文档”复选框，如图1-12所示。

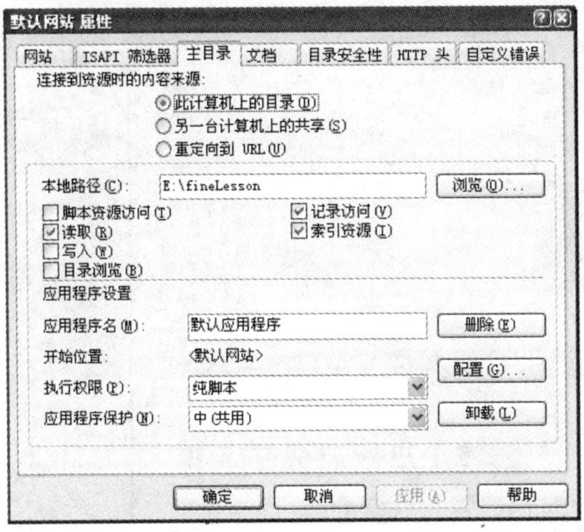

图1-11　设置主目录

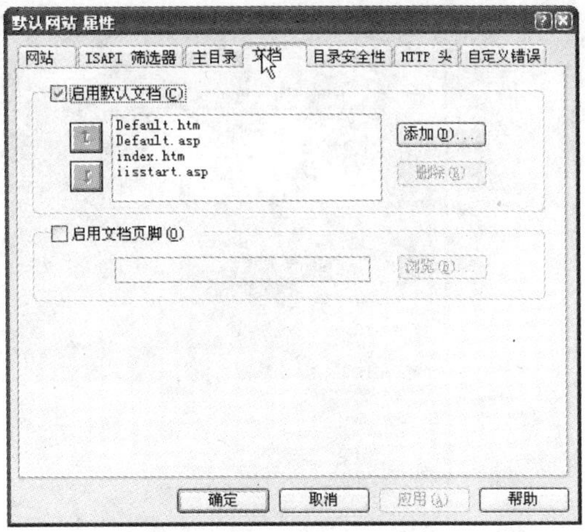

图1-12　选择【文档】选项卡

在“文档”选项卡中单击【添加】按钮，弹出【添加内容页】对话框，在“默认内容页”文本框中输入“index.asp”，单击【确定】按钮完成设置，如图 1-13所示。

图1-13　设置默认文档

（6）单击【上移】按钮把index.asp调到第1位，单击【确定】按钮完成设置，如图1-14 所示。

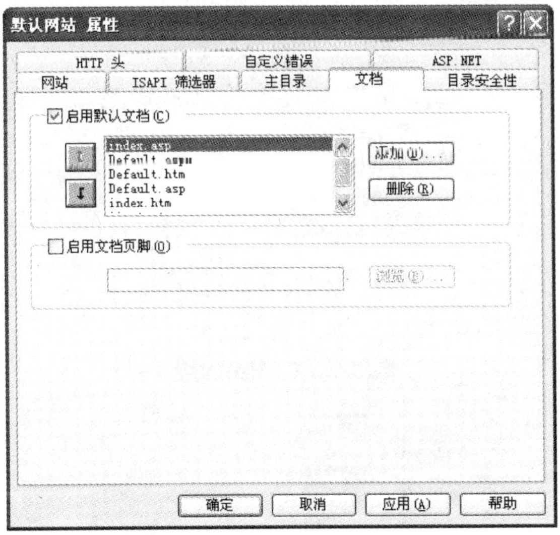

图1-14　移动index.asp文档至第1位

（7）打开IE浏览器，在IE浏览器地址栏中输入“http://localhost/”进行测试。自动打开index.asp页面，效果如图1-15所示。

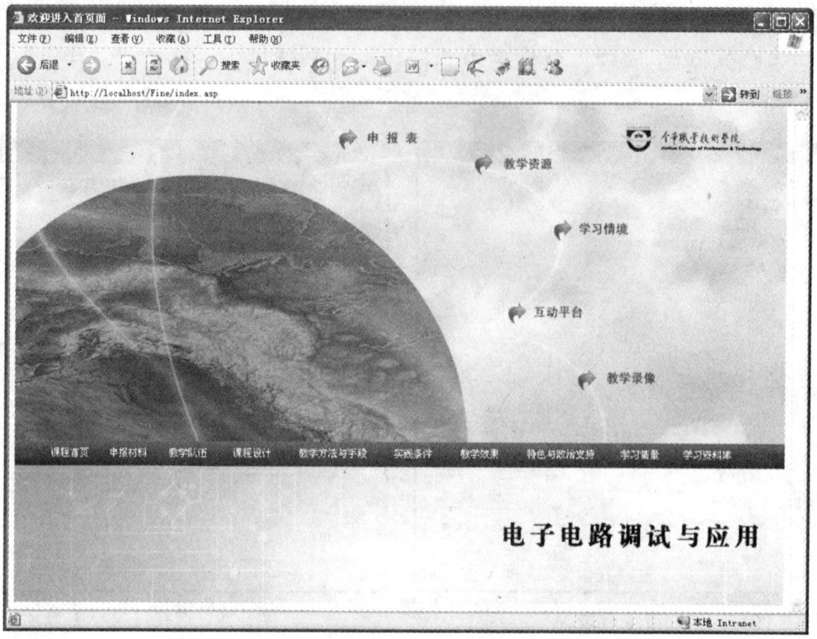

图1-15 index.asp页面效果

任务 4 设置Dreamweaver站点

任务背景：

每次查看网页运行结果都得打开IE浏览器输入网页地址进行调试很不方便。Dreamweaver有个功能，只要设置好站点就可实现按【F12】键直接进行调试，再也不用打开IE浏览器输入网页地址进行调试了，并且对以后编辑网页程序还有许多好处。

任务要求：

在Dreamweaver环境里设置fineLesson站点，便于后面的程序调试，如图1–16所示。

图1-16 站点设置

【技术要领】：按【F12】键进行调试。
【解决问题】：设置Dreamweaver调试ASP程序运行环境。
【应用领域】：Dreamweaver调试网页编程。
【素材来源】：无。
【ASP成品】：无。

任务分析：

设置Dreamweaver站点，方便用户在Dreamweaver中进行网页程序调试，以后就不用打开IE浏览器在地址栏中输入“http://localhost/fine/test.asp”，只要打开“test.asp”文件按【F12】键就可以进行测试了。

重点、难点：

设置测试目录

操作步骤：

打开【文件】面板

（1）打开Dreamweaver，在菜单栏中选择【窗口】>【文件】命令，如图1-17所示，打开【文件】面板。

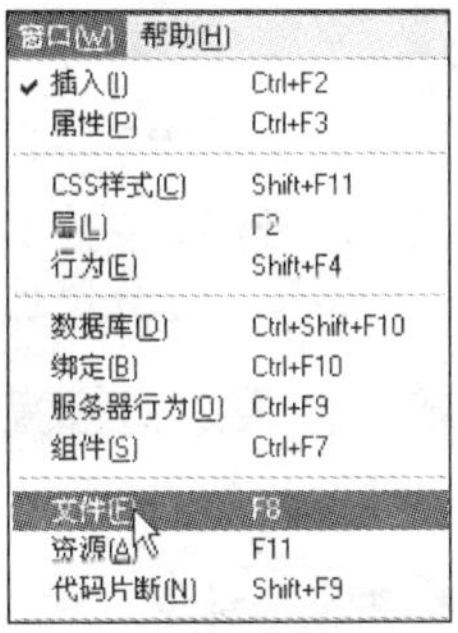

图1-17 选择“文件”命令

在【管理站点】对话框中进行设置

（2）在【文件】面板中选择【文件】选项卡，单击【管理站点】选项，如图 1-18所示。

（3）在弹出的【管理站点】对话框中选择【新建】>【站点】命令，如图 1-19所示。

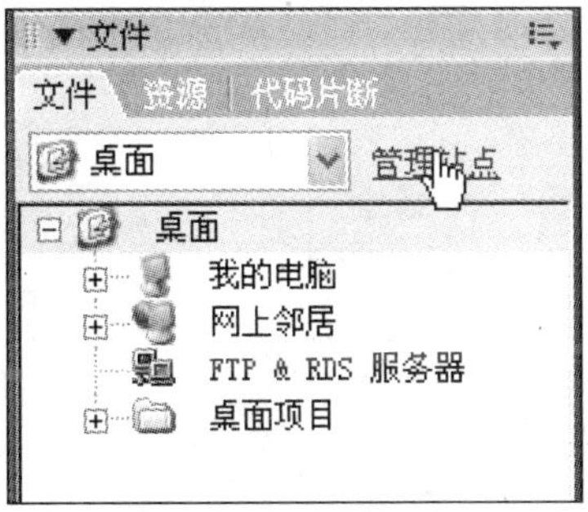

图1-18 【文件】选项卡

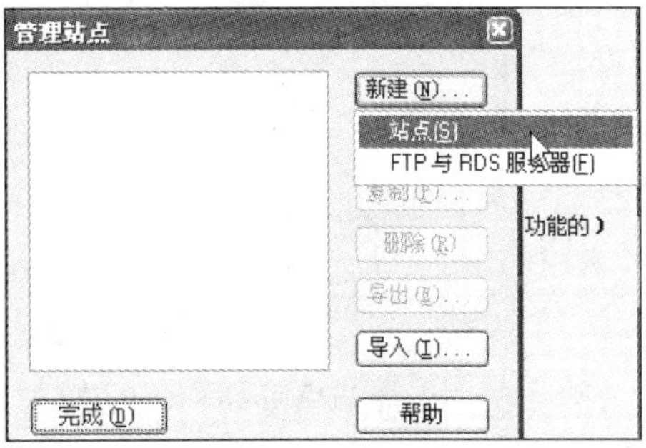

图1-19 “管理站点”对话框

设置站点

（4）在弹出的“未命名站点的站点定义为”对话框中分别输入“finelesson”站点名称，“http://localhost/” 站点地址，单击【下一步】按钮，新建站点效果如图1-20所示。

（5）在“基本”选项卡中选择“是，我想使用服务器技术”单选项，然后在“哪种服务器技术”下拉列表框中选择“ASP VBScript”，完成设置后单击【下一步】按钮，如图 1-21所示。

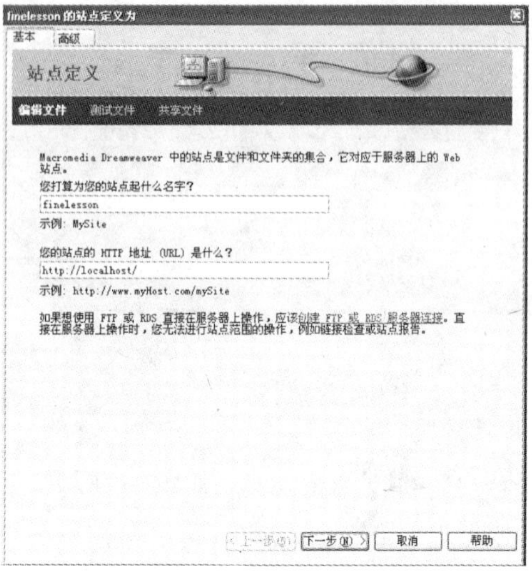

图1-20 设置站点名称和地址

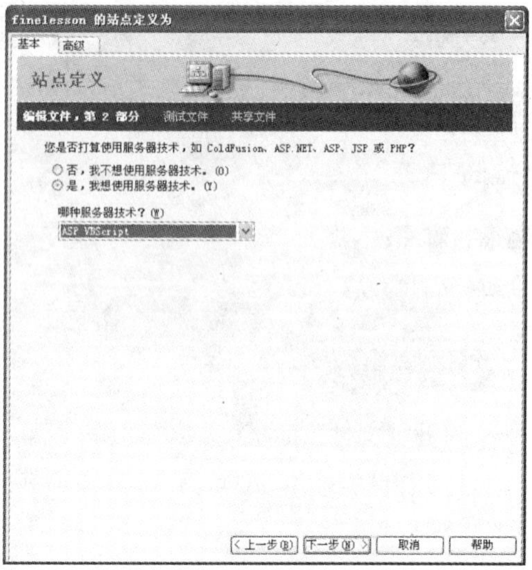

图1-21 选择服务器技术

（6）进入站点定义第3部分，在“在开发过程中，您打算如何使用您的文件？”选项组中选择“在本地进行编辑和测试（我的测试服务器是这台计算机）”单选项，在“您将把文件存储在计算机上的什么位置？”文本框右边单击📁按钮，如图 1-22所示。

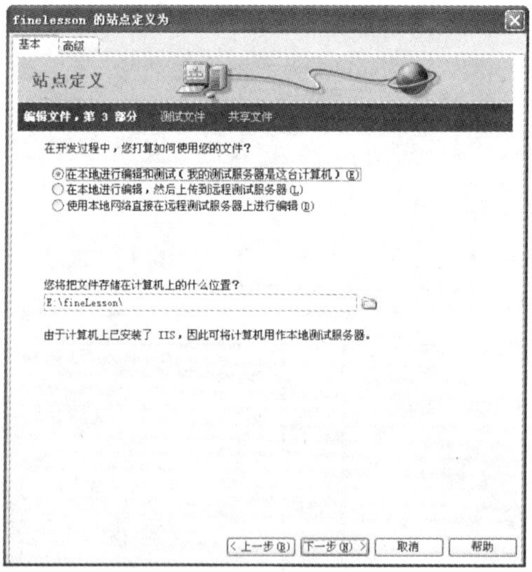

图1-22 设置站点根文件夹

（7）在弹出的“选择站点finelesson的本地根文件夹”对话框中找到“E:\ fineLesson\”文件夹，双击“fineLesson”进入文件夹中，然后单击【选择】按钮，就可以把fineLesson设置成站点的根文件夹，如图 1-23所示。

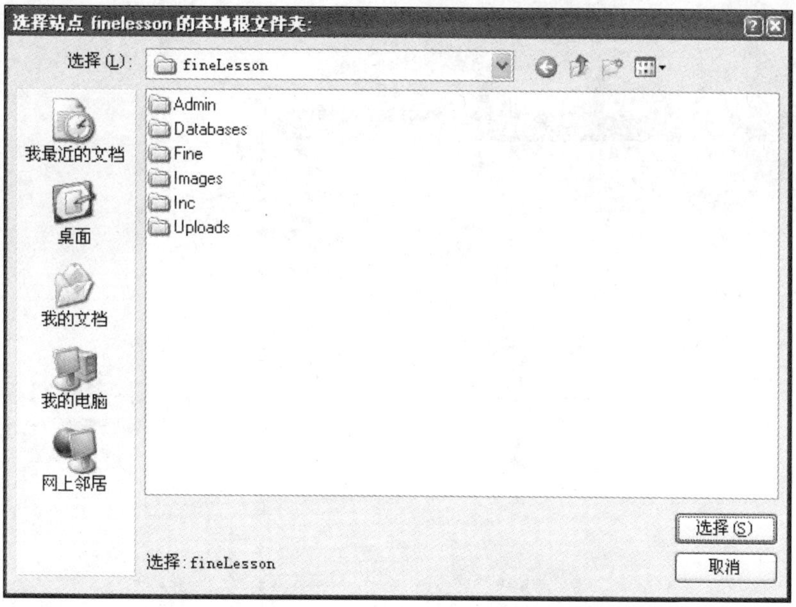

图1-23　选择fineLesson文件夹为站点根文件夹

（8）返回图1-22所示对话框后单击【下一步】按钮，在“您应该使用什么URL来浏览站点的根目录”文本框中输入“http://localhost/”，然后单击下面的【测试URL】按钮，如果成功会弹出一个“URL前缀测试已成功”对话框，如图 1-24所示。

（9）单击【确定】按钮，再单击【下一步】按钮，在弹出的对话框中选择 “否”单选项，然后单击【下一步】按钮，如图 1-25所示。

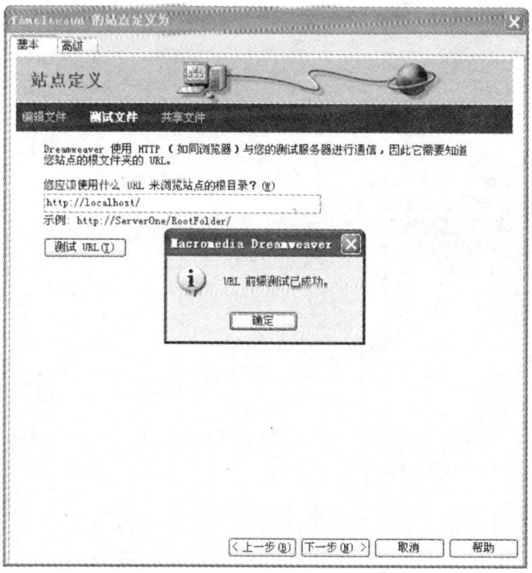

图1-24　测试URL

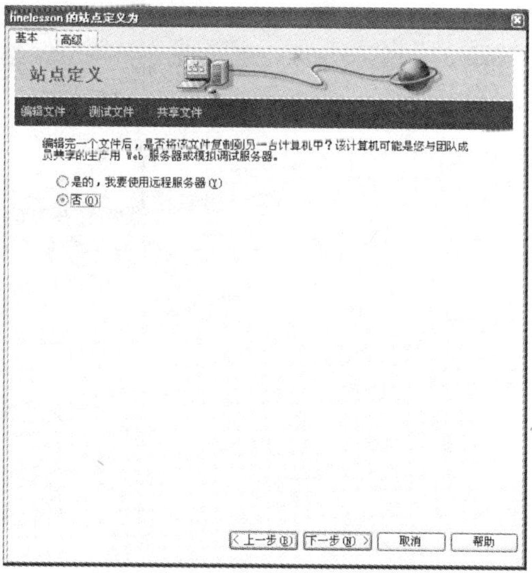

图1-25　远程服务器设置

（10）弹出一个站点设置总结对话框，显示刚才对站点所进行的设置信息，单击【完成】按钮，如图1-26所示。

（11）进入“管理站点”对话框之后，单击【完成】按钮，完成Dreamweaver站点设置，如图1-27所示。

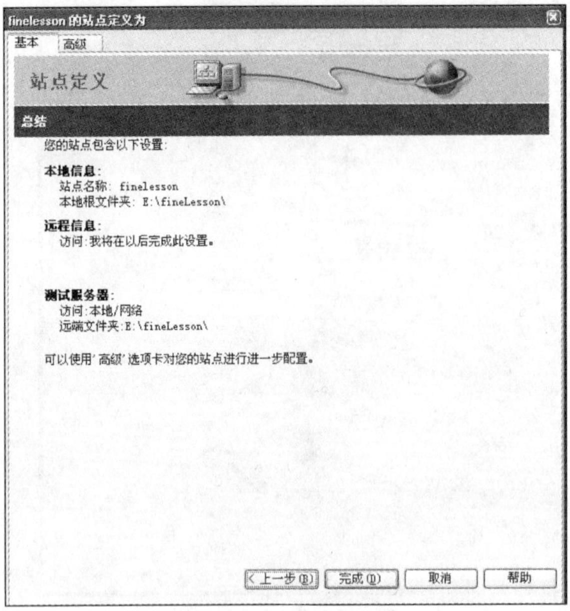

图1-26　站点设置总结

图1-27　管理站点完成

在Dreamweaver站点中新建文件测试

（12）在Dreamweaver【文件】面板的【文件】选项卡中，单击【站点-finelesson】下的【fine】选项，使其呈选择状态之后右击，在弹出的快捷菜单中选择【新建文件】命令，如图1-28所示。

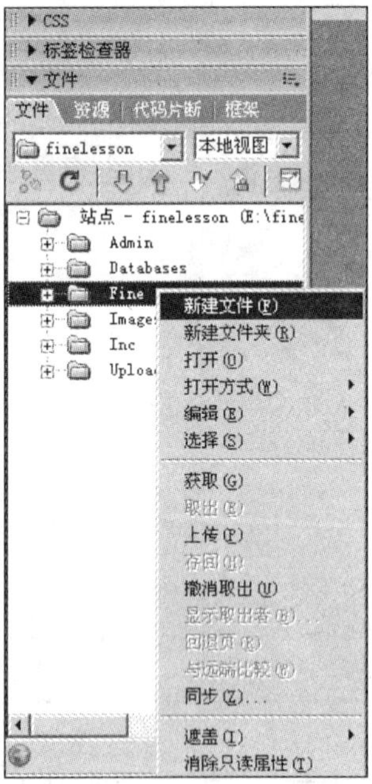

图1-28　Dreamweaver站点中新建文件

（13）将新建的文件命名为“test.asp”，双击“test.asp”文件，进入test.asp文件的编辑状态，选择【代码】选项卡，在<body></body>标签中输入<%response.Write("aaa")%>,然后按【Ctrl+S】组合键保存文件，如图 1-29所示。

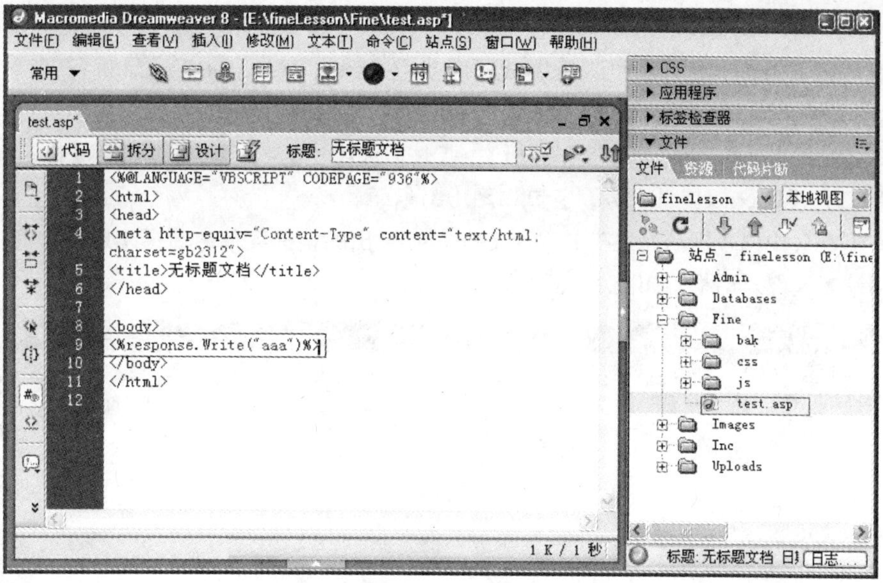

图1-29　输入代码

按【F12】键测试文件，如图1-30所示，在IE浏览器中显示“aaa”文字，说明站点设置正确。

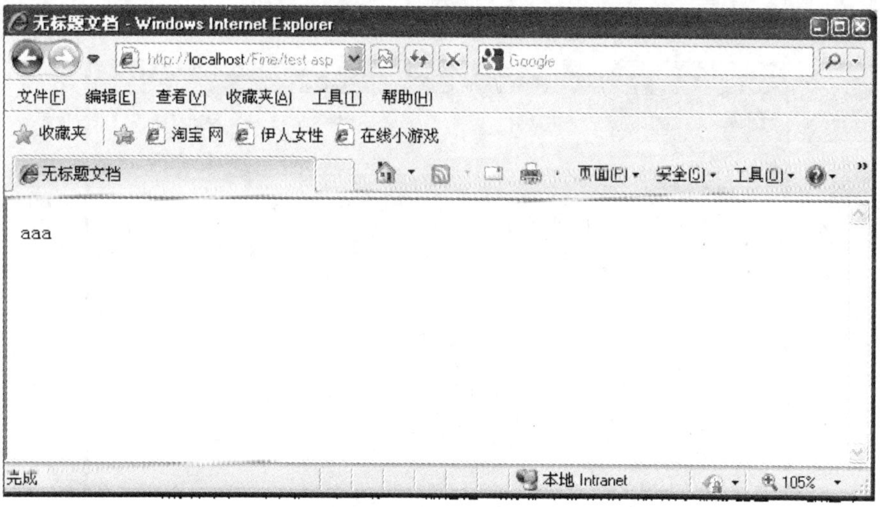

图1-30　站点测试结果

知识点拓展

[1] IIS的作用

IIS（Internet Information Server，互联网信息服务）是一种Web（网页）服务组件，其中包括Web服务器、FTP服务器、NNTP服务器和SMTP服务器，分别用于网页浏览、文件传输、新闻服务和邮件发送等方面，它使得在网络（包括互联网和局域网）上发布信息成了一件很容易的事。IIS一般与ASP、ASP.NET配合使用。

【2】 IIS设置对外公布IP地址

一般情况下想在本地计算机进行调试程序就用“http://localhost/”网址进行调试，但如果想让在同一局域网中的其他人访问我编写的网页程序应该如何设置呢？方法如下：

选择【开始】>【设置】>【控制面板】>【性能和维护】>【管理工具】>【Internet信息服务】命令,打开【Internet信息服务】窗口如图 1-31所示。

在左侧窗口中的“默认网站”选项上右击，在弹出的快捷菜单中选择【属性】命令，弹出“默认网站属性”对话框，如图 1-32所示。

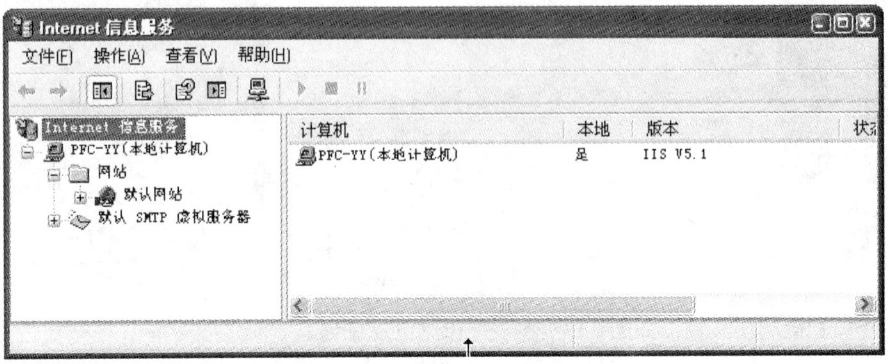

图1-31 【Internet信息服务】窗口

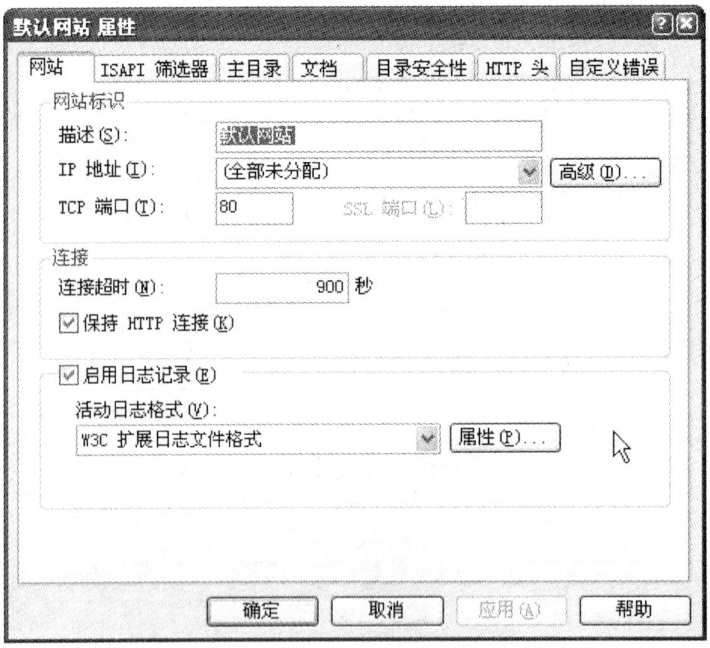

图1-32 “默认站点属性”对话框

选择【网站】选项卡，其中“网站标识”选项组中的“IP地址”下拉列表框中默认设置为“（全部未分配）”，这种情况下只能在本地计算机的IE浏览器中输入“http://localhost/网页文件名.asp”进行页面浏览。单击“IP地址”下拉按钮，在弹出的下拉列表中选择“自己计算机的IP地址”，如本例的IP地址为“192.168.1.10”，如图 1-33 、图1-34所示。

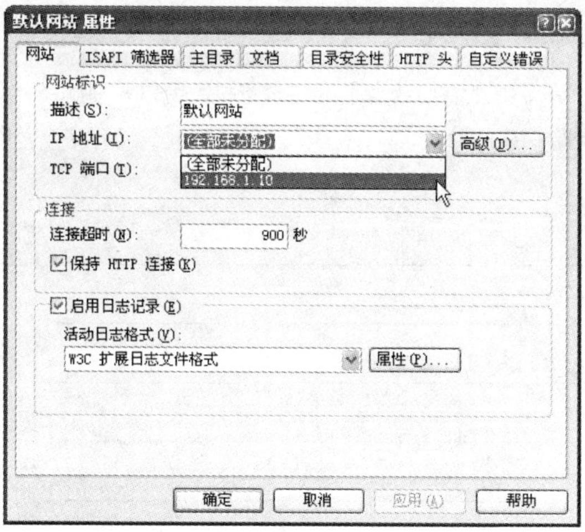

图1-33　设置对外IP地址1

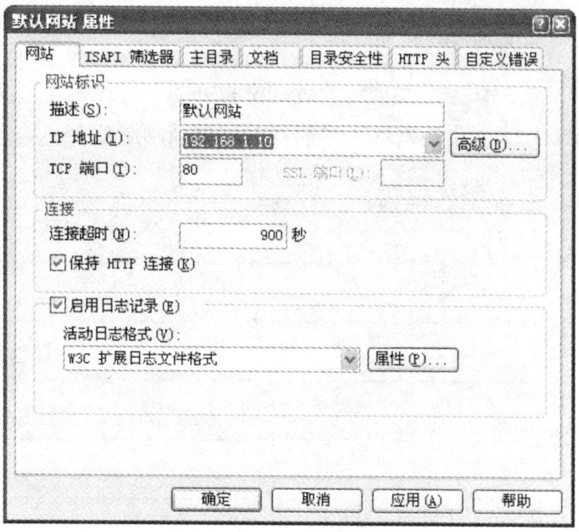

图1-34　设置对外IP地址2

单击【确定】按钮,完成对外IP地址的设置。这样与你同在一个局域网中的用户就可以通过在IE浏览器中输入"http://192.168.1.10/网页文件名.asp"来访问你发布的网页程序了。

独立实践任务

任务5　撰写一个企业网站策划书

任务背景:

小明的公司接到一个为以卖灯具为主的企业制作网站的新项目，所以首先撰写一个简单的网站策划书给客户看。

任务要求:

网站策划书一般包括以下几项：

1. 建设网站前的市场分析。
2. 建设网站的目的及功能定位。
3. 网站技术解决方案。
4. 网站内容及实现方式。
5. 网页设计。
6. 费用预算。
7. 网站维护。
8. 网站测试。
9. 网站发布与推广。

【技术要领】：网站相关文档制作。

【解决问题】：网站维护、网站发布与推广。

【应用领域】：网站前期规划。

任务分析：

这个任务主要训练读者的文档书写与网站搜索能力。许多信息需要读者上网搜索资料，编辑并理解所搜索出来的资料，然后针对灯具网站所具有的特点进行相应的修改。

主要制作步骤：

职业技能知识点考核

1．问答题

（1）双击扩展名为.asp的网页文件能浏览吗？如不能浏览，是什么原因？

（2）浏览ASP文件时，默认的WWW主目录是什么？ASP文件必须放在该目录下吗？可不可以在其他目录下创建ASP文件？

2．实践题

（1）根据自己的实际情况搭建ASP的运行环境。

（2）创建一个temp文件夹，并在该文件夹中新建一个“hello.asp”文件，设置虚拟目录为temp，并运行“hello.asp”文件。

模块02 网页版式设计

网站是多个网页的集合，其中包括一个首页和若干个分页。这里，重点来学习网页设计。

网页设计与平面设计是相辅相成的。一个好的网页设计，一定要有好的平面设计为基础。网页作为用户与网站交互的媒介，既要界面友好，又要独具风格，以给人深刻的印象。Photoshop是功能强大的专业图像处理软件，可以实现梦幻般的网页界面特效。

能力目标

用Photoshop创建网页。

学时分配

6课时（讲课2课时，实践4课时）

知识目标

1. 了解网页版面设计的基本概念。
2. 熟悉Photoshop的常用工具。
3. 了解和掌握Photoshop在网页设计中的作用。

模拟制作任务

任务1 导入页设计

任务背景：

某学院为在网络上展示其精品课程成果，打算制作一个网站，暂时命名为“电子电路调试与应用”，现在需要设计一个引导页，效果如图2-1所示。

图2-1　导入页效果图

任务要求：

1.设计制作一个导入页，要求网页打开后不会出现水平、垂直滚动条。

2.尺寸要求：955像素×600像素。

3.分辨率：72像素/英寸。

4.颜色模式：RGB颜色。

【技术要领】：Ctrl+N（新建）； Ctrl+S（保存）；文件名为英文。

【解决问题】：养成良好的工作习惯，事半功倍。

【应用领域】：企业网站设计。

【素材来源】：模块2\素材\sky.jpg、earth.psd、dl.psd和logo.psd

任务分析：

“创建文档”是进行每一个设计任务的必要步骤，创建文档的时候主要注意文档类型的选择和文档的尺寸两个方面。另外一定要记住，文档设置完成后要马上进行“保存”操作，这样在下一步的任务制作过程中只需要随时按【Ctrl+S】组合键即可完成对文档的保存，防止因突然死机、断电、软件故障等意外因素造成的文档丢失。

重点、难点

1.文档尺寸的设置与保存。

2.版式设计。

操作步骤：

创建并保存文档

（1）启动Photoshop，按【Ctrl+N】组合键，弹出【新建】对话框，设置尺寸为955像素×600像素，分辨率为72像素/英寸，颜色模式为RGB，单击【确定】按钮，如图2-2所示。

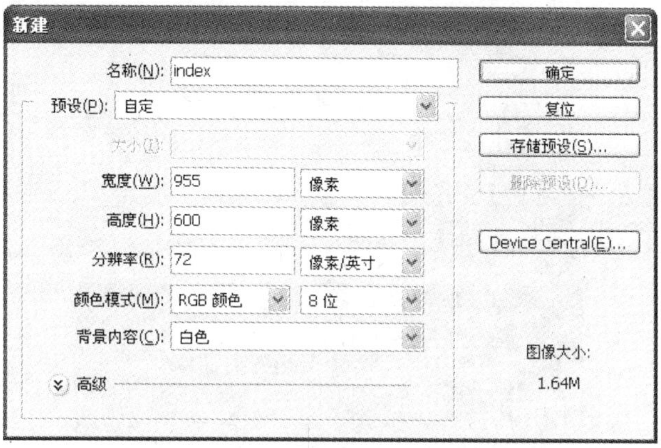

图2-2 【新建】对话框

（2）选择【文件】>【存储为】命令，弹出【存储为】对话框，将文件保存在指定文件夹内，文件名为index，文件格式为PSD，以便于下次修改，单击【保存】按钮，如图2-3所示。

图2-3 【存储为】对话框

版式设计

（3）选择【文件】>【打开】命令，打开“模块2\素材\sky.jpg”，选择“工具箱”中的【移动工具】，将其拖曳至新建文档中，调整到合适位置，如图2-4所示。

图2-4　将“sky. jpg”移至合适位置

（4）选择【图层】>【新建】>【图层】命令，新建“图层2”，或在【图层】面板中单击【新建图层】按钮，可快速新建图层，如图2-5所示。

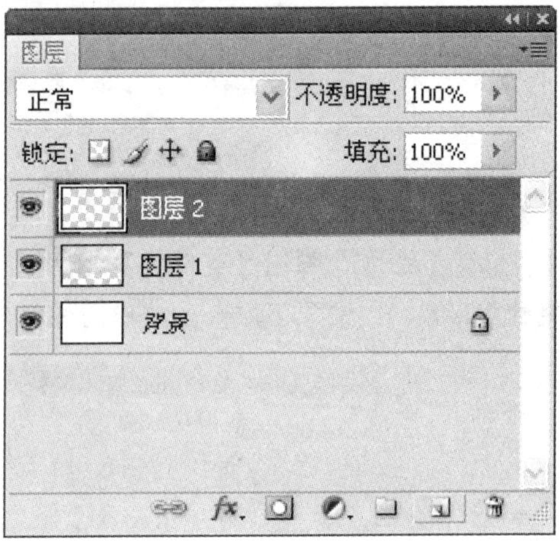

图2-5　【图层】面板

（5）选择“工具箱”中的【矩形选框工具】，绘制一个矩形选区，如图2-6所示。

图2-6　绘制矩形选区

（6）按【D】键，默认前景色和背景色为黑和白，选择“工具箱”中的【渐变工具】，单击渐变工具属性栏上的黑白渐变颜色条，如图2-7所示，在弹出的【渐变编辑器】对话框中编辑颜色，如图2-8所示。

图2-7　渐变工具属性栏

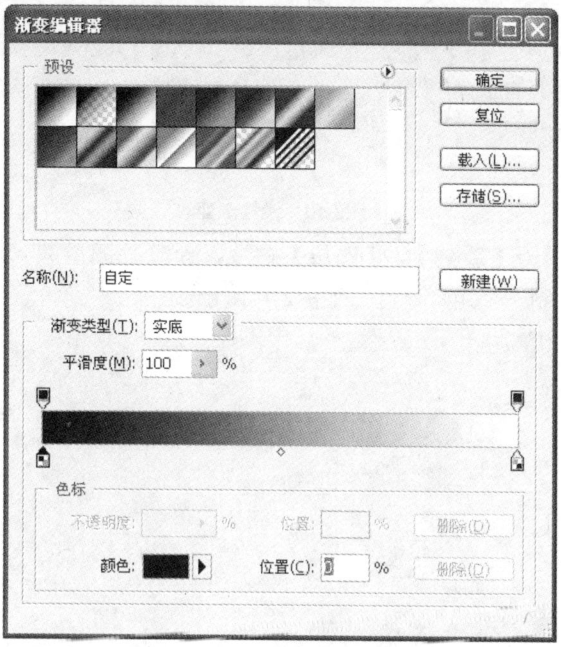

图2-8　【渐变编辑器】对话框

（7）双击【渐变编辑器】对话框中左侧的渐变滑块，弹出“选择色标颜色”对话框，颜色设置为“9ba9b2”，单击【确定】按钮返回，将右侧的渐变滑块颜色设置为白色，如图2-9所示。

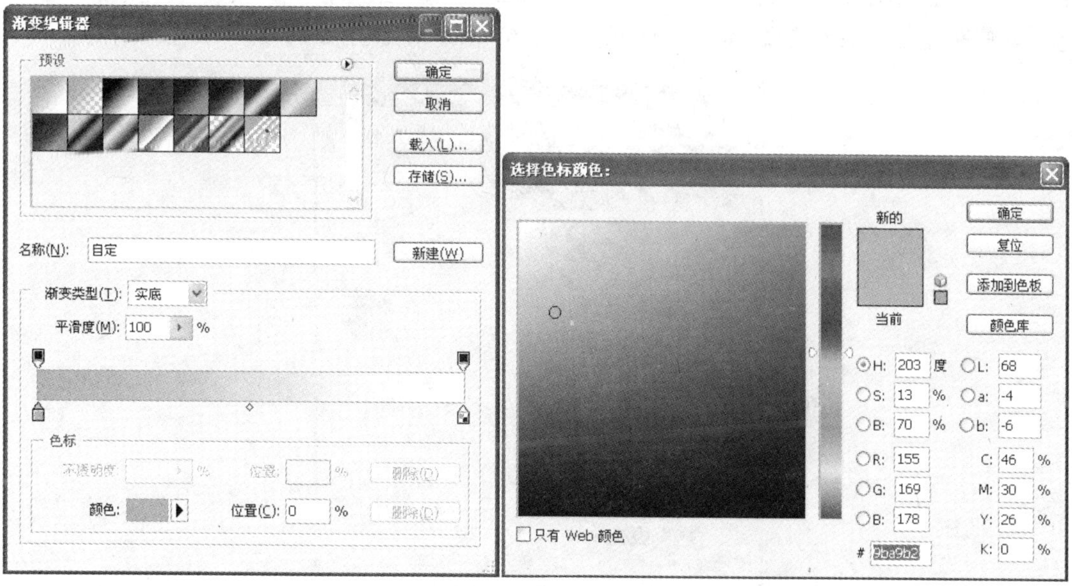

图2-9　设置滑块颜色

（8）在“图层2”中从左到右拉出一个线性渐变，如图2-10所示。

图2-10　线性渐变

（9）选择【图层】>【新建】>【图层】命令，新建“图层3”，选择“工具箱”中的【矩形选框工具】，绘制一个矩形选区，如图2-11所示。

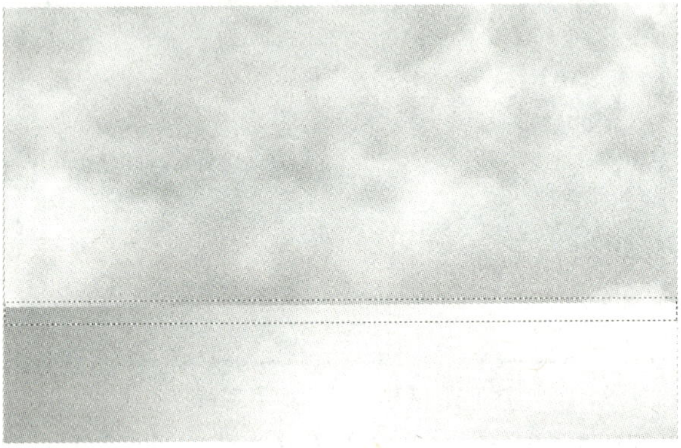

图2-11　绘制矩形选区

（10）按【D】键，默认前景色和背景色为黑和白，选择“工具箱”中的【渐变工具】，单击渐变工具属性栏上的黑白渐变颜色条，在弹出的【渐变编辑器】对话框中编辑颜色，如图2-12所示。

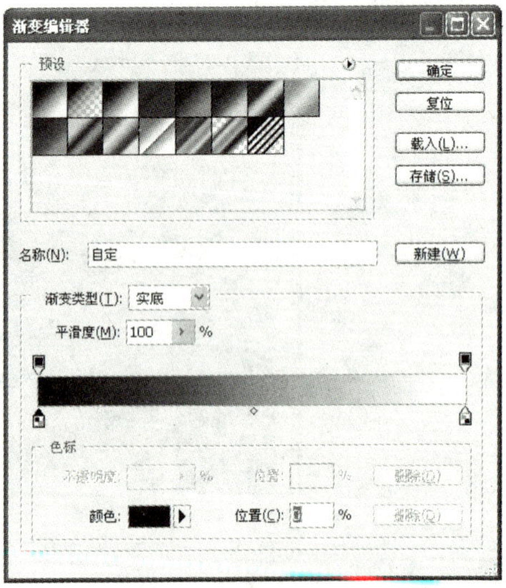

图2-12　【渐变编辑器】对话框

（11）将【渐变编辑器】对话框中右侧的渐变滑块颜色设置为“6c6c6c”，如图2-13所示。

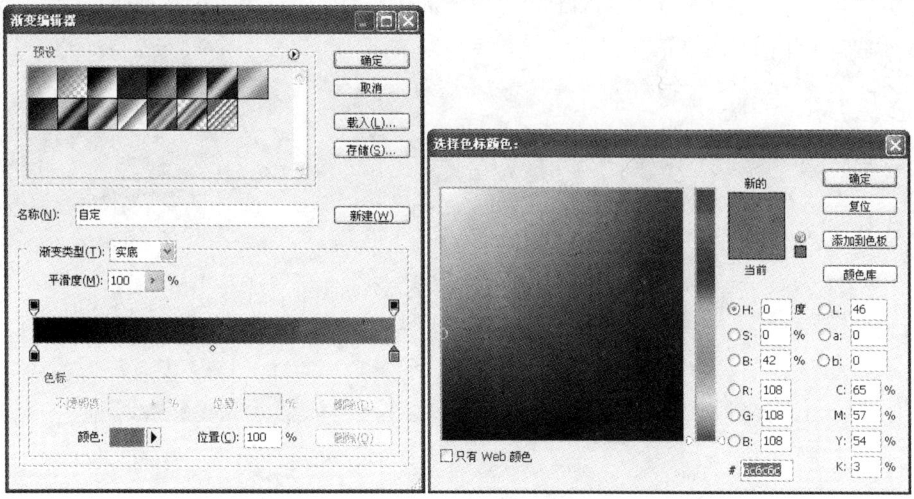

图2-13　设置滑块颜色

（12）按住【Shift】键在“图层3”中从下到上拉出一个线性渐变，如图2-14所示。

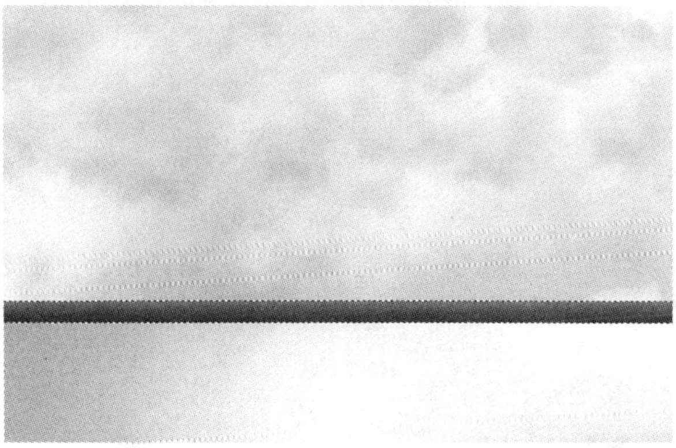

图2-14　线性渐变

（13）选择【文件】>【打开】命令，打开“模块2\素材\dl.psd”，选择“工具箱”中的【移动工具】，选择“图层1”将其拖曳至“index.psd”文档中，调整到合适位置，如图2-15所示。

图2-15　将“dl.psd”移至合适位置

（14）选择【文件】>【打开】命令，分别打开“模块2\素材\earth.psd、logo.psd”，选择“工具箱”中的【移动工具】分别将其拖曳至“index.psd”文档中，调整到合适位置，完成版式的整体布局，如图2-16所示。

图2-16　整体布局

（15）选择“工具箱”中的【横排文字工具】，在文字工具属性栏上设置字体为“黑体”、字体大小为“12点”，如图2-17所示。

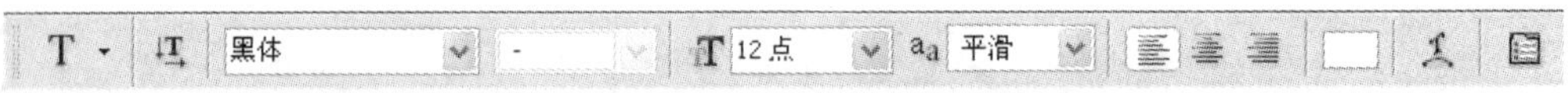

图2-17　文字工具属性栏

（16）设置前景色为“白色”，依次输入相关文字，将其移至合适位置，如图2-18所示。

图2-18　文字输入

（17）设置前景色为“225692”，选择“工具箱”中的【横排文字工具】，在文字工具属性栏上设置字体为“黑体”、字体大小为“15点”，依次输入相关文字，将其移至合适位置，完成导入页的设计，如图2-19所示。

图2-19　导入页完成后的效果图

注意 选择工具中蕴含着一些其他扩展功能，有填充、描边、通过拷贝的图层、羽化等，在网页的按钮设计中最常用的是“描边”，用于美化按钮的轮廓边缘，使之更加美观自然。

任务2 首页设计

任务背景：

为了使网页内容更加生动，往往在导入页中制作一些导航菜单，以方便客户选择进入网站主要页面。现为网站制作首页，效果如图2–20所示。

图2-20　首页效果图

任务要求：

1.设计制作一个首页，要求网页打开后不会出现水平、垂直滚动条。
2.尺寸要求：955像素×687像素
3.分辨率：72像素/英寸
4.颜色模式：RGB颜色

【技术要领】：Ctrl+N（新建）； Ctrl+S（保存）；文件名为英文。
【解决问题】：养成良好的作习惯，事半功倍。
【应用领域】：企业网站设计。
【素材来源】：模块2\素材\sky.jpg、AN1.jpg、AN2.jpg、earth.psd、dl.psd和logo.psd

任务分析：

此案例中，网页制作方法相对简单，创意才是最重要的，创意是进行每一个设计任务的要素。要记住在任务制作过程中随时按【Ctrl+S】组合键对文档进行保存，以免文档丢失。

重点、难点：

1. 文档尺寸的设置与保存。
2. 版式设计。

操作步骤：

创建并保存文档

（1）启动Photoshop，按【Ctrl+N】组合键，弹出【新建】对话框，设置尺寸为955像素×687像素，分辨率为72像素/英寸，颜色模式为RGB，单击【确定】按钮，如图2-21所示。

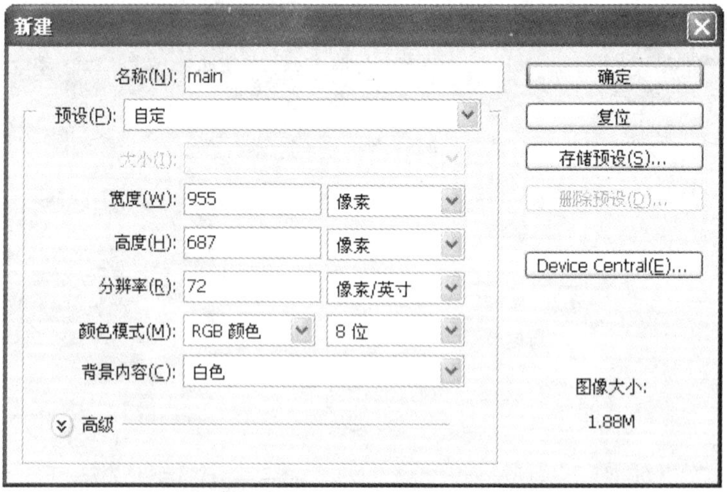

图2-21 【新建】对话框

（2）选择【文件】>【存储为】命令，弹出【存储为】对话框，将文件保存在指定文件夹内，文件名为main，文件格式为“*.PSD”，以便于下次修改，单击【保存】按钮，如图2-22所示。

版式设计

（3）选择【图层】>【新建】>【图层】命令，新建“图层1”，如图2-23所示。

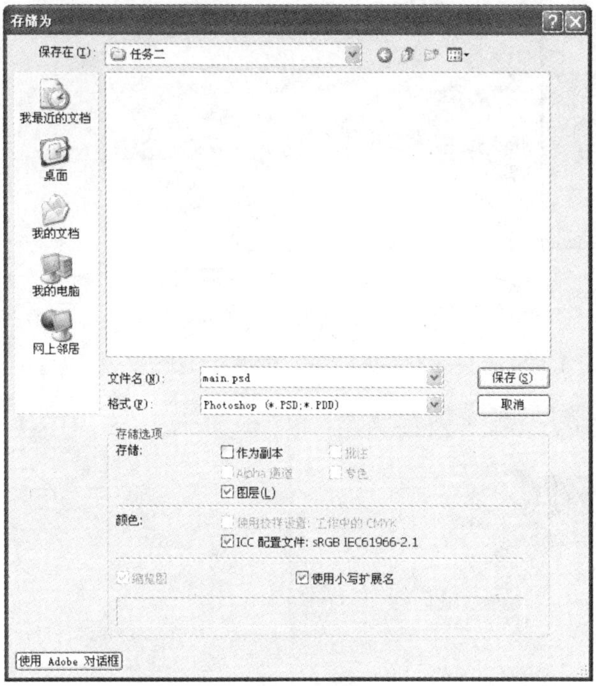

图2-22　【存储为】对话框

图2-23　【图层】面板

（4）选择“工具箱”中的【矩形选框工具】，绘制一个矩形选区，如图2-24所示。

（5）双击“工具箱”中的前景色块，设置前景色为“eeeeec”，如图2-25所示。

图2-24　绘制矩形选区

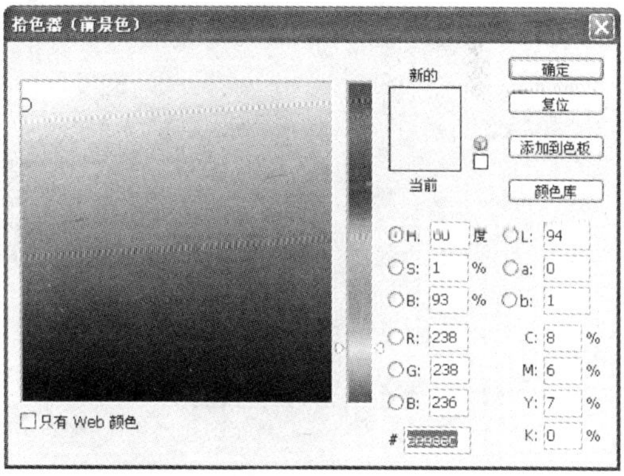

图2-25　【拾色器（前景色）】对话框

（6）选择【编辑】>【填充】命令，在弹出的【填充】对话框中的【使用】下拉列表框中选择“前景色”选项，单击【确定】按钮，如图2-26所示。

（7）选择【图层】>【新建】>【图层】命令，新建“图层2”，选择“工具箱”中的【矩形选框工具】，在“图层2”中绘制一个矩形选区，如图2-27所示。

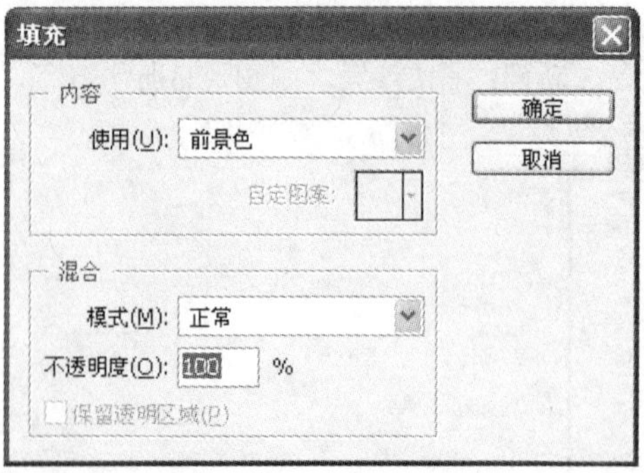

图2-26 【填充】对话框

图2-27 绘制矩形选区

（8）按【D】键，默认前景色和背景色为黑和白，选择“工具箱”中的【渐变工具】，单击渐变工具属性栏上的黑白渐变颜色条，在弹出的【渐变编辑器】对话框中编辑颜色，如图2-28所示。

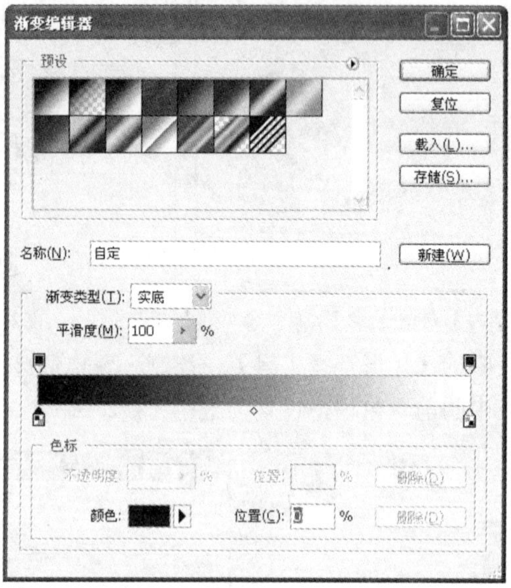

图2-28 【渐变编辑器】对话框

（9）将【渐变编辑器】对话框中右侧的渐变滑块颜色设置为“6c6c6c”，如图2-29所示。

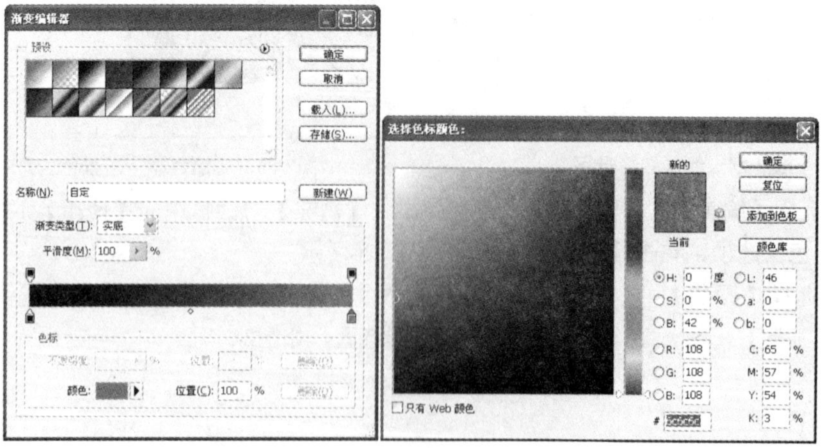

图2-29 设置滑块颜色

（10）按住【Shift】键在“图层3”中从下到上拉出一个线性渐变，如图2-30所示。

（11）选择【文件】>【打开】命令，打开“模块2\素材\ photo.psd”，选择“工具箱”中的【移动工具】，将其拖曳至“main.psd”文档中，调整到合适位置，如图2-31所示。

图2-30　线性渐变

图2-31　将“photo. psd”移至合适位置

（12）选择【文件】>【打开】命令，打开“模块2\素材\earth.psd”，选择“工具箱”中的【移动工具】，将其拖动至“main.psd”文档中，调整到合适位置，如图2-32所示。

（13）选择【编辑】>【自由变换】命令，按住【Shift】键将地球按比例缩放至合适大小，如图2-33所示。

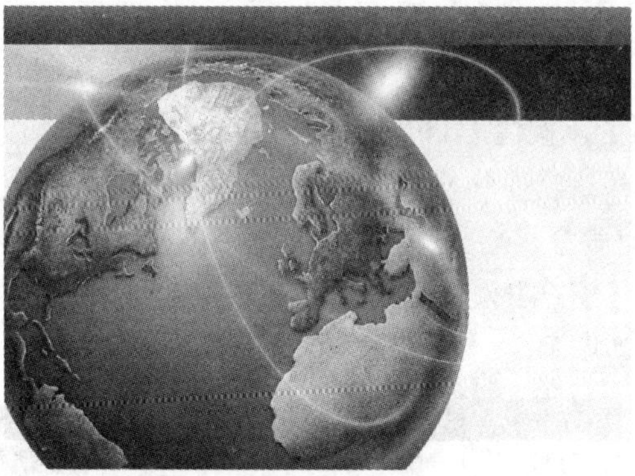

图2-32　将“earth. psd”移至合适位置

图2-33　按比例缩放地球图形

（14）选择“工具箱”中的【矩形选框工具】，绘制一个矩形选区，框出地球多余的部分，按【Delete】键将其删除，如图2-34所示。

图2-34　删除多余部分

（15）选择“工具箱”中的【横排文字工具】，在文字工具属性栏上设置字体为“黑体”、字体大小为“12点”，如图2-35所示。

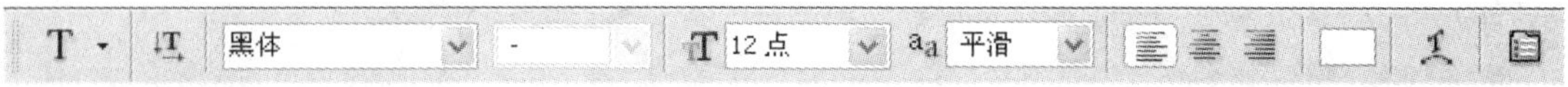

图2-35　文字工具属性栏

（16）设置前景色为“白色”，依次输入相关文字，将其移至合适位置，如图2-36所示。

（17）选择“工具箱”中的【横排文字工具】，在文字工具属性栏上设置字体为“方正大标宋简体”、字体大小为“31点”，设置前景色为白色，输入“电子电路调试与应用”文字，将其移至合适位置，如图2-37所示。

图2-36　文字输入

图2-37　“电子电路调试与应用”文字

（18）选择“工具箱”中的【矩形选框工具】，按住【Shift】键绘制多个矩形选区，以划分网页内容区域，如图2-38所示。

（19）选择【图层】>【新建】>【图层】命令，新建“图层5”，设置前景色为“白色”，选择【编辑】>【填充】命令，在弹出的【填充】对话框中的【使用】下拉列表框中选择“前景色”选项，单击【确定】按钮，如图2-39所示。

图2-38　绘制选取

图2-39　填充前景色

（20）将素材库中的其他元素放置到合适位置进行版式的融合，最终完成首页的设计，效果如图2-40所示。

图2-40　首页效果

知识点拓展

[1] 欣赏优秀网页设计作品

在学习软件的时候，兴趣是至关重要的，只要对各种案例产生了兴趣，接下来的学习就会非常顺利。因此，首先应该多练习基本案例，通过基本案例的练习来提高自己的制作水平。案例效果如图2-41~图2-44所示。

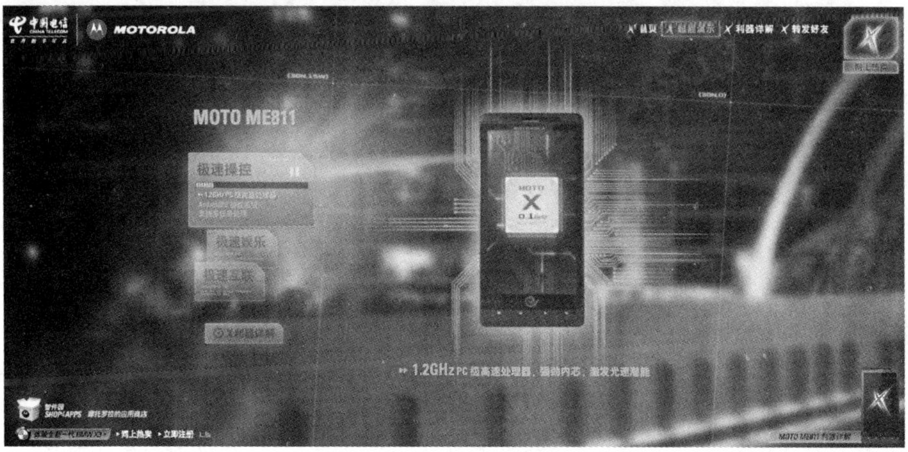

图2-41　电子类型网站

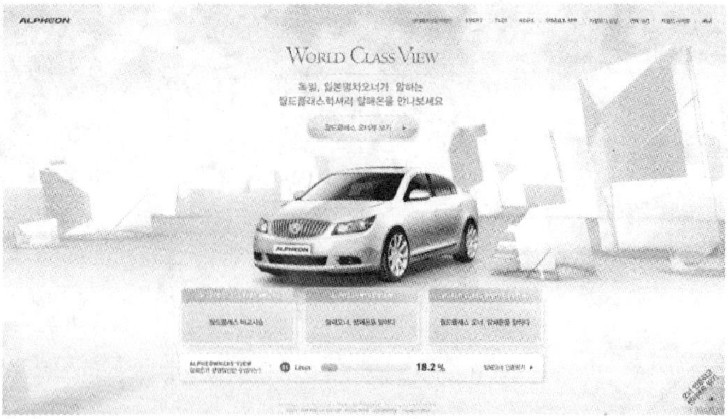

图2-42　工业类型网站

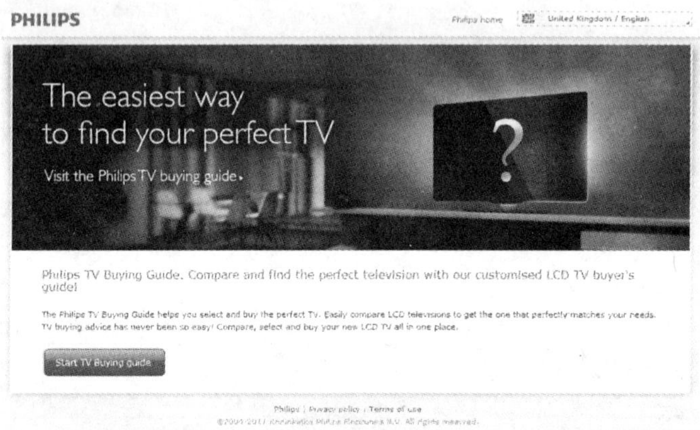

图2-43　商务类型网站

图2-44　个性类型网站

【2】网页和网站

如果把网站比喻成一本书，网页就是书中的一页纸；如果网站是森林，网页就是一棵树。不是每个网站都一定会有(ASP，PHP，JSP) 程序后台的，一个简单的htm或html网站就没有程序后台。

网页是网站中的一“页”，通常是html格式（文件扩展名为.html或.htm、.asp或.aspx、.php或.jsp等），网页实际上是一个文件，它存放在世界某个角落的某一台计算机中，而这台计算机必须是与互联网相连的。网页经由网址（URL）来识别与存取，当用户在浏览器中输入网址后，经过一段复杂而又快速的程序，网页文件会被传送到用户的计算机，然后再通过浏览器解释网页的内容，显示在屏幕上。

网站是由大量的网页互相链接构成的。这样的链接就是人们经常所说的“超链接”。如果每个网页文件都有一个“链接”连到其他的网页文件，就会形成一个网站。

[3] 熟悉Photoshop的常用工具，掌握其基本操作

在学习用Photoshop设计网页之前，应该对Photoshop中的常用工具有个基本的了解。

1．工具箱中的常用工具

（1）选择类工具

选择类工具包括矩形工具、移动工具、套索工具、快速套索工具、裁剪工具和切片工具。在网页设计中最常用的是“切片工具”，如图2-45所示。当网页的基本风格和布局已经得到客户认可后，接下来要做的事情就是用选择类工具中的“切片工具”根据网页的布局进行切片。

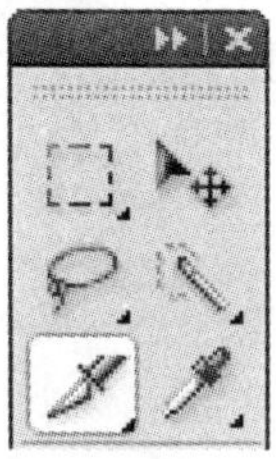

图2-45　切片工具

选择类工具中蕴含着一些其他扩展功能，有填充、描边、通过拷贝的图层、羽化等，在网页的按钮设计中最常用的是“描边”功能，用于美化按钮的轮廓边缘。使用方法是，在用选择工具选出选区的前提下，单击鼠标右键，在弹出的快捷菜单中选择“描边”命令，如图2-46所示。弹出【描边】对话框，宽度可根据效果的需要来定，一般对按钮进行描边处理时，数值在1~2之间，如图2-47所示。

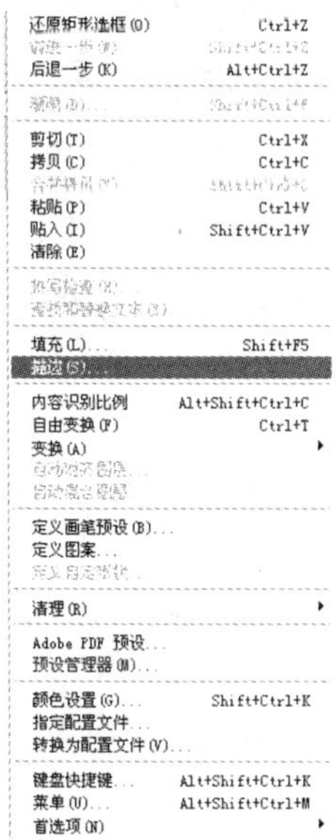

图2-46　选择【描边】命令

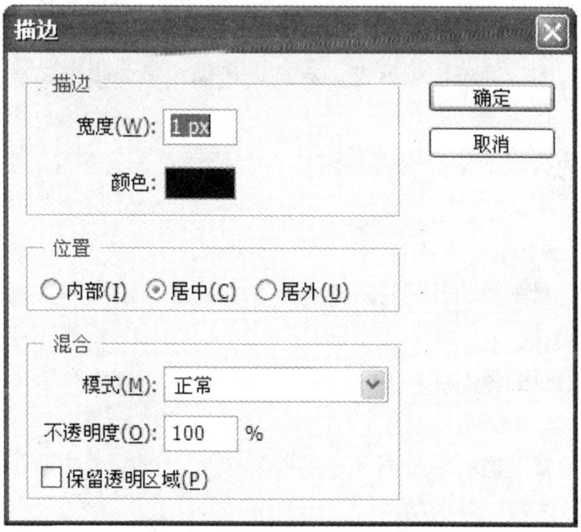

图2-47　【描边】对话框

（2） 绘制修饰类工具

绘制修饰类工具包括污点修复画笔工具、画笔工具、仿制图章工具、历史记录画笔工具、橡皮擦工具、渐变工具，模糊工具和减淡工具。在网页设计中最常用的是“渐变工具”，如图2-48所示。在设计网页的时候，导航条与按钮部分使用“渐变工具”来修饰的比较多。网页设计中没有绝对的条条框框来规定哪部分必须用什么工具来设计，最终的目的就是如何能让网页更完美。

（3） 矢量类工具

矢量类工具包括钢笔工具、文字工具，路径选择工具和矩形工具。“钢笔工具”在网页设计中会被频繁使用，譬如，勾画形状的轮廓路径、企业Logo设计等。因此，应当熟练掌握“钢笔工具”，如图2-49所示。

（4） 辅助类工具

辅助类工具包括附注工具、吸管工具、抓手工具和缩放工具。“吸管工具”是网页设计中必备工具之一，尤其对初学者来说。当想对优秀网页设计中的颜色搭配进行更深入的了解时，可用“吸管工具”拾取图像中某位置的颜色，观察它们是用怎样的色彩设计出来的，如图2-50所示。

图2-48 渐变工具

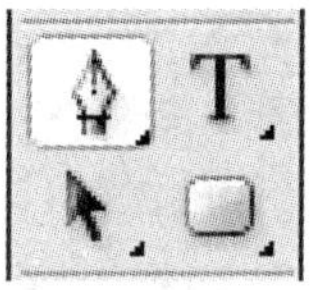

图2-49 钢笔工具

图2-50 吸管工具

2．常用滤镜工具的功能及用途

对网页中图像素材的颜色修改调整后，可以进一步修饰图像，下面列举一些网页设计中常用的滤镜。

（1） 模糊

用于对图像进行模糊处理，有高斯模糊、径向模糊等选项。

（2） 锐化

使较为模糊的图像变得更清晰，但要适度，有锐化、进一步锐化、USM锐化、锐化边缘等选项 。

（3） 风格化

用于编辑图像的各种特殊效果，例如“查找边缘”滤镜可表现为类似素描的单线条形式。

（4）素描

用于编辑图像的各种不同风格的素描效果，有绘图笔、撕边、炭笔、水彩画纸等选项。

（5） 艺术效果

用于编辑图像各种不同风格的特殊效果，可模仿油画、水彩、招贴画等风格，有壁画、彩色铅笔、胶片颗粒等选项。

3. 网页设计中【新建】对话框中的常用选项说明

（1）名称

文件名默认情况下为“未标题-1”，在【名称】文本框中可以自定义新建文件的名称，如图2-51所示。在网页设计中的图片最好用英文命名，因为部分服务器是不支持中文的，为了避免出现莫名的错误，网页设计中的图片及文件夹都要使用英文命名。

（2）预设

可以在【预设】下拉列表框中选择预先设置的尺寸，也可以自定义宽度和高度，自行设置尺寸大小。选择【预设】下拉列表框中的“Web”选项后，其下方的“大小”下拉列表框被激活，其中有预先设置的网页尺寸供选择，如图2-52所示。

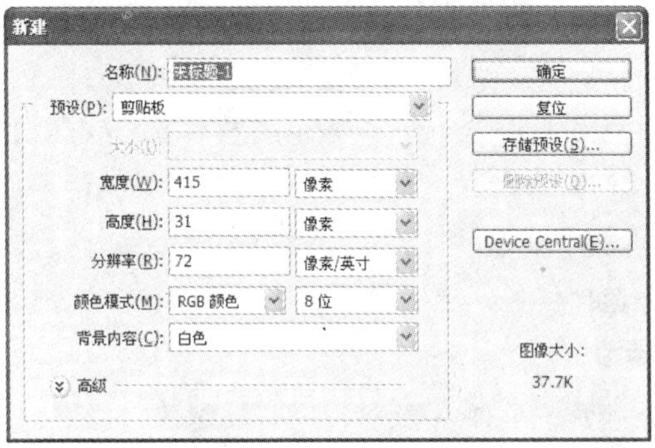

图2-51　设置名称

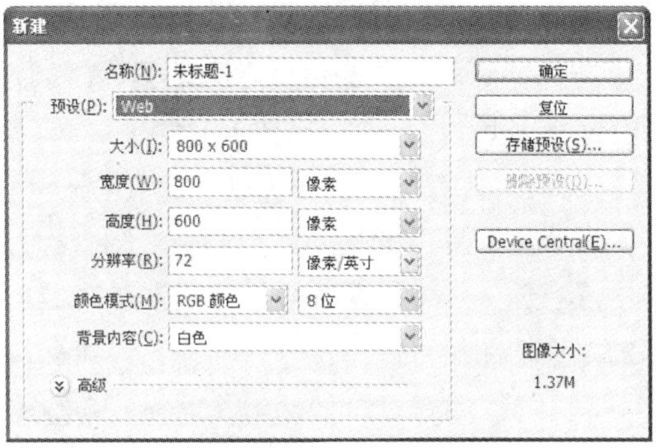

图2-52　选择“Web”选项

（3）宽度和高度

设置新建文件的宽度和高度值就是指设计网页的尺寸，一般尺寸单位设置为“像素”，如图2-53所示。

（4）分辨率

可设置新建文件分辨率的大小和单位。网页设计对分辨率的要求一般为“72像素/英寸”，如图2-54所示。

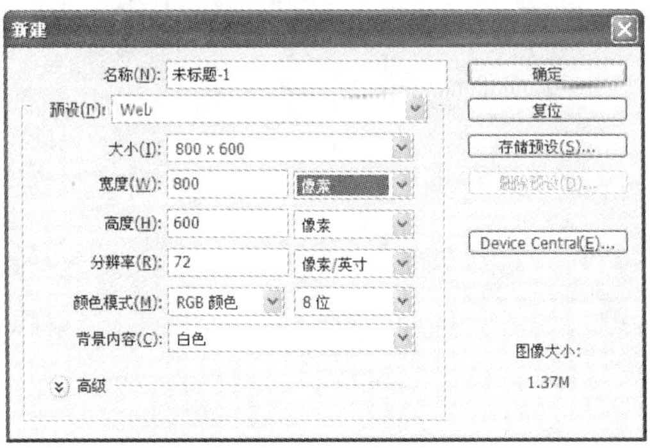

图2-53　设置单位

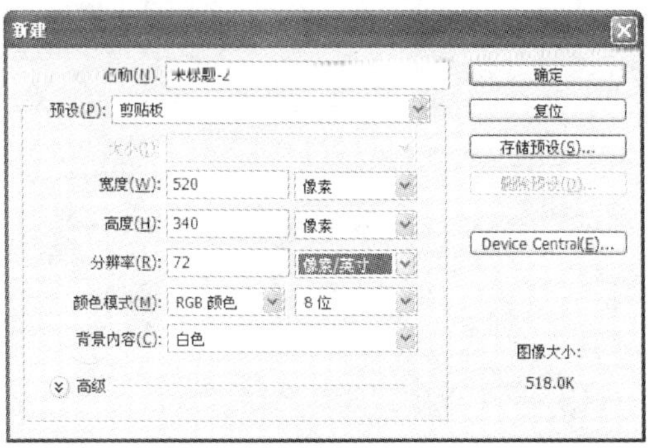

图2-54　设置分辨率

（5）颜色模式

【颜色模式】下拉列表框中有5个选项，网页设计中一般选择“RGB颜色”，如图2-55所示。

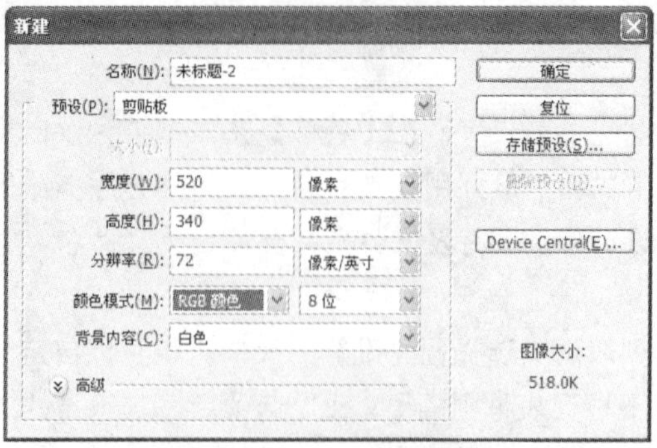

图2-55　设置颜色模式

4. 存储文件

文件存储命令主要包括【文件】>【存储】命令、【文件】>【存储为】命令和【文件】>【存储为Web和设备所用格式】命令3种。对于新建的文件进行编辑后存储用【文件】>【存储】和【文件】>【存储为】两种命令的效果是一样的。但对于打开旧文件编辑后存储，如果用【存储】命令是覆盖了编辑前的文件，而【存储为】命令是将修改的文件重新命名进行保存。

【存储为Web和设备所用格式】对话框是用来选择优化选项以及预览优化图稿的，为设计好的网页切图后可以用这一存储方式，如图2-56所示。

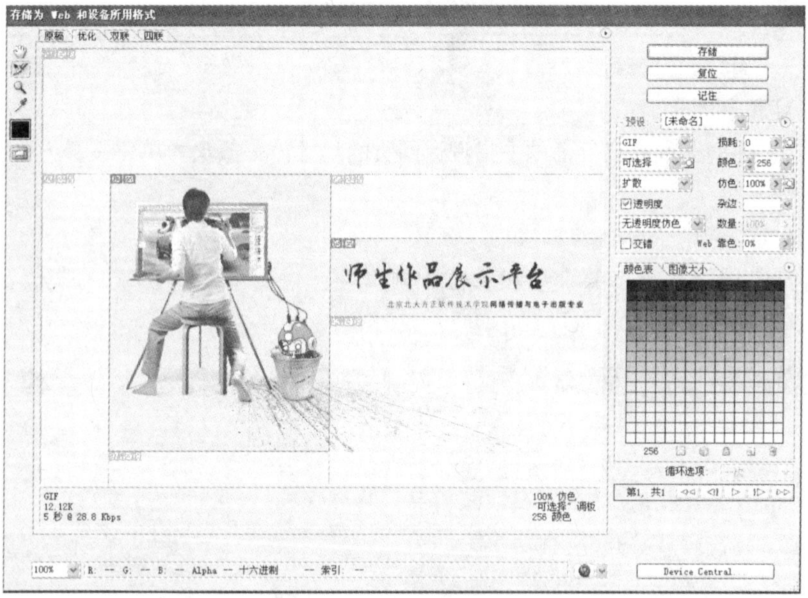

图2-56　【存储为Web和设备所用格式】对话框

5. 网页中常用的图片类型

（1）GIF

最初的GIF只是简单地用来存储单幅静态图像。随着技术的发展，GIF也可以同时存储若干幅静态图像进而形成连续的动画，形成新的GIF标准。GIF格式的特点是压缩比高、磁盘空间占用少，所以这种格式得到了广泛应用，如图2-57所示。

图2-57　GIF图像

（2）JPEG

JPEG是一种很灵活的图片格式，具有调节图像质量的功能。可以使用不同的压缩比例对这种文件压缩，从而在图像质量和文件之间找到平衡点。JPEG使用有损压缩方式去除多余的图像和彩色数据，在获取极高的压缩率的同时能展现十分丰富生动的图像，从而达到使用最少的磁盘空间得到较好的图像质量的效果，如图2-58所示。

图2-58　JPEG图像

图2-59　PNG图像

（3）PNG

PNG支持透明图像的制作，利用该特性可以把图像背景设为透明，用网页本身的颜色信息来代替设为透明的色彩，从而实现图像和网页背景融合的效果。GIF虽然也可以设置透明背景，但不能实现图像边缘的渐变消失，而PNG就能轻松实现图像边缘渐变消失的效果。它结合GIF和JPEG两者的优点，存储形式丰富，兼有GIF和JPEG的色彩模式，如图2-59所示。

6. 网页设计尺寸解析

许多的网页设计者在网页布局设计时，对于网页的宽度尺寸设计感到迷茫。在800×600及1024×768的屏幕分辨率下，网页应该设计为多少像素才合适呢？如果太宽就会出现水平滚动条，下面我们就网页设计的尺寸进行分析讲解：

（1）800×600下，网页宽度保持在778以内，如果满框显示的话，尺寸为740×560左右，就不会出现水平滚动条和垂直滚动条。

（2）1024×768下，网页宽度保持在1002像素以内，如果满框显示的话，高度在600~615之间，就不会出现水平滚动条和垂直滚动条。

（3）页面长度原则上不超过3屏。

独立实践任务

任务3 文章页面设计

任务背景：

网站的导入页与首页制作完成后，还需制作文章展示页面，显示文章内容与列表，如图2-60所示。

图2-60　文章页面效果图

任务要求：

使用Photoshop进行设计制作。

【技术要领】：Ctrl+N（新建）； Ctrl+S（保存）；文件名为英文名。

【解决问题】：养成良好的工作习惯，事半功倍。

【应用领域】：企业网站设计。

任务分析：

首先新建文档，然后保存文件，最后进行版式设计。

主要制作步骤：

职业技能知识点考核

1．填空题

（1）网站是由大量的网页互相链接构成的，这样的链接就是人们经常所说的________________。

（2）________________能够自动调整并提高整体图像的色彩浓度和层次，增强图像色彩的层次感和空间感，使图像的色彩看起来层次分明。

2．单项选择题

（1）下列哪个方法可以将左图变成右图的效果？（　　）

A. 通过【图像】>【调整】>【亮度/对比度】命令，调整亮度数值

B. 通过【图像】>【调整】>【色相/饱和度】命令，调整明度数值

C. 通过【图像】>【调整】>【自动对比度】命令

D. 通过【图像】>【调整】>【自动色阶】命令

（2）选择工具中蕴含着一些其他扩展功能，有填充、描边、通过拷贝的图层、羽化等，在网页的按钮设计中最常用的是__________功能，用于美化按钮的轮廓边缘。

A. 填充

B. 描边

C. 通过拷贝的图层

D. 羽化

3．多项选择题

（1）【色相\饱和度】子菜单中有哪些选项？（　　）

A. 色相

B. 明度

C. 饱和度

D. 亮度

（2）Photoshop工具箱中的辅助类工具包括哪些？（　　）

A. 附注工具

B. 吸管工具

C. 抓手工具

D. 缩放工具

4．简答题

Photoshop中绘制修饰类工具有哪些？在网页设计中最常用的是什么工具？

模块03

静态网页制作

本模块进行静态网页的制作，主要掌握使用Fireworks进行平面图切图；使用Dreamweaver软件中的表格进行布局及静态网页的制作；使用CSS样式进行文字与页面修饰；使用Flash进行动画制作。

能力目标

1. 能使用Fireworks或Photoshop软件切割网站平面图。
2. 能使用表格布局静态网页。
3. 能使用CSS样式格式化网页中的文字、图片、链接、表格、表单等元素。
4. 能使用Flash制作简单的导入页banner条。

知识目标

1. 掌握切图技巧与原则。
2. 掌握表格布局规范。
3. 掌握CSS样式的概念与作用。
4. 掌握背景图片与图片的区别。
5. 了解文字、图片、链接、表格、表单的概念。
6. 了解制作Flash文件的技巧与原则。

学时分配

8课时（讲课3课时，实践5课时）

模拟制作任务

任务1 Fireworks切图

任务背景：

网页平面效果图已经完成，现将平面效果图制作成静态页面。其中切图是必不可少的，切图的作用是将平面效果图中所用的图片素材进行切分并保存，为后续静态网页制作做准备。首页平面效果图如图3-1所示。

图3-1　首页平面效果图

任务要求：

对首页平面效果图进行切图，只切分需要使用的图片，然后保存切片图片，并对图片进行命名，同时整理所需图片素材。

【技术要领】：图片切分。
【解决问题】：用Fireworks软件的切片功能。
【应用领域】：前台网页制作。
【素材来源】：模块3\素材\3.1\main.jpg

任务分析：

制作网页时不需将平面效果图进行完整的切分，只需切分所需图片并保存，部分图片通过网络及其他方式处理，有些效果可以使用Dreamweaver软件来实现（如单色、单线、虚线、边框等效果），以减少网页容量及加快浏览速度。

在首页的平面效果图中只需将banner图、箭头图标，以及互动学习登录和课程公告模块右侧的图标切片即可。

重点、难点

1. 图片切图的使用。
2. 保存切片的设置。

操作步骤：

Fireworks切图

（1）选择【开始】>【所有程序】>【Macromedia】>【Fireworks】命令，启动Fireworks软件，如图3-2所示。

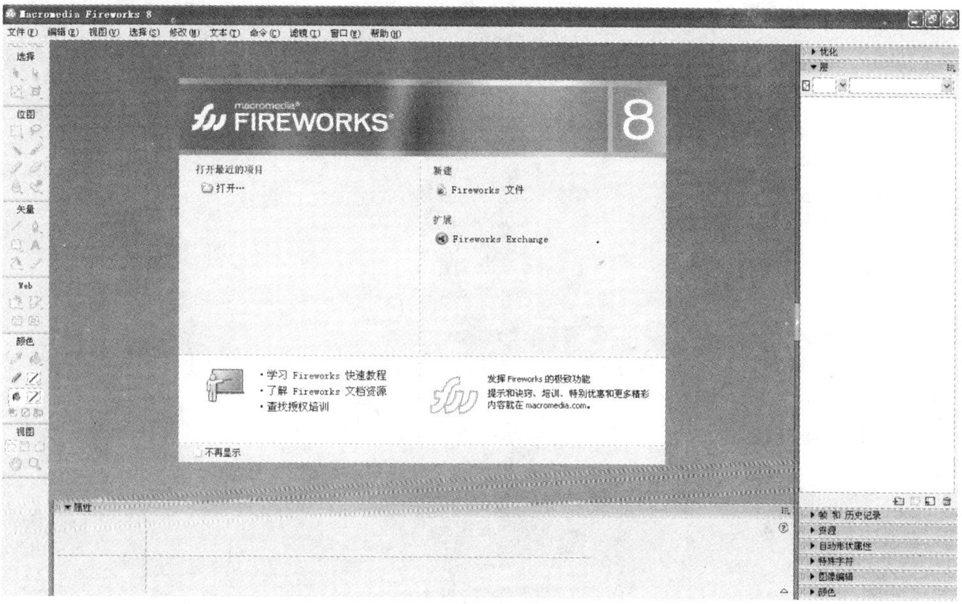

图3-2　Fireworks软件界面

（2）选择【文件】>【打开】命令，弹出【打开】对话框，从“模块3\素材\3.1”文件夹中选择用photoshop处理好的首页平面效果图“main.jpg”，单击【打开】按钮，如图3-3所示。

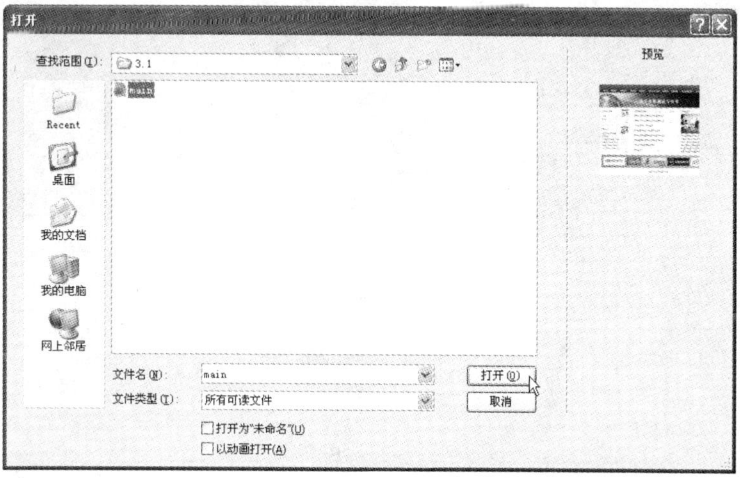

图3-3　【打开】对话框

（3）选择“工具箱”中的【切片工具】，如图3-4所示。

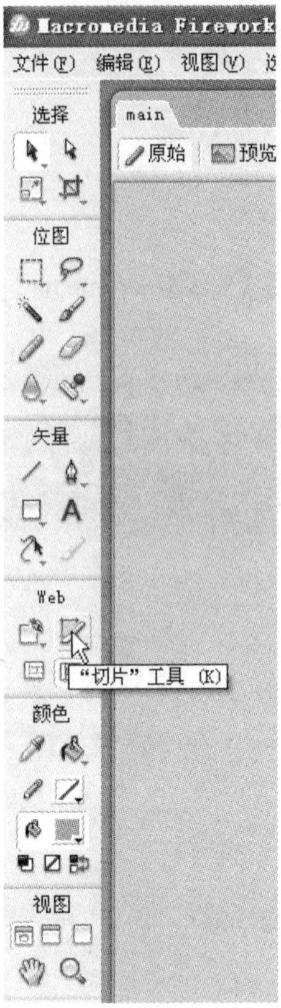

图3-4　切片工具

（4）使用【切片工具】在效果图上切出网页中使用的图片，如图3-5、图3-6所示。

图3-5　蓝色框为要选中的区域

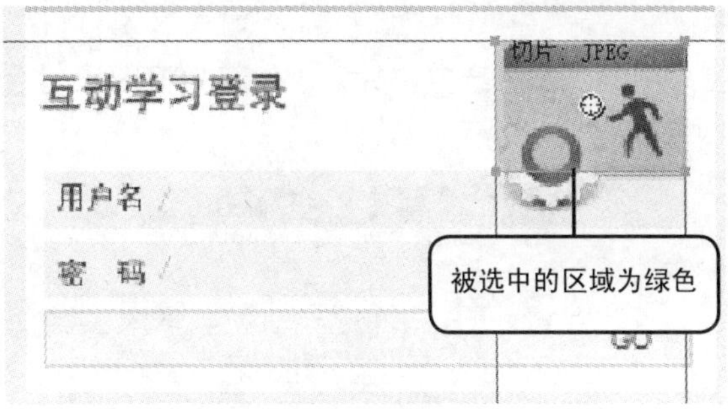

图3-6　绿线为切出在网页中使用的图片

经验

如果切得不太精确，可以选择“工具箱”中的【部分选定工具】，选择要修改的切片，通过【属性】面板中的【宽】、【高】、【X】、【Y】文本框调整切片的大小和位置，如图3−7所示。

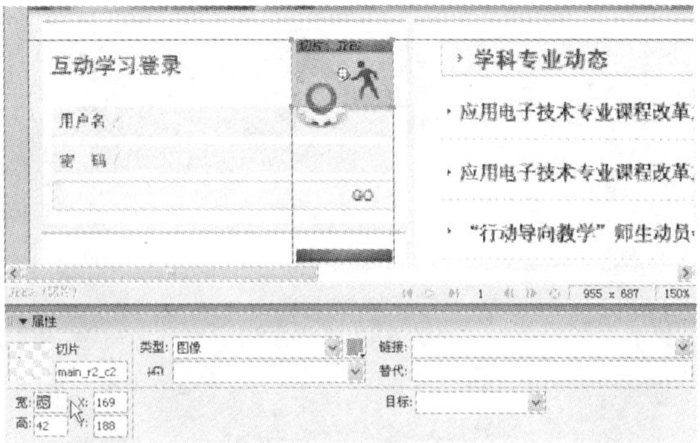

图3-7　通过【属性】面板修改切片大小与位置

技巧

选择“工具箱”中的【缩放工具】，通过放大图片，对图片进行精确的切图。

（5）根据步骤（3）~（4）进行其他图片的切图，效果如图3-8所示。

图3−8　切图后的效果

保存切片

（6）选择“工具箱”中的【部分选定工具】，如图3-9所示，按住【Shift】键，单击所选切片，选中多个切片，如图3-10所示。

图3-9　部分选定工具

图3-10　选择所需切片

（7）选择【文件】>【导出】命令，如图3-11所示，弹出【导出】对话框，如图3-12所示。设置文件名为“main.jpg”，导出为“仅图像”，切片为“导出切片”，并选中【仅已选切片】复选框，保存位置选择网站目录下的“images”文件夹，单击【保存】按钮，在保存的文件夹中出现切片图片，如图3-13所示。

图3-11　选择【导出】命令

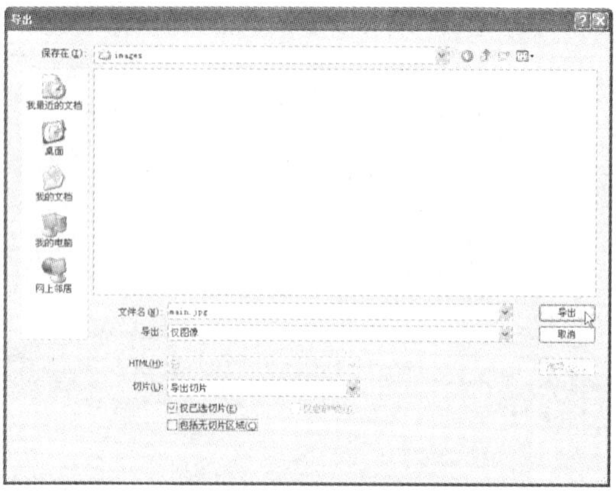

图3-12　【导出】对话框

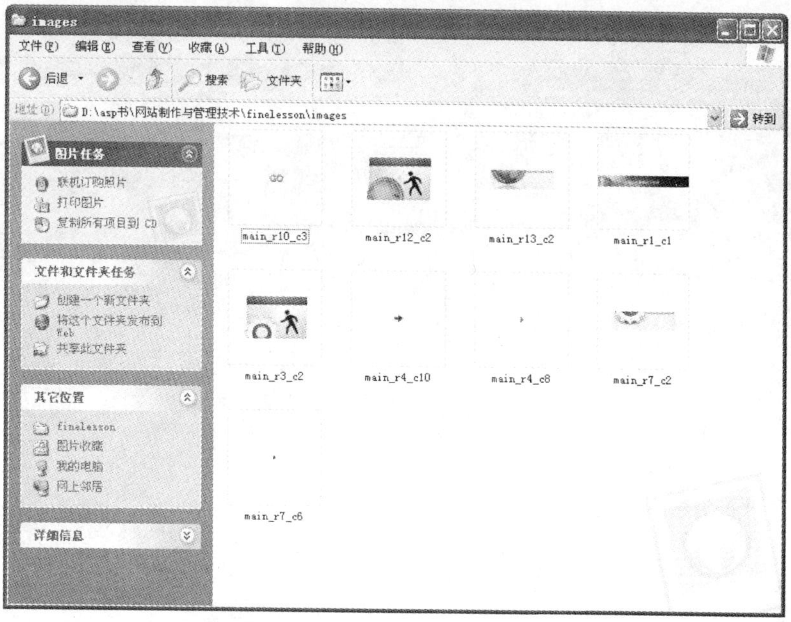

图3-13 在文件夹中出现导出的图片

注意

1.选中“仅已选切片”复选框只保存选定的切片；选中“包括无切片区域”复选框保存用户切片和计算机自动划分的切片，选中此复选框，在保存后需要将无用的切片删除。

2.此案例网站的根目录为finelesson文件夹，在此文件夹中有images文件夹，网站根目录文件夹可以建在计算机磁盘的任何位置。

修改图片命名及整理素材

（8）将images文件夹中的图片重新命名，依次为main_go、main_lesson、main_lesson 1、main_banner、main_login、main_arrow 、main_ico1、main_login1、main_ico2，如图3-14所示。

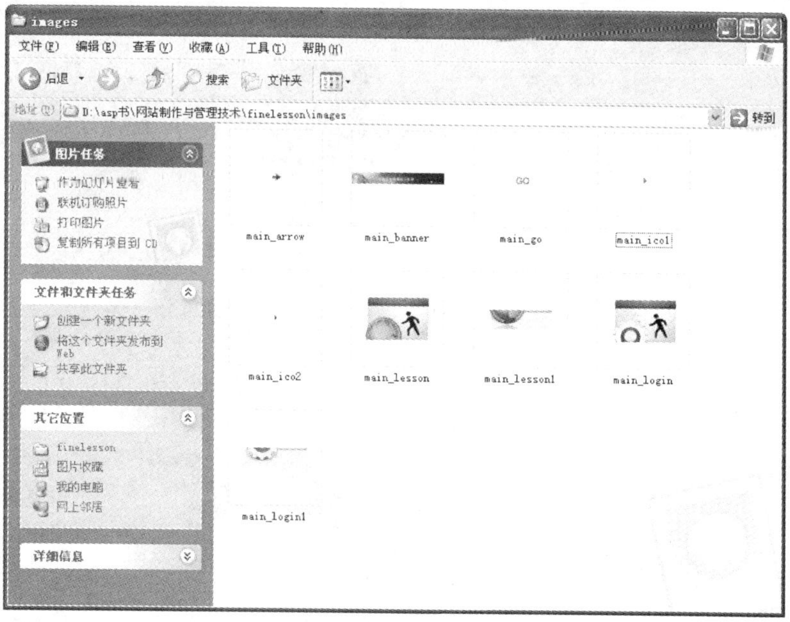

图3-14 重命名切片图片

（9）将收集的其他图片整理到images文件夹中，并重命名，如图3-15所示。

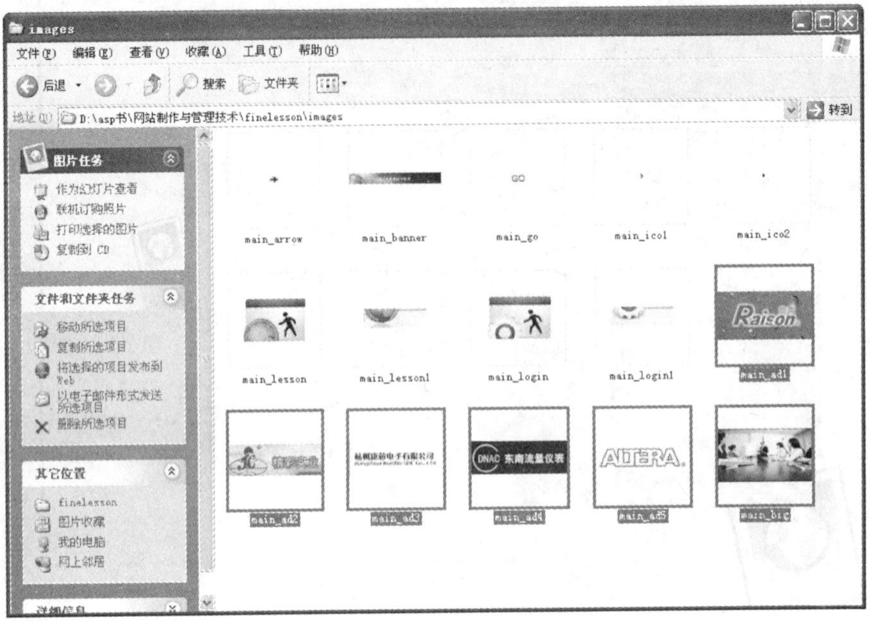

图3-15　整理后的图片素材

任务 2 Dreamweaver布局文字与图片

任务背景：

平页效果图切图完成后，下一步使用Dreamweaver软件制作静态网页，通过表格对文字及图片进行布局，并与首页平面效果图版式一致，效果如图3-16所示。

图3-16　首页效果图

任务要求：

1.制作HTML网页。

2.网页显示效果与平面效果图一致。

【技术要领】：session()变量的使用；随机函数； JavaScript操作表单数据。

【解决问题】：禁止网页缓存技术；提交表单数据到服务器；验证数据有效性。

【应用领域】：网页表单提交数据验证。

【素材来源】：模块3\素材\3.2\imges

【网页成品】：模块3\成品\3.2\main.html

任务分析：

静态网页的制作，主要使用Dreamweaver软件制作，通过表格进行布局，并在表格相应位置输入文字及插入图片，本任务主要搭建网页的框架。

重点、难点：

1. 创建站点。
2. 使用表格进行网页布局。
3. 文字与图片的插入。

操作步骤：

创建站点

（1）选择【开始】>【所有程序】>【Macromedia】>【Dreamweaver】命令，启动Dreamweaver软件，如图3-17所示。

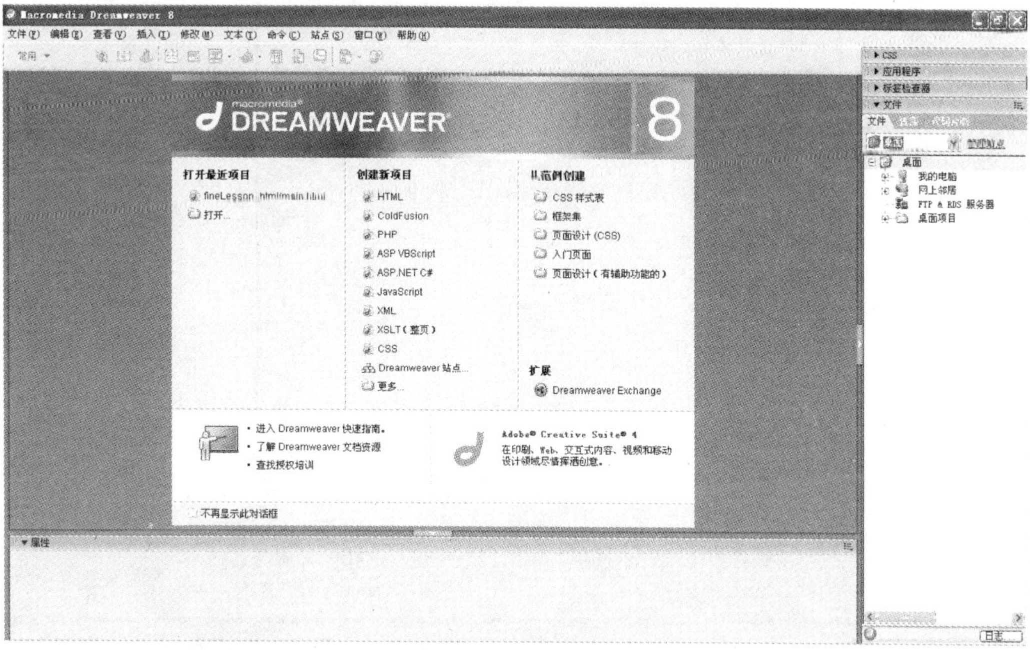

图3-17 Dreamweaver软件界面

（2）选择【站点】>【新建站点】命令，如图3-18所示，弹出“未命名站点1 的站点定义为”对话框，输入站点名称“finelesson”，效果如图3-19所示。

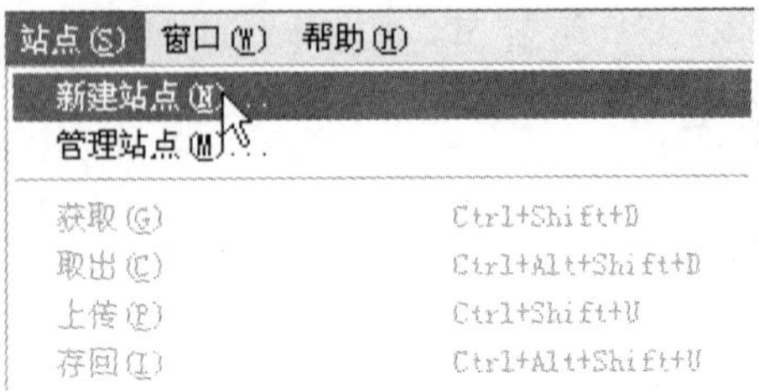

图3-18 选择【新建站点】命令

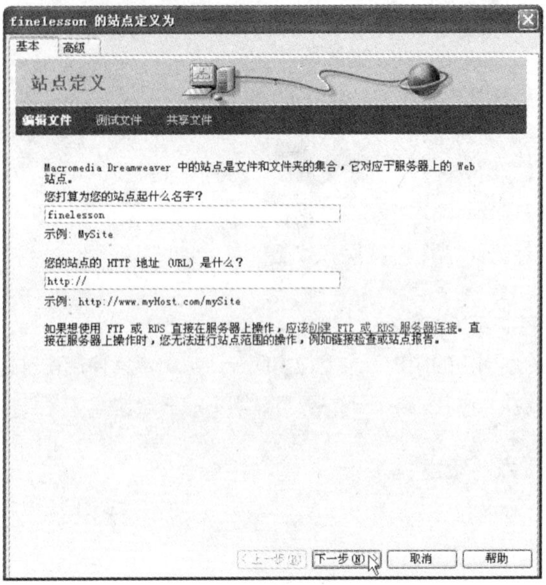

图3-19 输入站点名称

（3）单击【下一步】按钮，由于此站点是一个静态站点，没有动态页，所以在弹出的对话框中选择“否，我不想使用服务器技术”单选项，如图3-20所示。

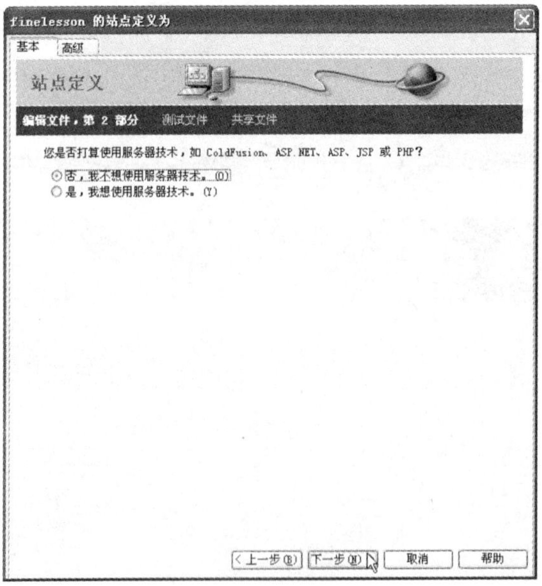

图3-20 取消使用服务器技术

注意

若选择“是，我想使用服务器技术”单选项，则对话框将提示选择一种服务器技术。

（4）单击【下一步】按钮， 进入“编辑文件，第3部分”页面，选择默认的 “编辑我的计算机上的本地副本，完成后再上传到服务器（推荐）”单选项，然后单击文本框右侧的“文件夹”图标，选择站点的本地根目录，如图3-21所示。

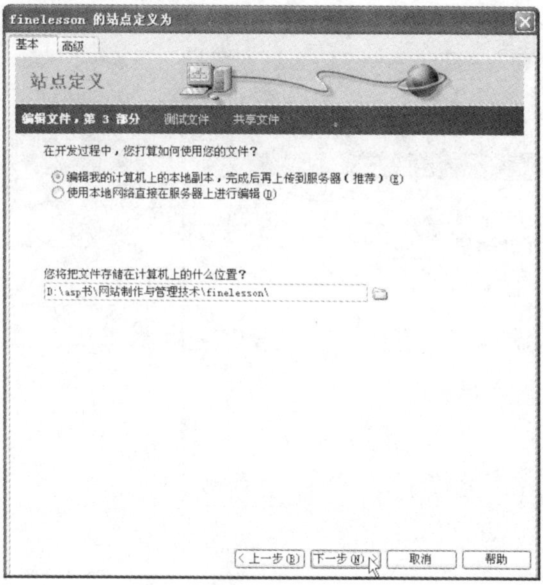

图3-21　选择站点的本地根目录

（5）单击【下一步】按钮，由于没有定义服务器技术，在站点完成之前也不需要上传，所以在弹出的对话框中的“您如何连接到远程服务器？”下拉列表框中设置为“无”，如图3-22所示。

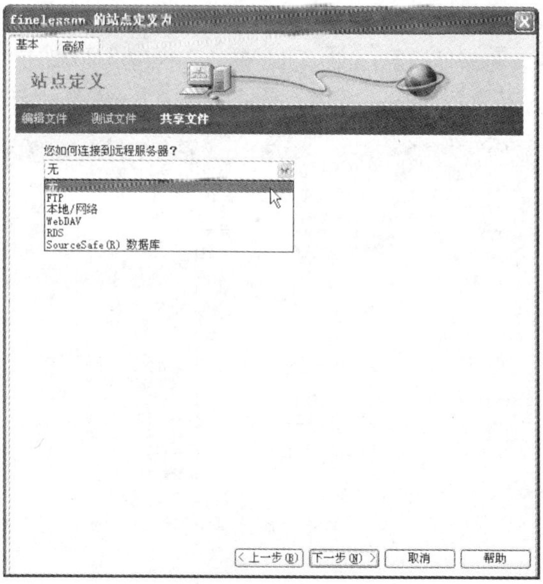

图3-22　设置不连接到远程服务器

注意

建立本地站点，通常就是把已有的文件夹设置为站点。此文件夹内的文件就是站点内的文件。

（6）单击【下一步】按钮，弹出站点设置总结对话框。“远程信息”和“测试服务器”都可以等站点设计完成之后再设置，而“本地信息”则是建立站点的基本信息，如图3-23所示。

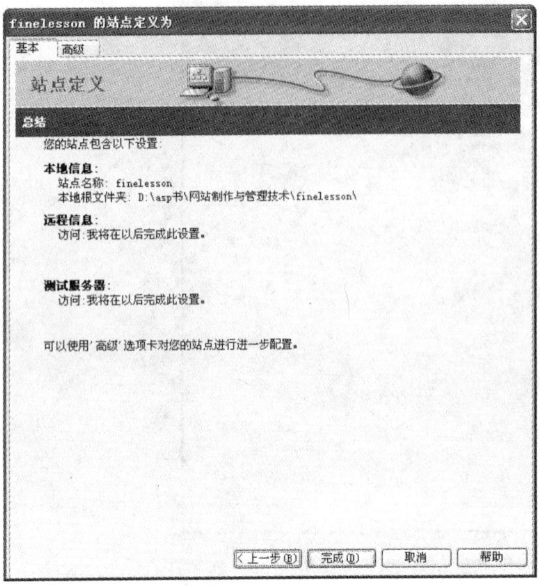

图3-23 站点设置总结

图3-24 【文件】面板

（7）单击【完成】按钮，新建站点将显示在【文件】面板中，如图3-24所示。

新建HTML文档

（8）选择【文件】>【新建】命令，弹出【新建文档】对话框，在【类别】列表框中选择“基本页”，在【基本页】列表框中选择“HTML”，如图3-25所示。单击【创建】按钮，创建HTML新文件，如图3-26所示。

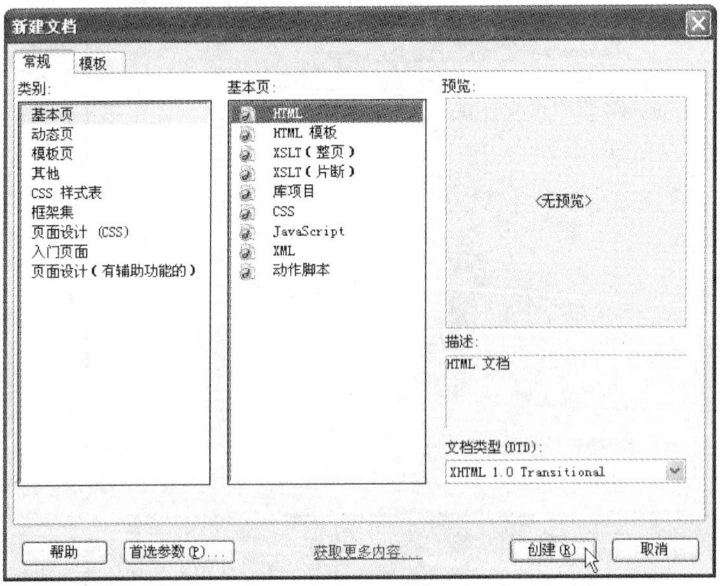

图3-25 【新建文档】对话框

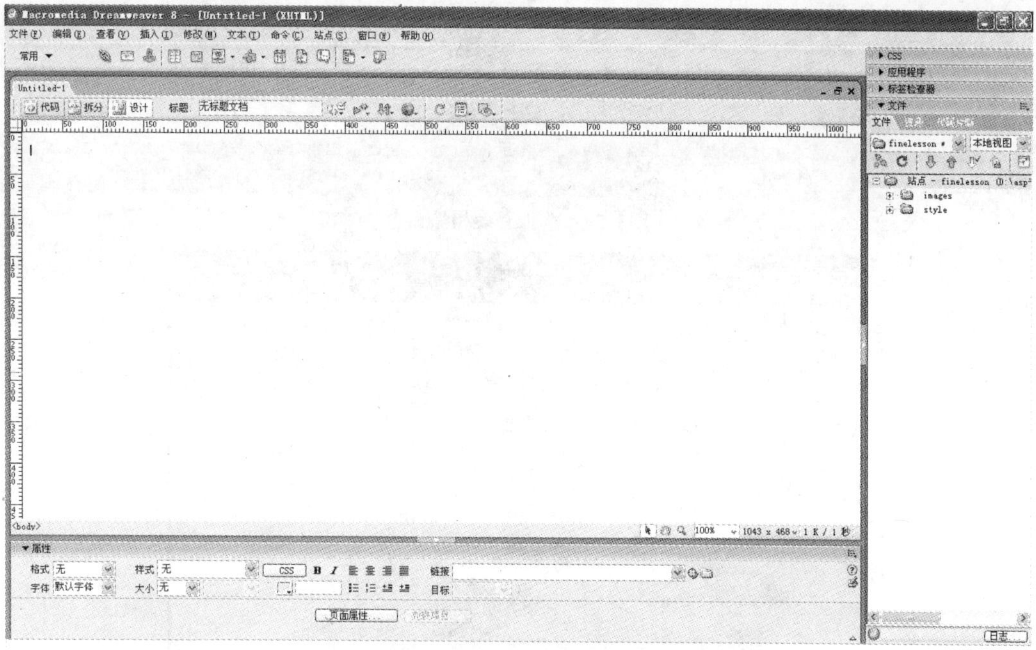

图3-26　创建HTML新文件

（9）选择【文件】>【保存】命令，弹出【另存为】对话框，设置文件名为“main.html”，单击【保存】按钮，如图3-27所示。

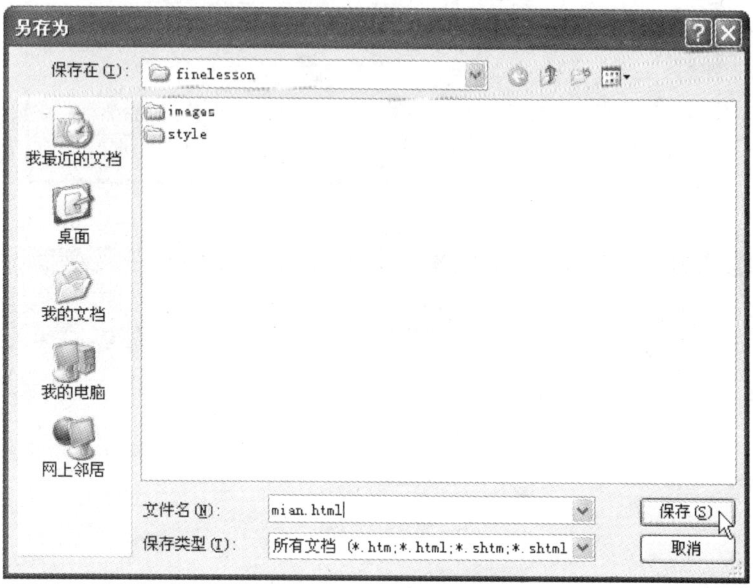

图3-27　【另存为】对话框

制作导航栏与banner图

（10）在插入栏中选择【常用】选项，选择【表格】工具，如图3-28所示，弹出【表格】对话框，设置表格属性，行数为“3”，列数为“1”，表格宽度为“955像素”，边框粗细为“0像素”，单元格边距为“0”，单元格间距为“0”，如图3-29所示。单击【确定】按钮，添加表格，效果如图3-30所示。

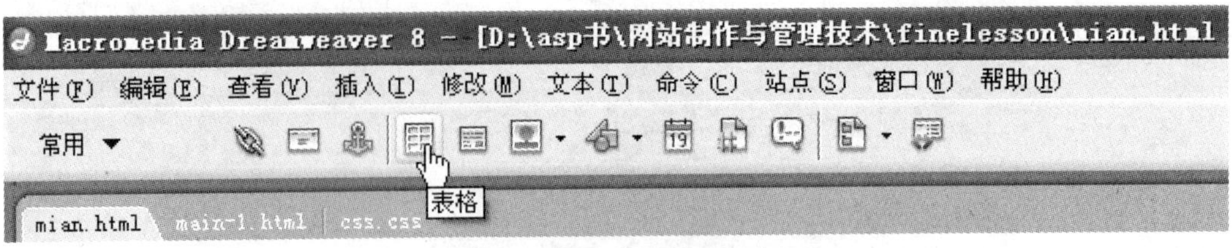

图3-28 选择“表格”命令

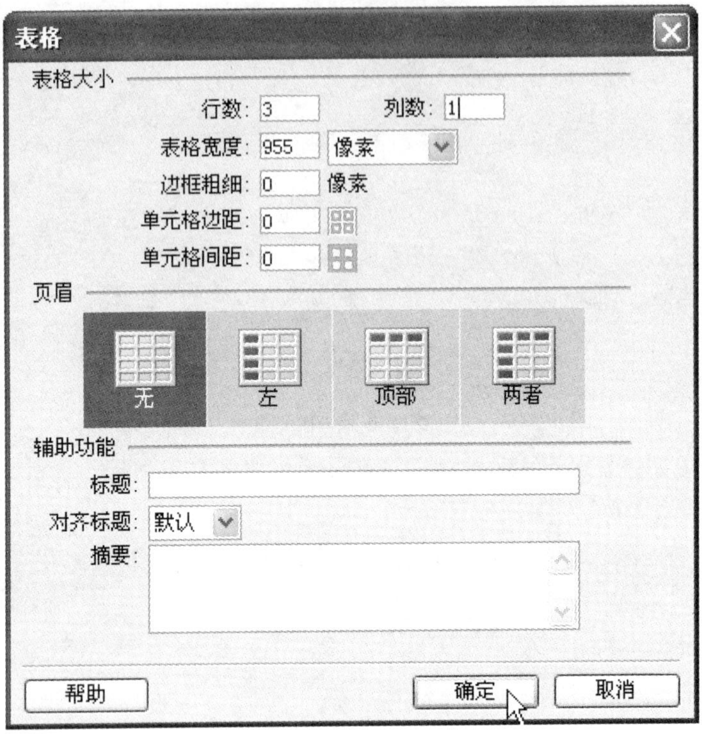

图3-29 【表格】对话框

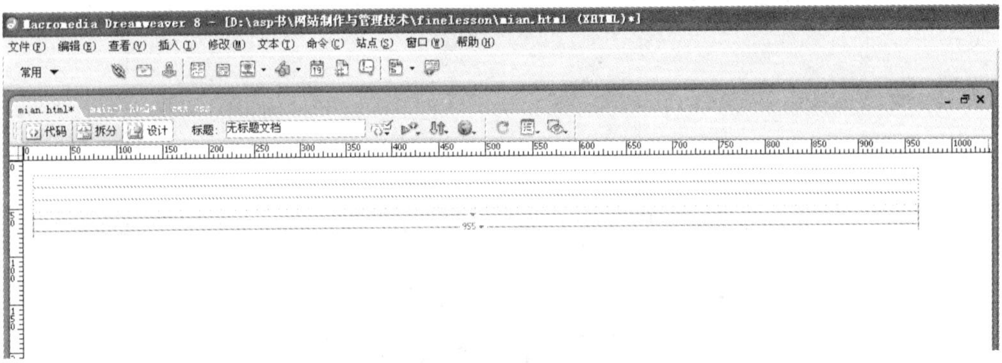

图3-30 表格效果

（11）将光标置于表格第1行位置，在【属性】面板中设置高为“49”，如图3-31所示。在第1行输入3个空格后，输入“导入页”文字，然后输入2个空格，输入“首页”文字，每项文字之间输入2个空格，并输入相应文字内容，在【属性】面板中的【垂直】下拉列表框中选择“底部”选项，如图3-32所示。

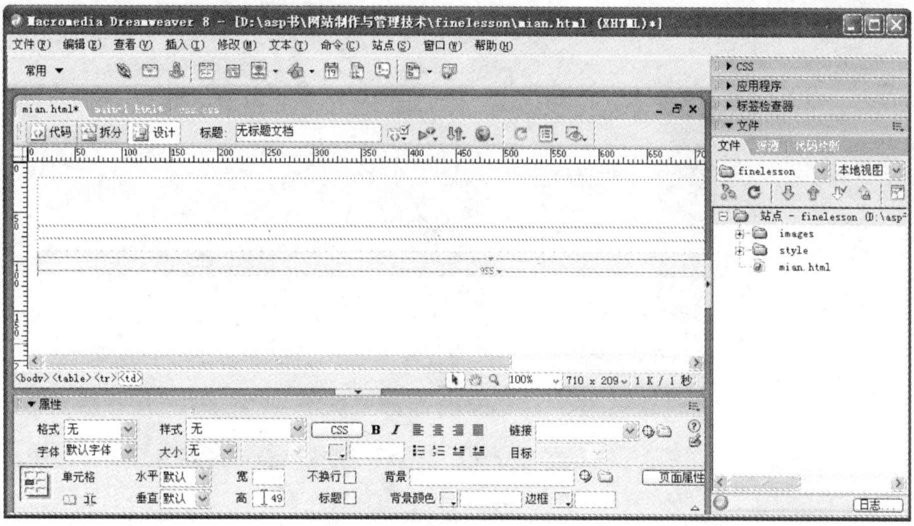

图3-31　设置表格第1行高度

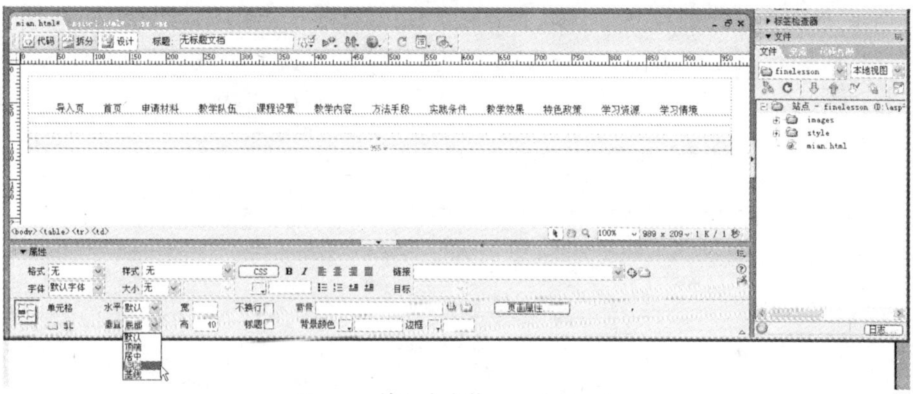

图3-32　输入文字并设置垂直方式

> **注意**
> 在网页中输入空格，要将输入法修改为全角后，才可输入空格，否则无效。

（12）将光标置于表格第2行位置，选择【代码】选项卡切换到代码窗口，如图3-33所示。将该单元格代码中的“ ”代码删除，如图3-34所示。选择【设计】选项卡切换到设计窗口，在【属性】面板中设置高为“7”，如图3-35所示。

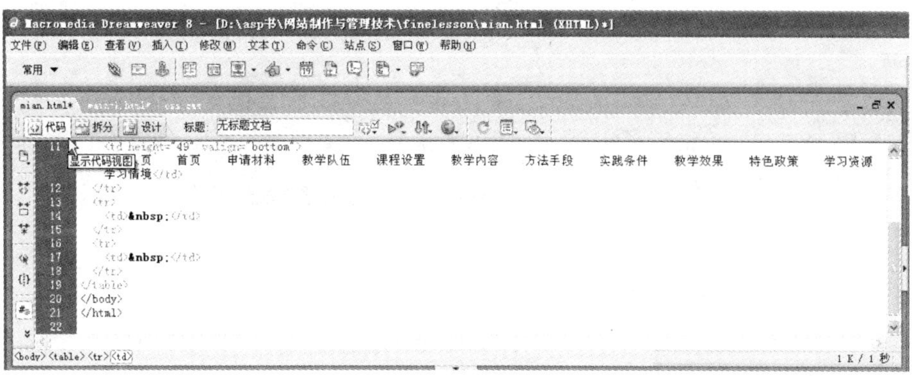

图3-33　切换到代码窗口

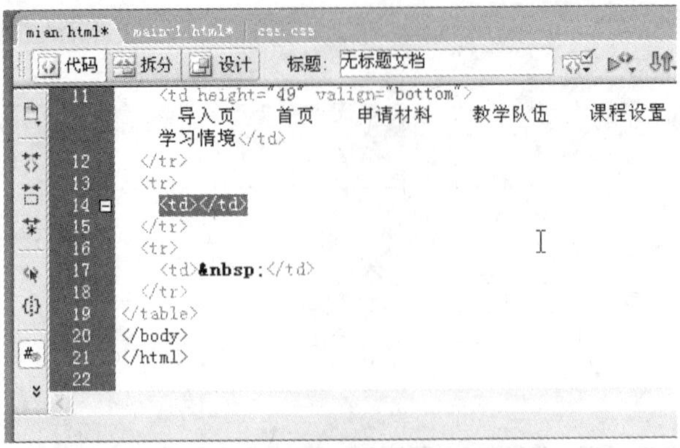

图3-34　删除“ ”代码

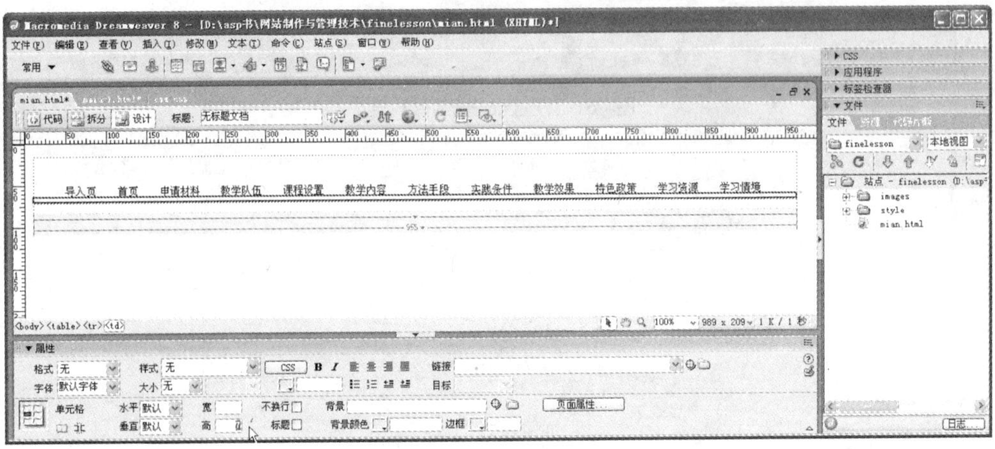

图3-35　切换到设计窗口

经验 当调整单元格的高度很小时（如1px等），直接设置【属性】面板中的“高”不起作用，只有切换到代码窗口，将该单元格代码中的“ ”代码删除后，再设置【属性】面板中“高”才起作用。

（13）将光标置于表格第3行位置，选择【插入】>【图像】命令，弹出【选择图像源文件】对话框，选择“main_banner”图片，单击【确定】按钮，插入图片，如图3-36所示。

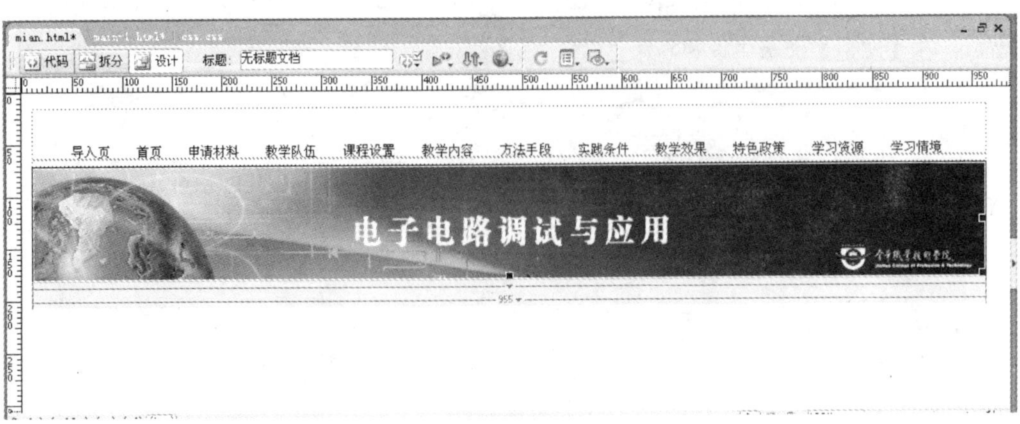

图3-36　插入图片

（14）选中整个表格，在【属性】面板中的【对齐】下拉列表框中选择“居中对齐”选项，如图3-37所示，使表格居中对齐。

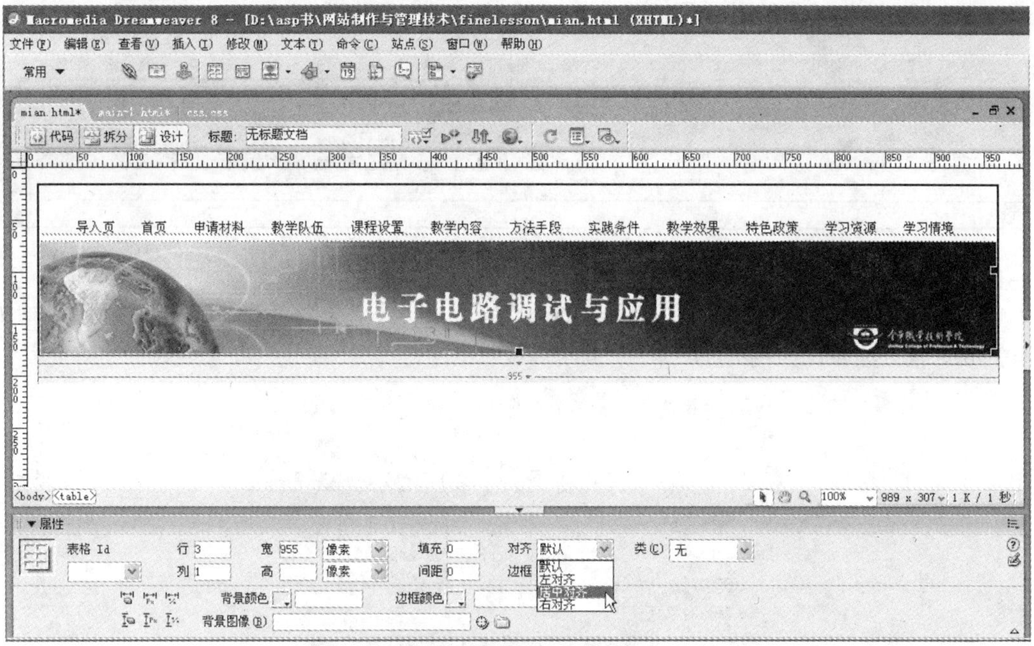

图3-37　设置表格为居中对齐

制作互动学习登录栏目

（15）将光标置于表格外，在插入栏中选择【常用】选项，选择【表格】工具，弹出【表格】对话框，设置表格属性，行数为“3”，列数为“7”，表格宽度为“955像素”，边框粗细为“0像素”，单元格边距为“0”，单元格间距为“0”，单击【确定】按钮，添加表格。在【属性】面板中的【对齐】下拉列表框中选择“居中对齐”选项，如图3-38所示。

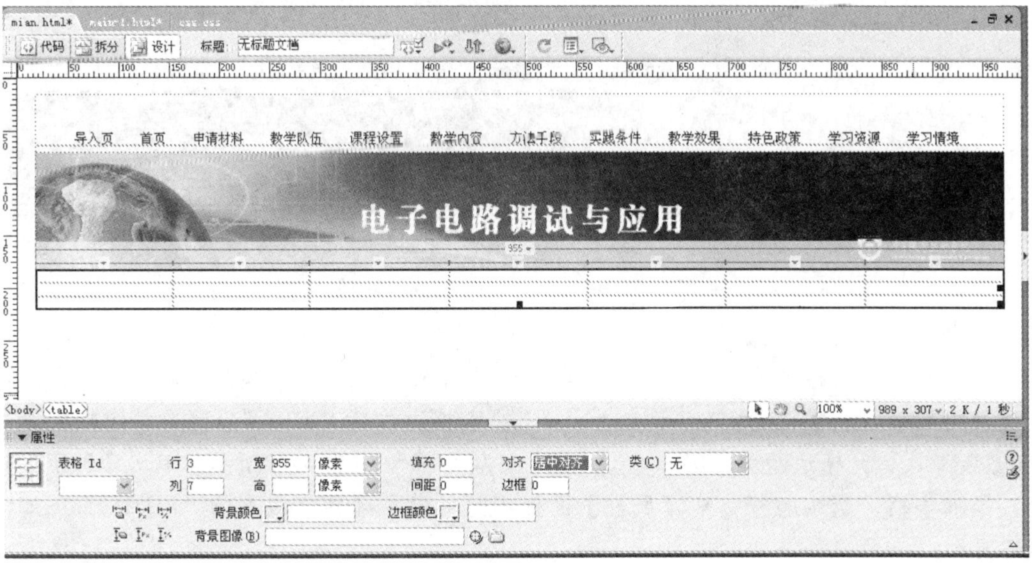

图3-38　插入表格

（16）将第1行与第3行按照步骤12将单元格高度设置为“7”，并调整列宽（1、3、5、7列窄），如图3-39所示。

图3-39　设置单元格高度、宽度

（17）将光标置于表格第2行第2列位置，选择【插入】>【表单】>【表单】命令，如图3-40所示。插入表单，如图3-41所示。

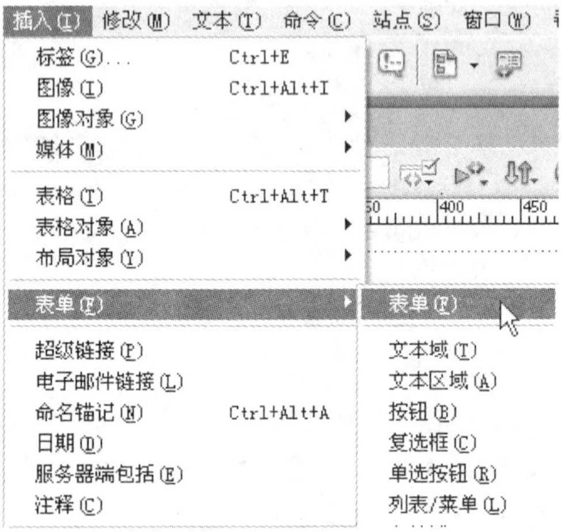

图3-40　选择【表单】命令

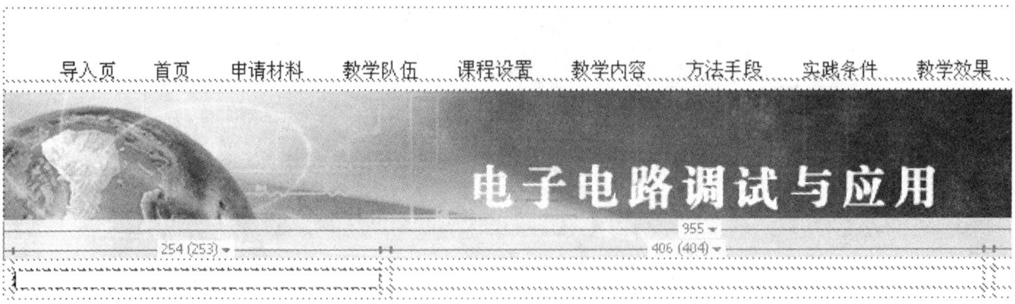

图3-41　插入表单

（18）在插入栏中选择【常用】选项，选择【表格】工具，弹出【表格】对话框，设置表格属性，行数为“8”，列数为“4”，表格宽度为“100百分比”，边框粗细为“0像素”，单元格边距为“0”，单元格间距为“0”，如图3-42所示。单击【确定】按钮，添加表格，选中表格，在【属性】面板中将“背景颜色”设置为“#ffffff”，如图3-43所示。

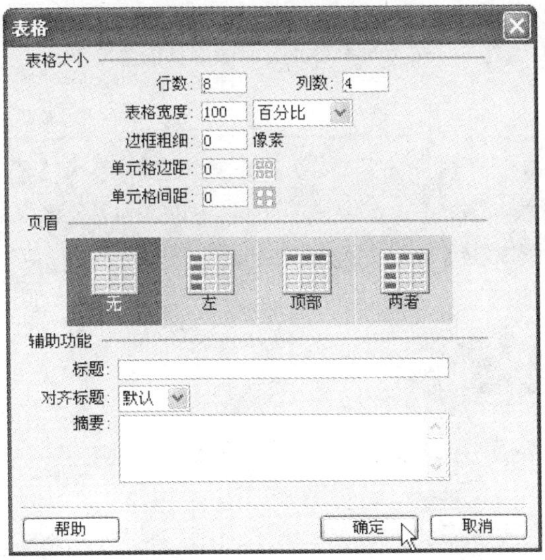

图3-42 【表格】对话框

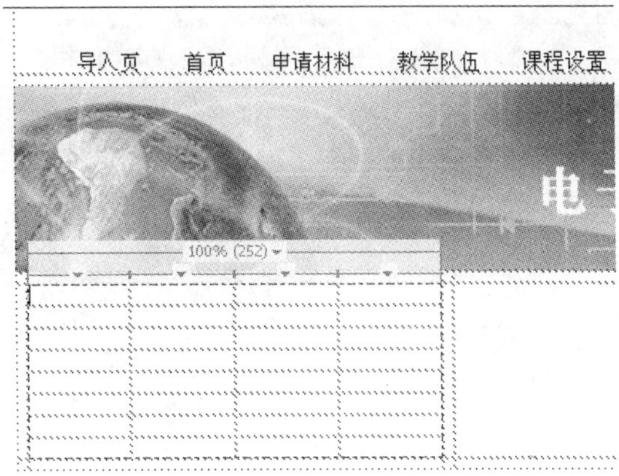

图3-43 插入表格

（19）将第1、4、6、8行按照步骤（12）将单元格高度设置为“4”，并调整列宽，如图3-44所示。

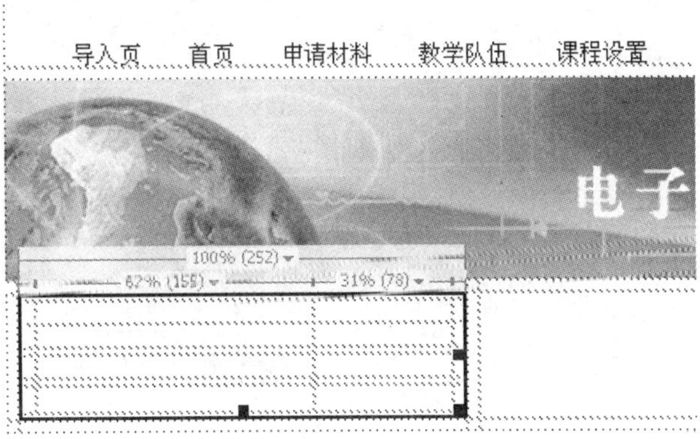

图3-44 设置高度、列宽

（20）将光标置于第2行第2列单元格内，输入“互动学习登录”文字，将光标置于右侧单元格内，选择【插入】>【图像】命令，选择“images\main_login”图片，将光标置于包含图片的单元格内，在【属性】面板中的【垂直】下拉列表框中选择“底部”选项，如图3-45所示。

图3-45 输入文字并插入图片

注意

在设置内容“水平”和“垂直”对齐方式时，不是选中内容，而是将光标置于包括内容的单元格内。

（21）将光标置于第3行第2列单元格内，输入“用户名\”文字，在插入栏中选择【表单】选项，如图3-46所示。在右侧出现表单工具栏，选择【文本字段】工具，如图3-47所示。

在表格中添加文本字段，选择添加的文本字段，在【属性】面板中设置字符宽度和最多字符数为“10”，如图3-48所示。

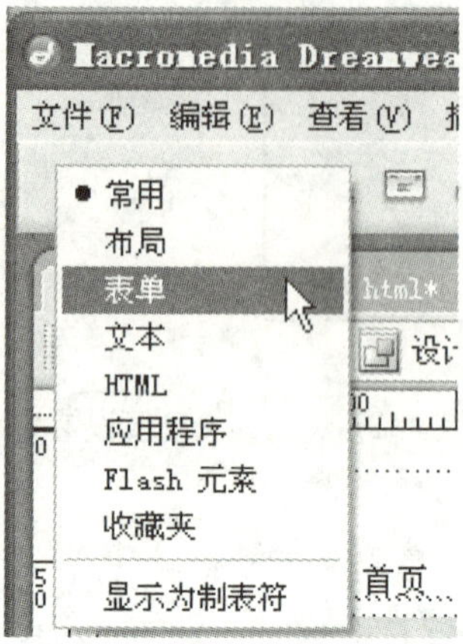

图3-46　选择【表单】

图3-47　选择【文本字段】工具

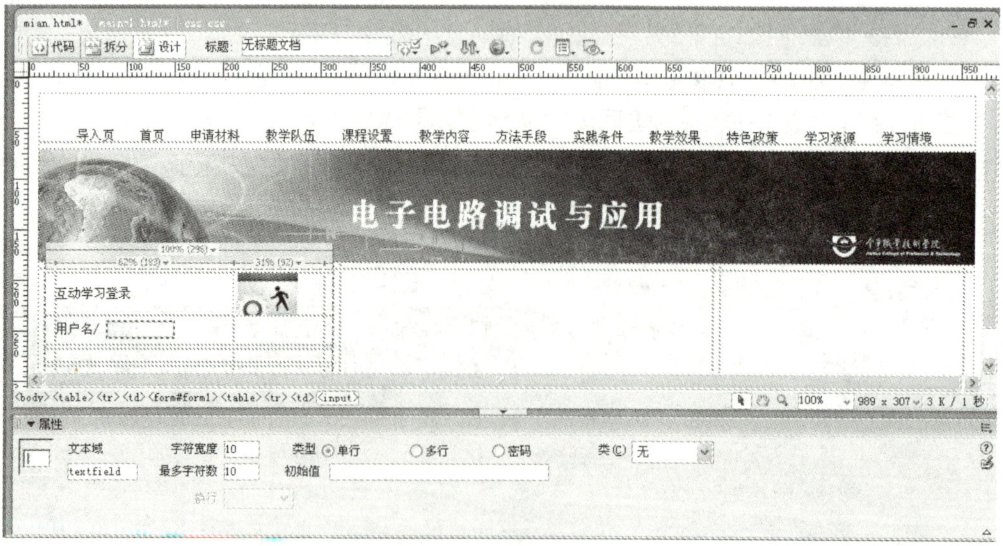

图3-48　设置文本字段

（22）将光标置于右侧单元格内，选择【插入】>【图像】命令，选择“images\main_login1”图片，将光标置于包含图片的单元格内，在【属性】面板中的【垂直】下拉列表框中选择“顶端”选项。选中第3行2、3列单元格，在【属性】面板中设置背景颜色为“#eeeeec”，效果如图3-49所示。

图3-49　设置效果

（23）按照步骤（21）、（22），设置第5行，输入“密码”文字、添加文本字段、设置背景颜色，如图3-50所示。

图3-50　设置第5行效果

（24）选中第7行中第2、3列单元格，单击【属性】面板中的【合并所选单元格，使用跨度】按钮，合并单元格，如图3-51所示。选择【插入】>【图像】命令，选择“images\main_go”图片，并在【属性】面板中的【水平】下拉列表框中选择“右对齐”选项，背景颜色设置为“#f7f7f7”，如图3-52所示。

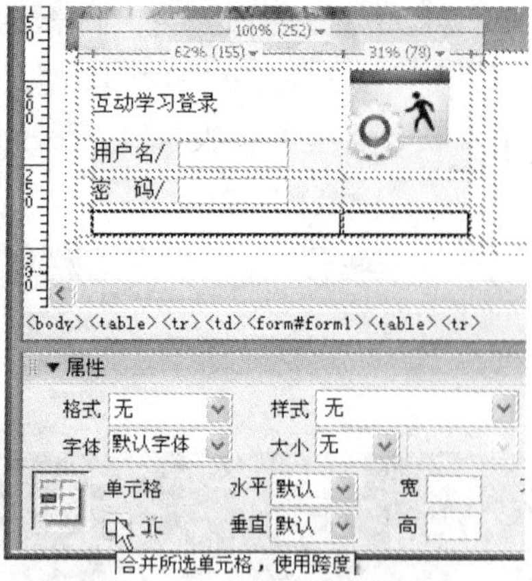

图3-51 合并单元格

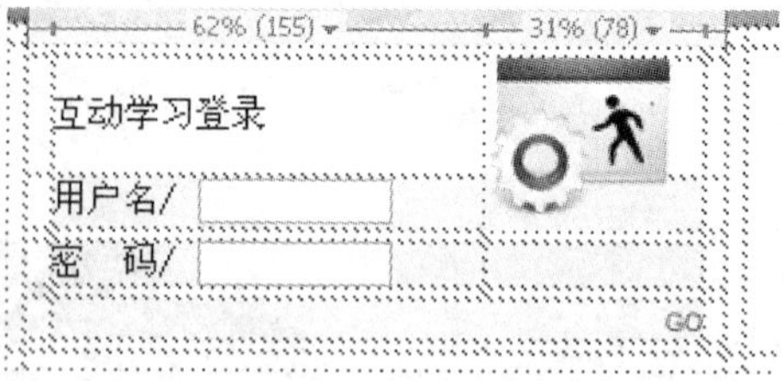

图3-52 设置第7行效果

（25）选中第1行，在【属性】面板中设置背景颜色为“#c0c4c5”，如图3-53所示。

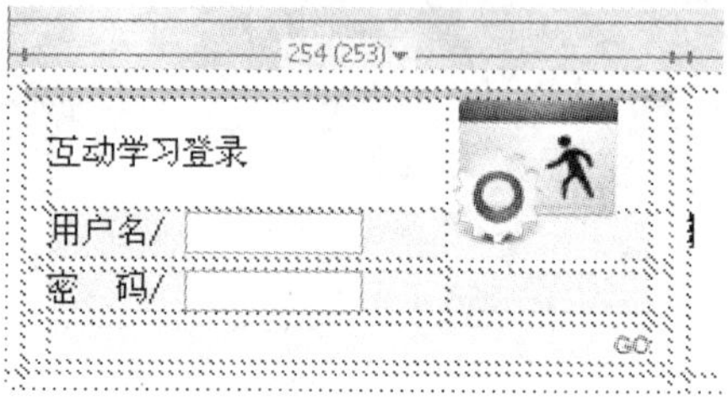

图3-53 设置第1行背景色

制作课程公告栏目

（26）将光标置于上面表格的下方，在插入栏中选择【常用】选项，选择【表格】工具，弹出【表格】对话框，设置表格属性，行数为“17”，列数为“4”，表格宽度为“100百分比”，边框粗细为“0像素”，单元格边距为“0”，单元格间距为“0”，单击【确定】按钮，添加表格。选中表格，在【属性】面板中设置背景颜色为“#ffffff”，如图3-54所示。

图3-54 插入表格

（27）将第1、2、5、7、9、11、13、15、17行按照步骤（12）将单元格高度设置为“4”，并调整列宽，如图3-55所示。

（28）选中第1行，在【属性】面板中设置背景颜色为“#eeeeec”，第2行的背景颜色设置为“#c0c4c5”，如图3-56所示。

图3-55　调整表格行高与列宽

图3-56　设置第1、2行背景颜色

（29）将光标置于第3行第2列单元格内，输入“课程公告”文字，在右侧单元格内，选择【插入】>【图像】命令，选择“images\main_lesson”图片，将光标置于包含图片的单元格内，在【属性】面板中的【垂直】下拉列表框中选择“底部”选项，效果如图3-57所示。

（30）将光标置于第4行第2列单元格内，输入“到灵声现场背课”文字，在右侧单元格内，选择【插入】>【图像】命令，选择“images\main_lesson1”图片，将光标置于包含图片的单元格内，在【属性】面板中的【垂直】下拉列表框中选择“顶端”选项。选中此行的第2、3列单元格，在【属性】面板中设置背景颜色为“#eeeeec”，效果如图3-58所示。

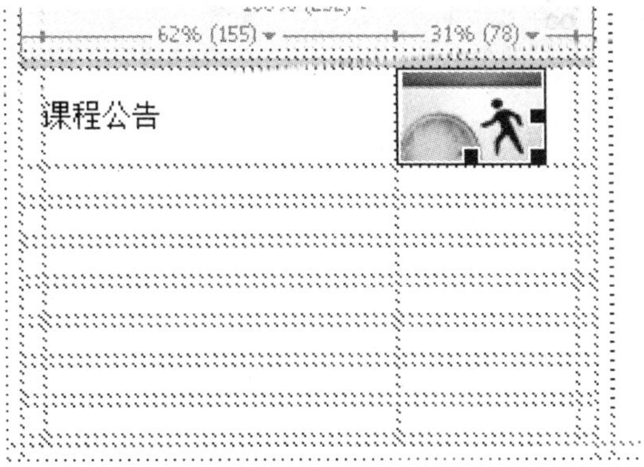

图3-57　添加内容

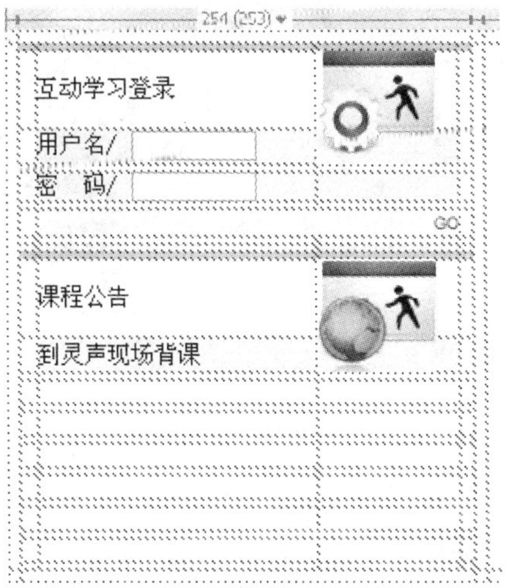

图3-58　设置第4行

（31）选中“到灵声现场背课”文字，在【属性】面板中的【链接】文本框中输入“#”，设置为空链接，如图3-59所示。

图3-59 设置空链接

（32）按照步骤（30）、（31），在6、8、10、12、14行中输入文字、设置背景颜色、设置空链接，效果如图3-60所示。

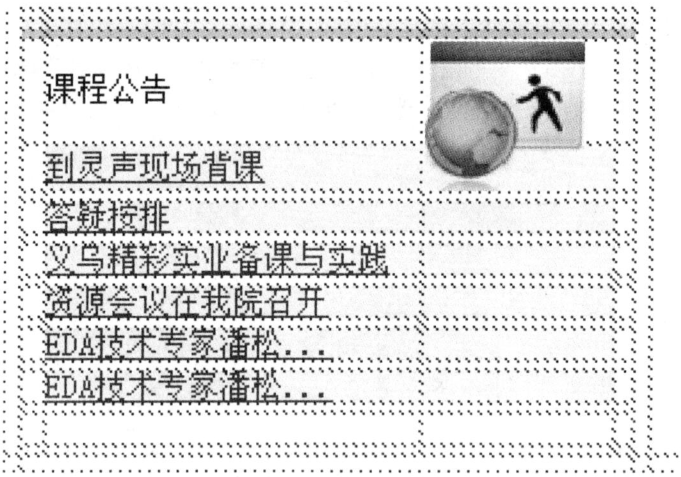

图3-60 设置效果

（33）选中第16行的第2、3列单元格，单击【属性】面板中的【合并所选单元格，使用跨度】按钮，合并单元格，如图3-61所示。在合并后的单元格内输入文字“more”,设置为“加粗”，对齐方式为“右对齐”。选择【插入】>【图像】命令，选择“images\main_arrow”图片，如图3-62所示。

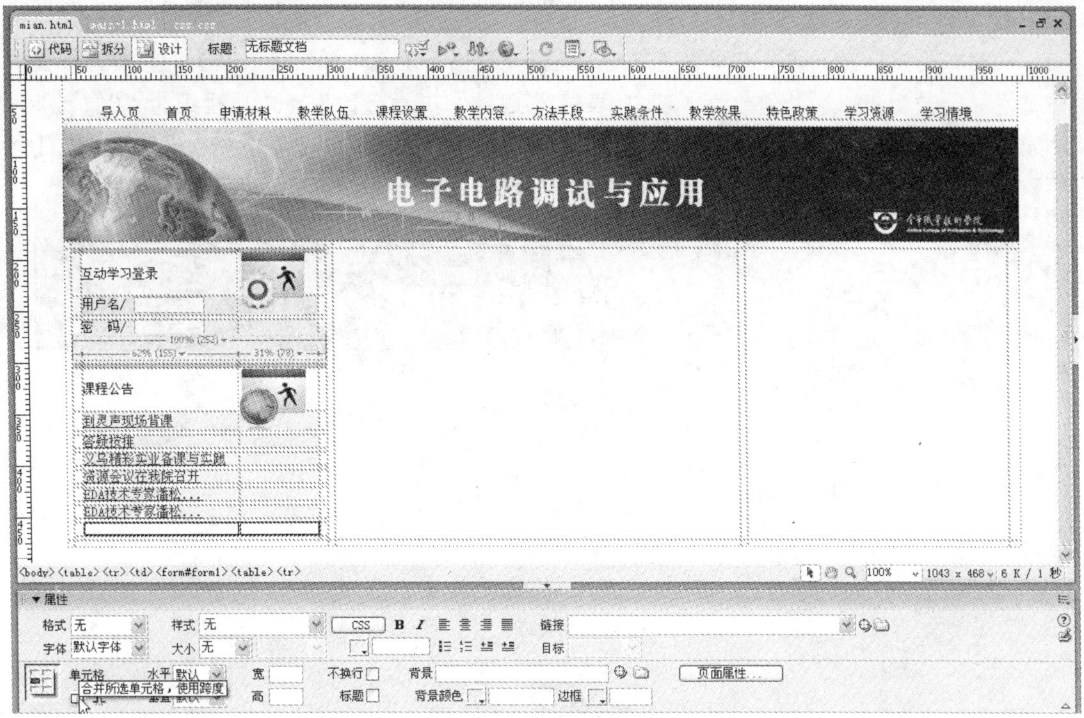

图3-61 合并单元格

图3-62 设置more文字

制作学科专业动态栏目

（34）将光标置于网页中间的空白处，选择【表格】工具，弹出【表格】对话框，设置表格属性，行数为“12”，列数为“3”，表格宽度为“100百分比”，边框粗细为“0像素”，单元格边距为“0”，单元格间距为“0”，单击【确定】按钮，添加表格。选中表格，在【属性】面板中设置背景颜色为“#ffffff”，如图3-63所示。

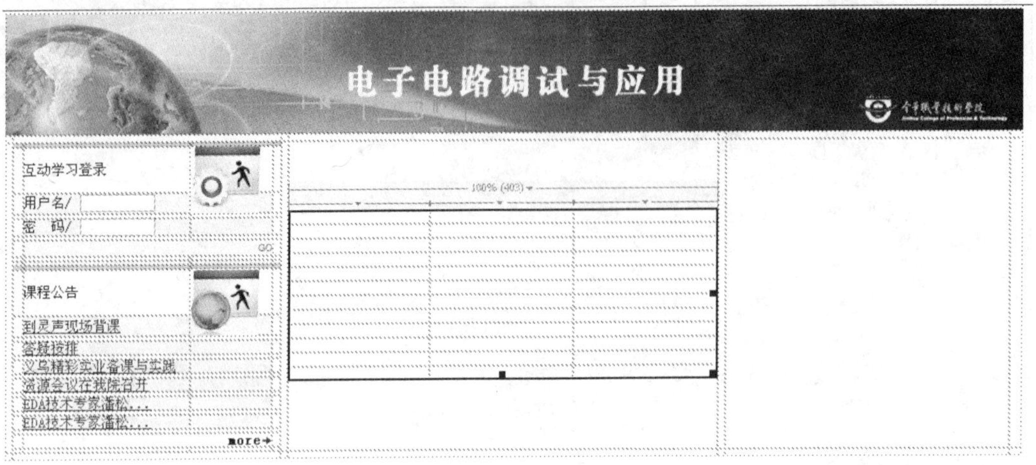

图3-63 插入表格

（35）将第1行按照步骤（11），在【属性】面板中设置高度为“4”，背景颜色为“#c0c4c5”并调整列宽。将光标置于包括此表格的单元格内，在【属性】面板中的【垂直】下拉列表框中选择“顶端”选项，如图3-64所示。

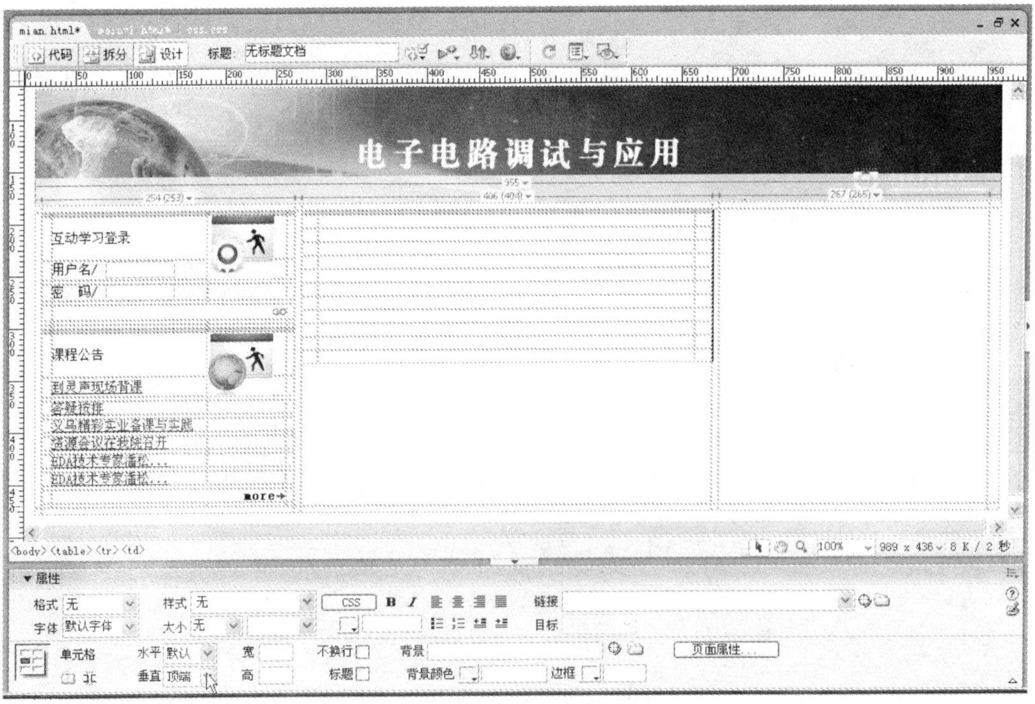

图3-64 设置表格

（36）将光标置于第3行第2列单元格内，选择【插入】>【图像】命令，选择“images\main_ico1”图片。输入“学科专业动态”文字，输入10个空格，输入“more”文字并加粗。选择【插入】>【图像】命令，选择“images\main_arrow”图片，效果如图3-65所示。

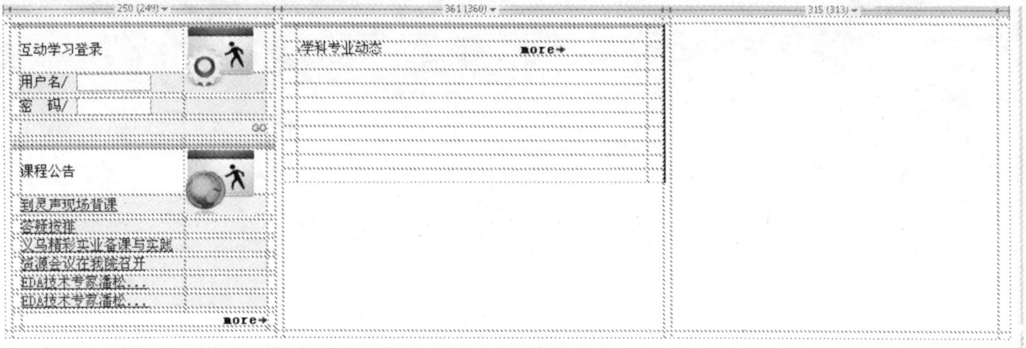

图3-65　设置第3行

（37）将光标置于第4行第2列单元格内，选择【插入】>【图像】命令，选择“images\main_ico2”图片，输入“应用电子技术专业课程改革之职业能力分析会”文字，选中文字，在【属性】面板中的【链接】文本框中输入“#”，设置空链接，如图3-66所示。

图3-66　设置第4行

（38）以此类推，第5~11行按照步骤（37）插入相应图片、输入文字并进行设置，最后调整表格的高度，效果如图3-67所示。

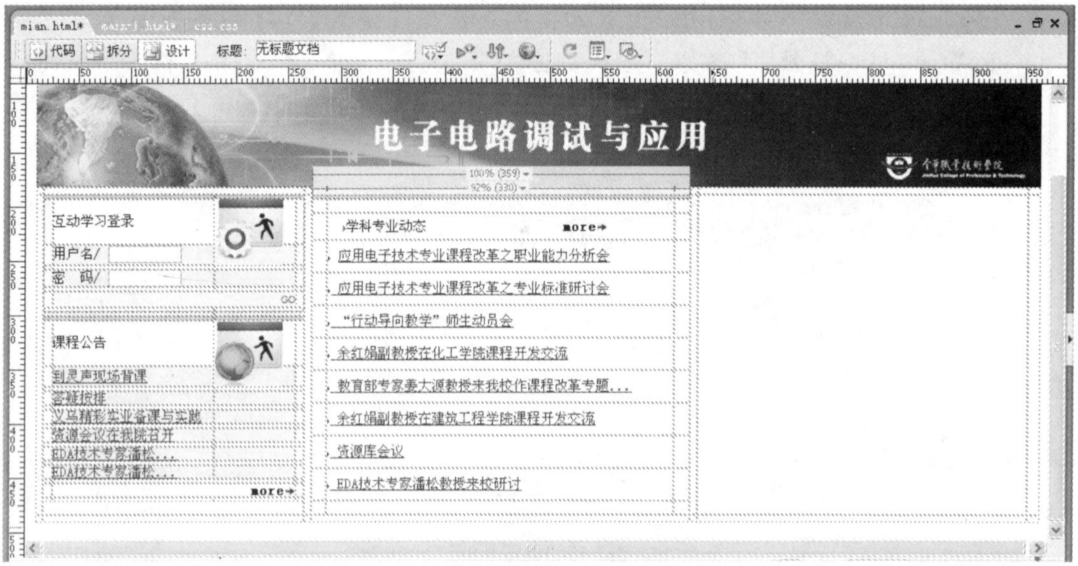

图3-67 “学科专业动态”栏目效果

制作课程简介栏目

（39）将光标置于网页右侧的空白处，选择【表格】工具，弹出【表格】对话框，设置表格属性，行数为“6”，列数为“3”，表格宽度为“100百分比”，边框粗细为“0像素”，单元格边距为“0”，单元格间距为“0”，单击【确定】按钮，插入表格。选中表格，在【属性】面板中设置背景颜色为“#ffffff”，如图3-68所示。

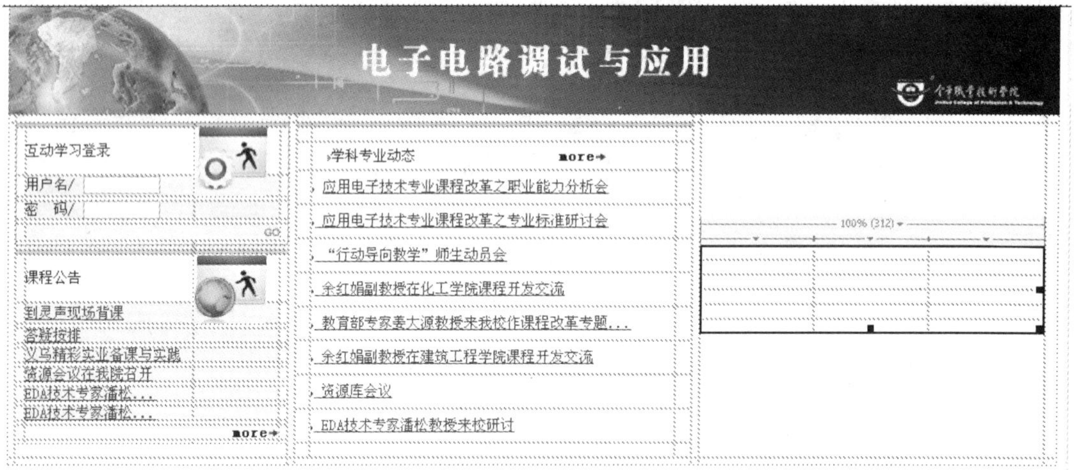

图3-68 插入表格

（40）将第1行按照步骤（11），在【属性】面板中设置高度为“4”，背景颜色为“#c0c4c5”，并调整列宽。将光标置于包括此表格的单元格内，在【属性】面板中的【垂直】下拉列表框中选择“顶端”选项，如图3-69所示。

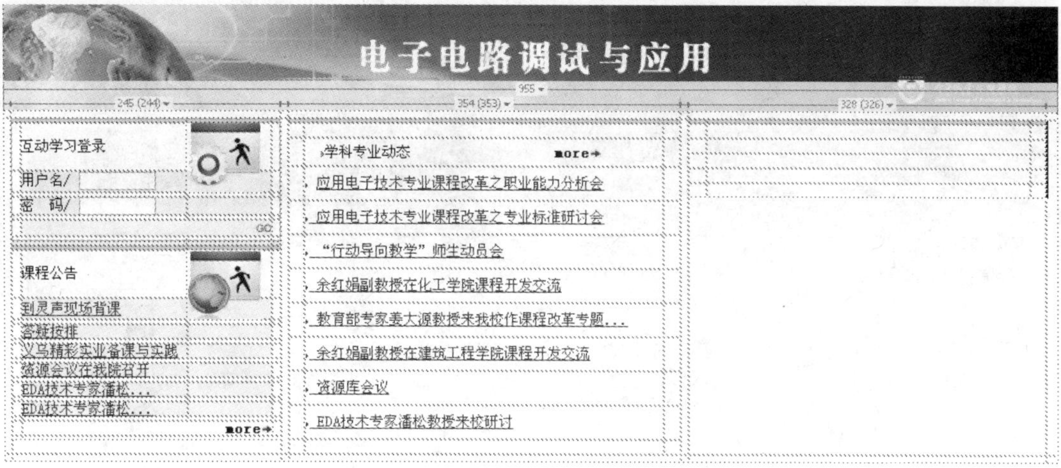

图3-69　插入表格

（41）将光标置于第3行第2列单元格内，选择【插入】>【图像】命令，选择“images\main_ico1”图片，输入文字“课程简介”，在【属性】面板中的【垂直】下拉列表框中选择“底部”选项，如图3-70所示。

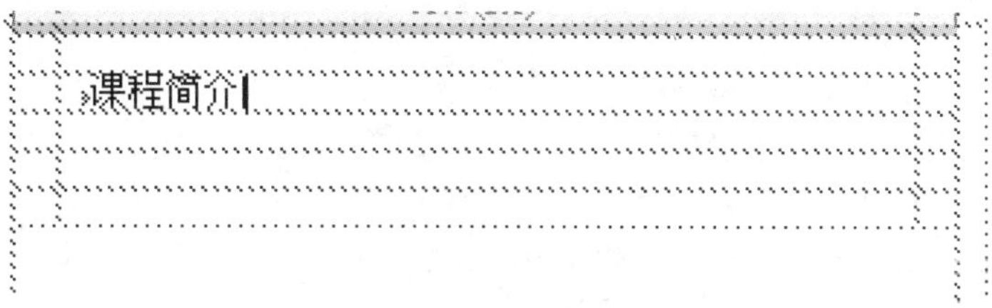

图3-70　输入文字

（42）将光标置于第5行第2列单元格内，选择【插入】>【图像】命令，选择“images\main_big”图片。在第6行第2列单元格内输入相应文字，如图3-71所示。

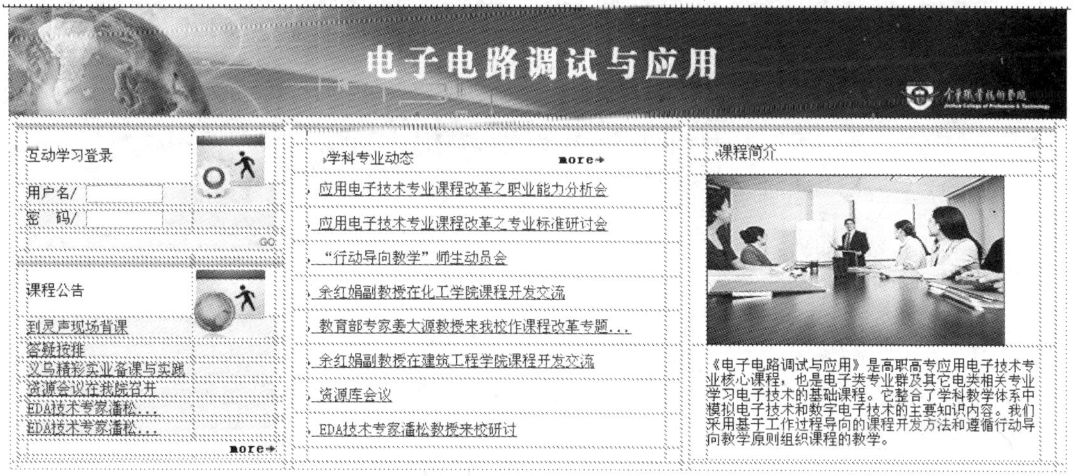

图3-71　“课程简介”栏目效果

（43）选中整体表格，在【属性】面板中设置背景颜色为“#eeeeec”，效果如图3-72所示。

图3-72　设置背景颜色

（44）根据以上制作方法，在下方插入相应表格，并插入相应图片，效果如图3-73所示。

图3-73　整体编辑效果

（45）按【F12】键浏览网页，效果如图3-74所示。

图3-74 浏览效果

注意

从浏览效果看，会发现浏览效果与编辑效果不一致。

任务3 CSS修饰文字与页面

任务背景：

静态网页的框架制作好了，但通过任务2发现浏览效果与编辑效果不一致，为了美化网页效果及便于修改效果，需要使用CSS修饰文字与页面，进行美化网页，效果如图3-75所示。

图3-75 CSS美化效果图

任务要求：

1．创建一个独立的CSS文档。

2．建立CSS样式并引用，美化网页。

【技术要领】：CSS样式创建。

【解决问题】：通过Dreamweaver软件的CSS管理进行创建。

【应用领域】：所有网站 。

【素材来源】：模块3\素材\main.html

【网页成品】：模块3\成品\main.html

模块3\成品\style\css.css

任务分析：

首先要创建CSS文档，然后在文档中创建CSS样式，最后打开网页，将CSS文档中的CSS样式引用到网页中。

重点、难点：

1．CSS样式的编辑。

2．CSS样式的引用。

操作步骤：

创建网页整体样式

（1）启动Dreamweaver软件，选择【文件】>【打开】命令，弹出【打开】对话框，选择“模块3\素材\3.3\main.html”文件，打开网页。

（2）单击界面右侧的【CSS】标签打开【CSS】面板，单击【新建CSS规则】按钮，如图3-76所示，弹出【新建CSS规则】对话框，在【选择器类型】选项组中选择“标签（重新定义特定标签的外观）”单选项，在【标签】文本框中输入“body”,在【定义在】选项组中选择“新建样式表文件”，单击【确定】按钮，如图3-77所示。

图3-76 单击【新建CSS规则】按钮

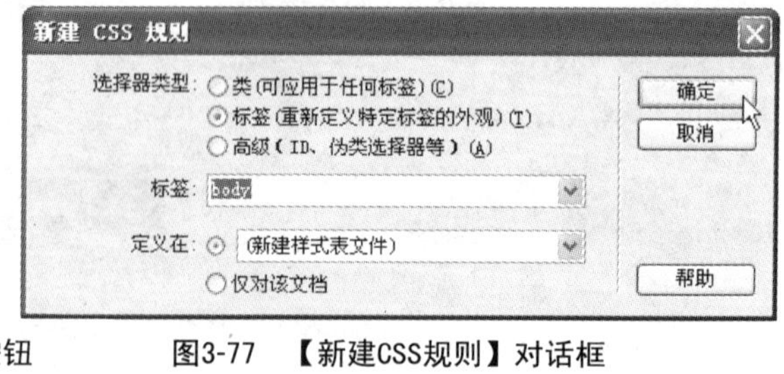

图3-77 【新建CSS规则】对话框

（3）弹出【保存样式表文件为】对话框，将CSS文档保存在网站根目录下的style文件夹中，文件名为“css.css”，保存类型为“样式表文件（*.css）”，单击【保存】按钮，如图3-78所示，保存样式文档。

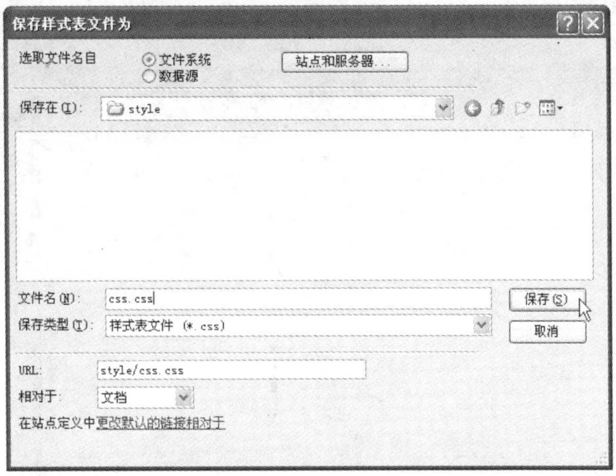

图3-78　【保存样式表文件为】对话框

（4）弹出【body的CSS规则定义】对话框，在【分类】列表框中选择“背景”，在右侧将【背景颜色】设为“#999999”，如图3-79所示。在【分类】列表框中选择 “方框”，将【边界】选项组中的“上”设置为“0像素”，如图3-80所示，单击【确定】按钮，保存CSS样式。

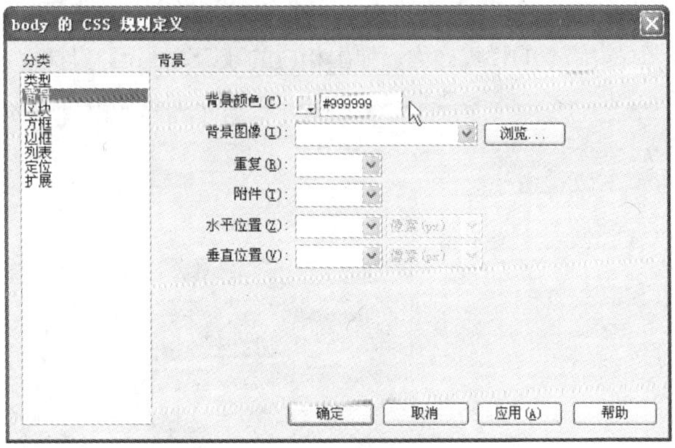

图3-79　设置背景

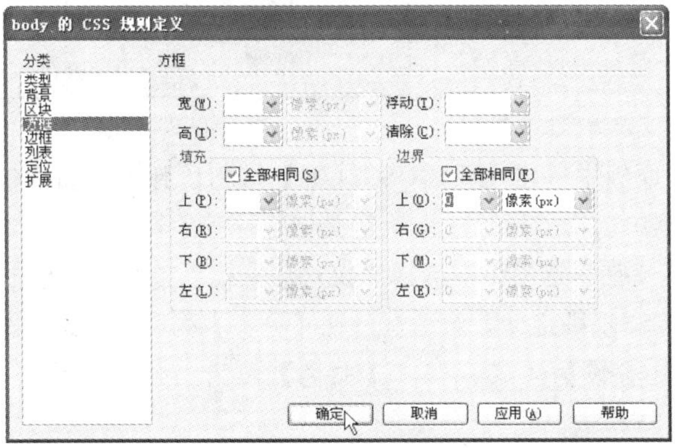

图3-80　设置方框

（5）在CSS文档中出现设置的body的CSS样式代码，在代码中加上说明文字，在【CSS】面板中也出现设置的body样式，如图3-81所示。

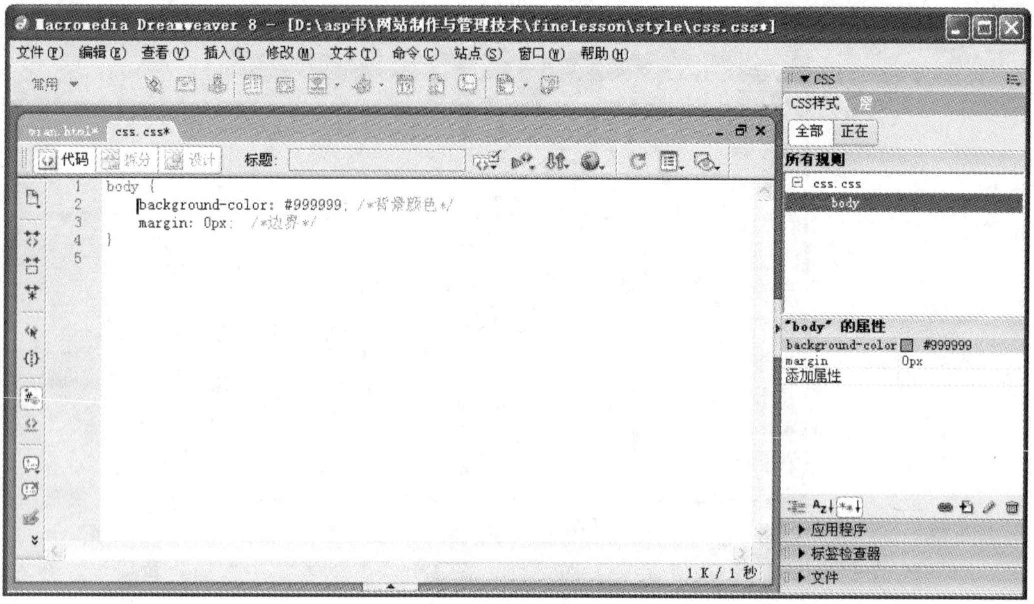

图3-81　body样式

技巧　如果要修改CSS样式，只需在【CSS】面板中选中要编辑的样式，单击下方的【编辑样式】按钮，如图3-82所示，或者双击修改的样式名称，弹出相应的【CSS样式】对话框进行编辑。

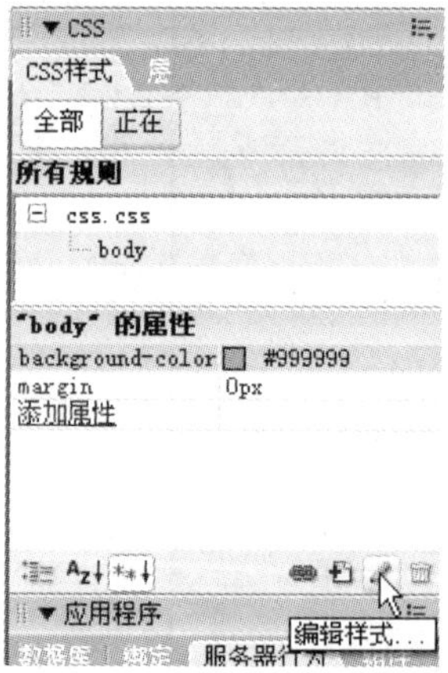

图3-82　单击【编辑样式】按钮

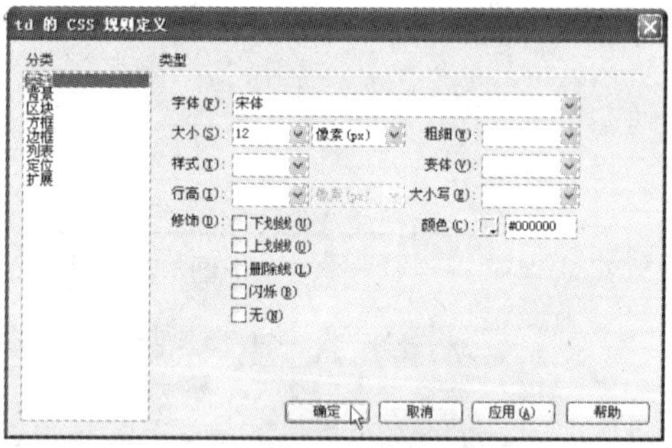

图3-83　设置类型

（6）在【CSS】面板中单击【新建CSS规则】按钮，弹出【新建CSS规则】对话框，在“选择器类型”选项组中选择“标签（重新定义特定标签的外观）”单选项，在“标签”文本框中输入“td”，“定义在”选项组中选择“仅对该文档”单选项，单击【确定】按钮。

（7）弹出【td的CSS规则定义】对话框，在【分类】列表框中选择“类型”，将【字体】设为“宋体”、【大小】设为“12px”、【颜色】设为“#000000”，如图3-83所示，单击【确定】按钮，保存CSS样式。

（8）在CSS文档中出现设置的td 的CSS样式代码，在代码中加上说明文字，在【CSS】面板中也出现设置的td样式，如图3-84所示。

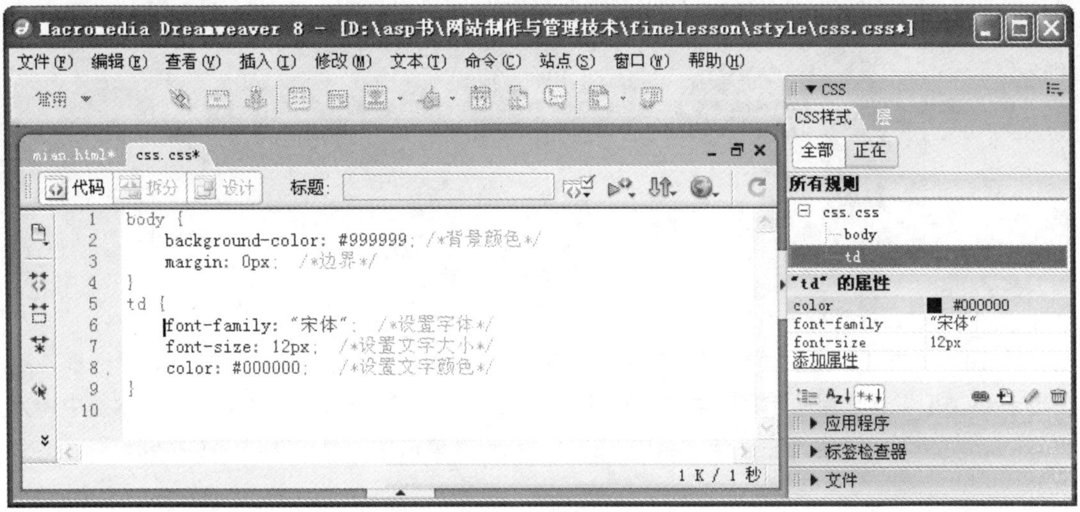

图3-84 td样式

（9）切换到main.html网页，按【F12】键浏览网页，此时网页的文字和背景效果如图3-85所示。

图3-85 设置样式后的效果

注意 样式是如何引用的？关键在于main.html网页中链接CSS文档的代码，如图3-86所示。将“CSS文档”嵌入到main.html网页中，可能直接引用CSS文档中的所有样式，因为以上定义的是标签样式，所以计算机会自动引用，如不是则要添加引用样式代码。

图3-86　链接CSS文档

创建栏目标题样式

（10）单击【CSS】面板中【新建CSS规则】按钮，打开【新建CSS规则】对话框，在“选择器类型”选项组中选择“类（可应用于任何标签）”单选项，在“名称”文本框中输入“.td_font_red”，“定义在”选项组中选择“css.css”单选项，单击【确定】按钮，如图3-87所示。

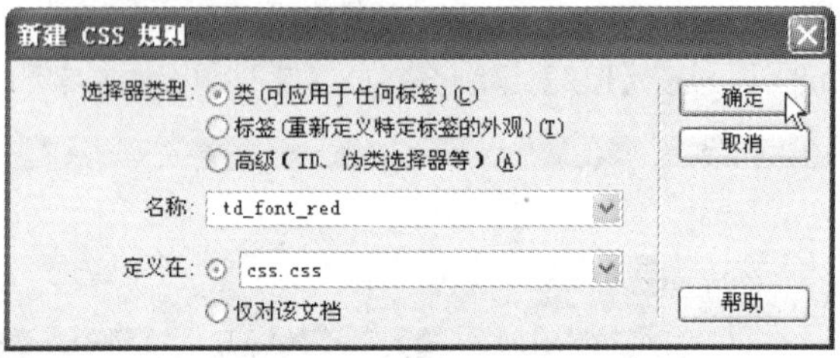

图3-87　创建类样式

（11）弹出【.td_font_red的CSS规则定义】对话框，在【分类】列表框中选择 “类型”，将【颜色】设为“#eb0000”、【大小】设为“15px”、【粗细】设为“粗体”，单击【确定】按钮，保存CSS样式，如图3-88所示。

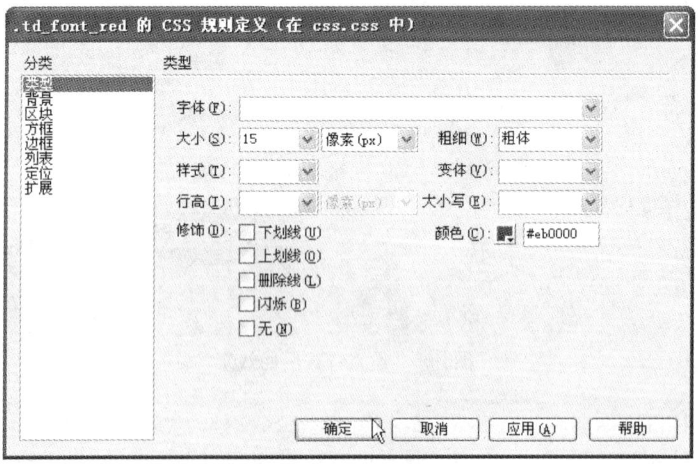

图3-88　设置样式

（12）在CSS文档中出现设置的.td_font_red的CSS样式代码，在代码中加上说明文字，在【CSS】面板中也出现设置的.td_font_red样式，如图3-89所示。

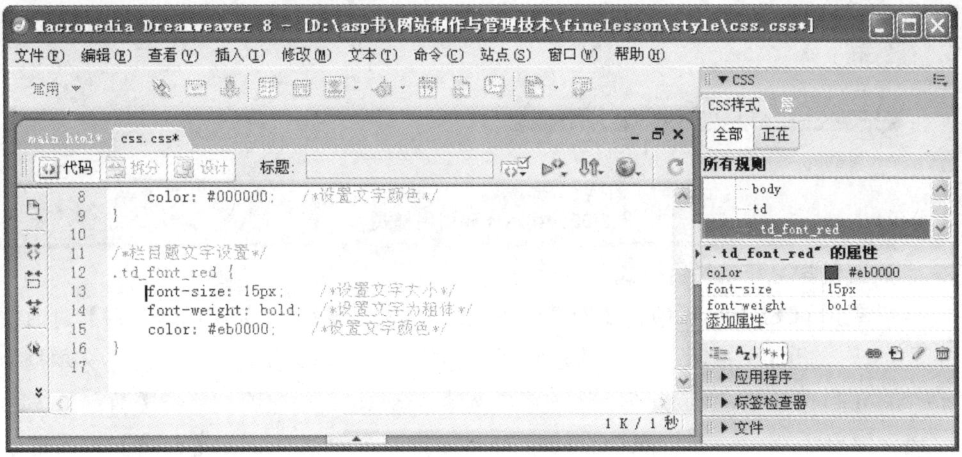

图3-89 .td_font_red的CSS样式代码

（13）切换到main.html网页，选中“互动学习登录”栏目标题文字，在【属性】面板中，单击【样式】下拉列表框后的下拉按钮，选择“td_font_red”样式，引用该样式，如图3-90所示，按照此方法将其他栏目标题文字也引用该样式，效果如图3-91所示。

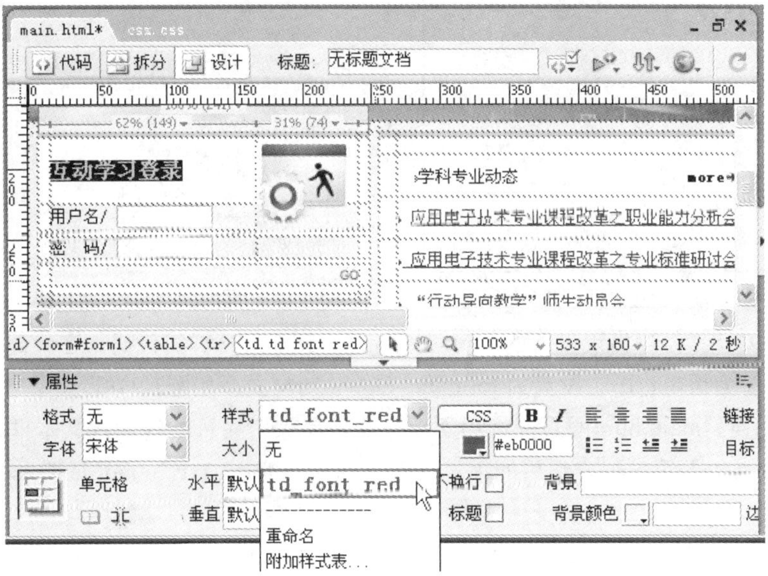

图3-90 引用样式

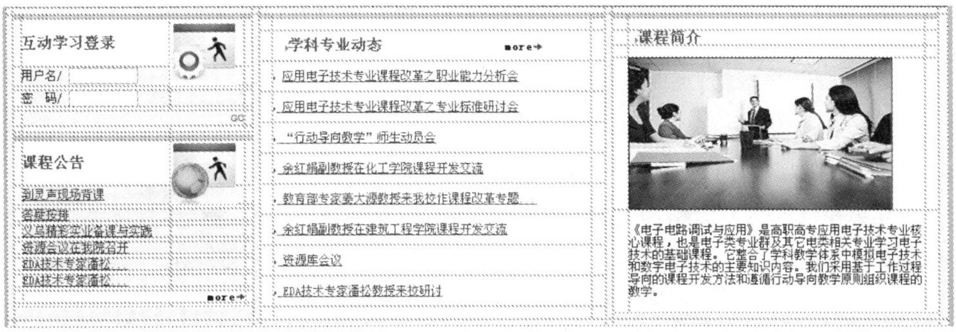

图3-91 引用样式后的效果

技巧

引用样式还可以编写代码，只需在标签内添加class=".td_font_red"代码，如图3-92所示。

```
<tr>
  <td height="47"> </td>
  <td class="td_font_red">互动学习登录</td>
  <td valign="bottom"><img src="images/main_login.jpg" width="66" height="42" /></td>
  <td> </td>
</tr>
```

图3-92　编写代码引用样式

创建互动学习登录栏目样式

（14）单击【CSS】面板中的【新建CSS规则】按钮，弹出【新建CSS规则】对话框，在“选择器类型”选项组中选择“类（可应用于任何标签）”单选项，在“名称”文本框中输入“.form_txt_noborder”，“定义在”选项组中选择“css.css”单选项，单击【确定】按钮。

（15）弹出【.form_txt_ noborder的CSS规则定义】对话框，在【分类】列表框中选择“背景”，将【颜色】设为“#eeeeec”。在【分类】列表框中选择“边框”，在【样式】选项组中选中“全部相同”复选框并设置为“无”，在【宽度】选项组中选中“全部相同”复选框并设置为“0”，单击【确定】按钮，保存CSS样式，如图3-93所示。

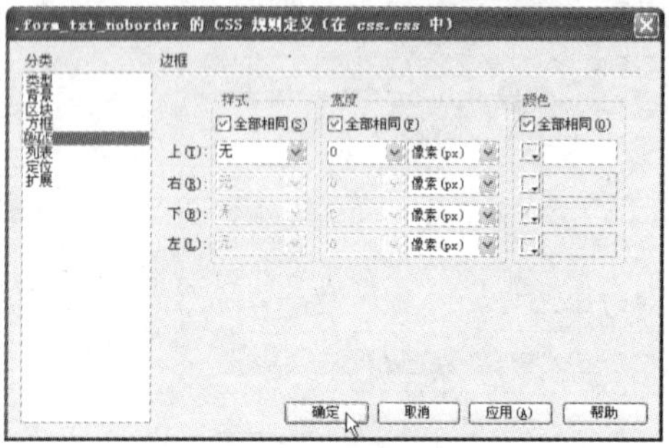

图3-93　设置边框样式

```
/*设置输入文本框的样式*/

.form_txt_noborder {
    border-top-width: 0px;      /*上边框宽度为0px*/
    border-right-width: 0px;     /*右边框宽度为0px*/
    border-bottom-width: 0px;   /*下边框宽度为0px*/
    border-left-width: 0px;     /*左边框宽度为0px*/
    border-top-style: none;     /*上边框样式为无*/
    border-right-style: none;   /*右边框样式为无*/
    border-bottom-style: none;   /*下边框样式为无*/
    border-left-style: none;   /*左边框样式为无*/
    background-color: #eeeeec;   /*设置背景颜色*/
}
```

图3-94　样式的代码

（16）在CSS文档中出现设置的.form_txt_ noborder的CSS样式代码，在代码中加上说明文字，在【CSS】面板中也出现设置的.form_txt_ noborder样式，如图3-94所示。

（17）切换到main.html网页，选中“互动学习登录”栏目中的输入文本框，在【属性】面板中，单击【类】下拉列表框后的下拉按钮，选择“.form_txt_ noborder”样式，引用该样式，效果如图3-95所示。

图3-95　输入框的样式

（18）单击【CSS】面板中【新建CSS规则】按钮，弹出【新建CSS规则】对话框，在“选择器类型”选项组中选择“类，（可应用于任何标签）”单选项，在，“名称”输入框中输入“.tr_1”，“定义在”选项组中选择“css.css”单选项，单击【确定】按钮。

（19）弹出【.tr_1的CSS规则定义】对话框，在【分类】列表框中选择 “边框”，在【样式】选项组中选择“全部相同”复选框并设置为“实线”，在【宽度】选项组中选择“全部相同”复选框并设置为“1px”，在【颜色】选项组中选择“全部相同”复选框并设置为“#cccccc”，单击【确定】按钮，保存CSS样式，样式代码如图3-96所示。

```
.tr_1 {
    border: 1px solid #cccccc;  /*单元格边框样式、宽度、颜色*/
}
```

图3-96　单元格边框样式

（20）将光标置于“go”文字单元格内，选择【代码】选项卡，切换到代码窗口，添加代码class=".tr_1"，如图3-97所示。

```
<tr>
  <td height="19"> </td>
  <td colspan="2" align="right" bgcolor="f7f7f7" class="tr_1">
  <img src="images/main_go.jpg" width="17" height="10" /></td>
  <td> </td>
</tr>
```

图3-97　引用tr_1样式

（21）按【F12】键浏览网页，效果如图3-98所示。

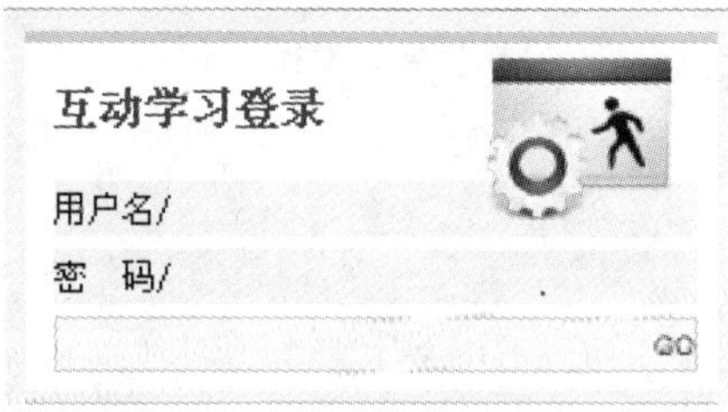

图3-98　引用样式后效果

创建课程公告栏目样式

（22）单击【CSS】面板中【新建CSS规则】按钮，弹出【新建CSS规则】对话框，在“选择器类型”选项组中选择“高级（ID、伪类选择器等）”单选项，在“选择器”文本框中输入“.ablack a:link”，“定义在” 选项组中选择“css.css”单选项，单击【确定】按钮，如图3-99所示。

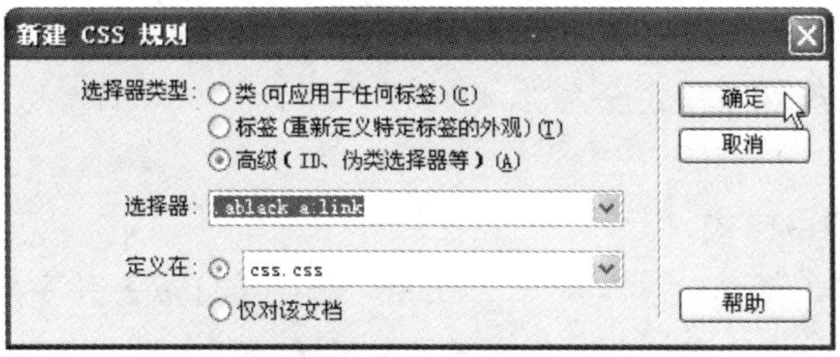

图3-99　【新建CSS规则】对话框

（23）弹出【.ablack a:link的CSS规则定义】对话框，在【分类】列表框中选择 “类型”，将【颜色】设为“#000000”，【修饰】设为“无”，单击【确定】按钮，保存CSS样式。

（24）按照步骤22、23设置“.ablack a:visited”、“.ablack a:hover”、“.ablack a:active”的相应样式，代码如图3-100所示。

```
/*设置超链接样式*/

.ablack a:link {        /*设置超链接正常浏览状态样式*/
    color: #000000;
    text-decoration: none;   /*文字修饰*/
}

.ablack a:visited {     /*被点击过的超链接样式*/
    text-decoration: none;
    color: #000000;/*要设置不然无效*/
    font-weight: normal;   /*文字的粗细*/
}
.ablack a:hover {     /*鼠标指针经过超链接上时的样式*/
    text-decoration: underline;

}
.ablack a:active {   /*在超链接上单击时，即"当前激活"时，超链接的样式*/
    text-decoration: none;
    color: #000000;
}
```

图3-100 超链接样式

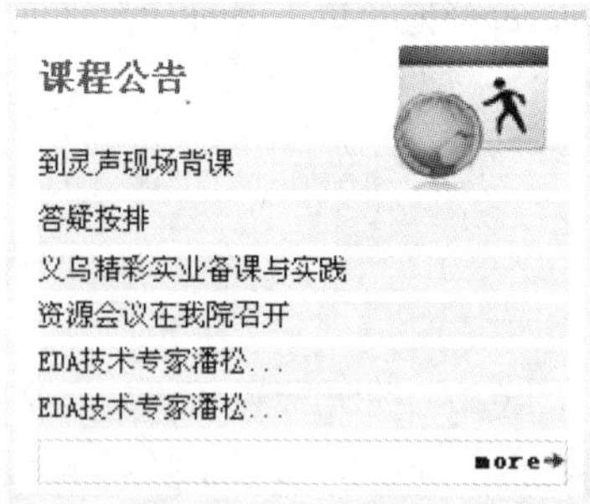

图3-101 引用样式后的效果

（25）选中“课程公告”栏目中的文字，在【属性】面板中单击【样式】下拉列表框后的下拉按钮，选择“.ablack”样式，引用该样式，“more”文字设置样式“ablack”,“more”所在单元格样式设置为“tr_1”，效果如图3-101所示。

创建学科专业动态栏目样式

（26）按照步骤（14），新建CSS样式“.td_bottom”，在【分类】列表框中选择“方框”，将【填充】选项组中的【下】设为“3px”，在【分类】列表框中选择“边框”，将【样式】选项组中的【下】设为“虚线”，将【宽度】选项组中的【下】设为“1px”，【颜色】选项组中的【下】设为“#eeeeec”，单击【确定】按钮，保存CSS样式，代码如图3-102所示。

```
/*学科专业动态栏目，为单元格下边框加虚线*/
.td_bottom {
    border-bottom-width: 1px;  /*下边框宽度*/
    border-bottom-style: dashed;  /*下边框样式*/
    border-bottom-color: #EEEEEC;   /*下边框颜色*/
    padding-bottom:3px;/*下边框填充值*/
}
```

图3-102 单元格样式

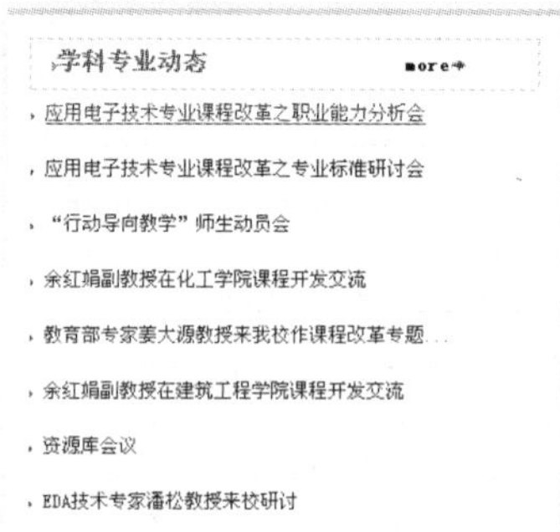

图3-103 引用样式后效果

（27）按照步骤20，将“学科专业动态”所在单元格样式设为“tr_1”，按照步骤（25）将“学科专业动态”各条新闻样式设为“.ablack”和“.td_bottom”，按【F12】键浏览，效果如图3-103所示。

创建课程介绍栏目样式

（28）按照步骤14，新建CSS样式“.p_main”，在【分类】列表框中选择“类型”，将【大小】设为“12px”，将【字体】设为“宋体”，【行高】设为“18px”；选择【分类】为“方框”，将【填充】中的上设为“6px”、下设为“15px”；选择【分类】为“区块”，将【文字缩进】设为“2字体高（em）”，单击【确定】按钮，保存CSS样式，代码如图3-104所示。

（29）选择“课程简介”栏目中的段落文字，设置样式为“p_main”，按【F12】键浏览，效果如图3-105所示。

```
/*课程介绍栏目内容文字段落设置*/
.p_main {
    font-family: "宋体";
    font-size: 12px;
    line-height: 18px;
    padding-top: 6px;
    padding-bottom: 15px;
    text-indent:2em;  /*文字缩进2em*/
}
```

图3-104　段落样式

图3-105　引用样式后的效果

任务4　制作导入页页面及Flash

任务背景：

制作网页时，为了使内容更加生动，往往在网页添加动画，现为网站制作导入页，导入页中有Flash动画，效果如图3-106所示。

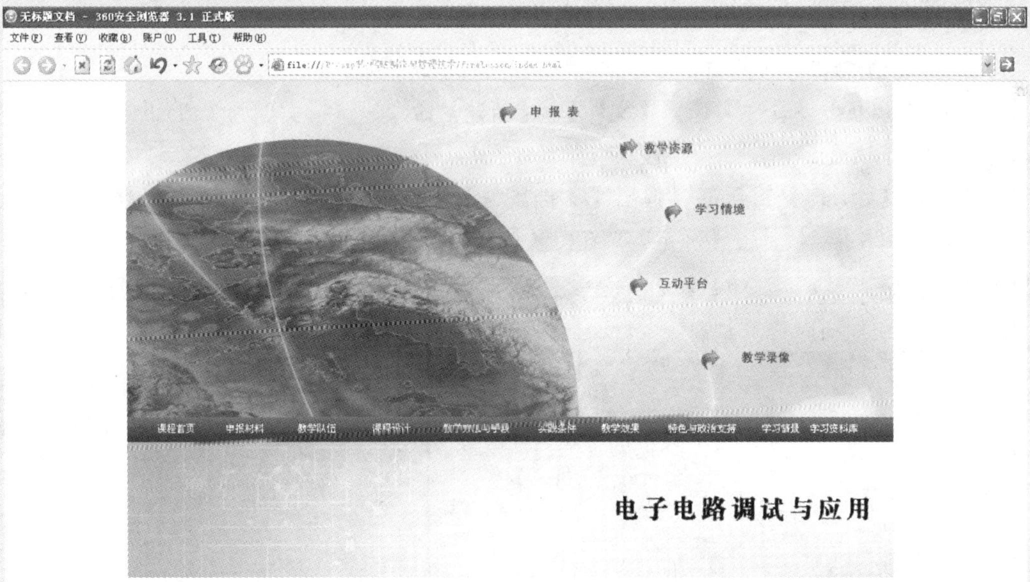

图3-106　导入页效果图

任务要求：

1．导入页中有Flash动画。

2．Flash动画大小为955像素×406像素。

3．Flash命名为index_top.swf。

【技术要领】：地球旋转。

【解决问题】：通过补间运动和遮罩实现。
【应用领域】：网页制作和Flash动画制作 。
【素材来源】：模块3 \素材\3.4\flash
模块3\素材\3.4\html
【成　　品】：模块3\成品\3.4\flash\index_top.swf
模块3\成品\3.4\flash\index_top.fla
模块3\成品\3.4\html\index.html

任务分析：

此案例中，网页制作相对简单。Flash动画制作中，地球旋转效果运用补间运动使两张地图图片做相向运动，然后使用遮罩效果实现地球形状，文字交替效果通过制作按钮元件，利用4个关键点实现不同状态。

重点、难点：

1. 遮罩动画的制作。
2. 按钮的制作。

操作步骤：

Flash动画制作导入素材

（1）启动Flash 8软件，选择【文件】>【新建】命令，选择类型为“Flash文档”，单击【确定】按钮，如图3-107所示，新建文档。

（2）按【Ctrl+J】组合键，弹出【文档属性】对话框，设置尺寸为“955像素×406像素”，如图3-108所示，单击【确定】按钮，改变文档尺寸大小。

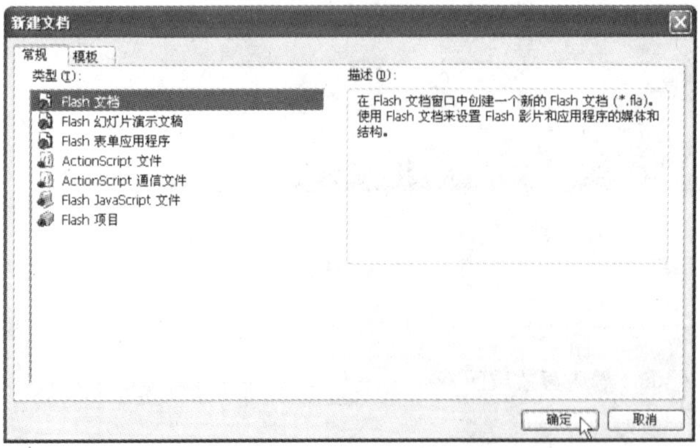

图3-107　【新建文档】对话框

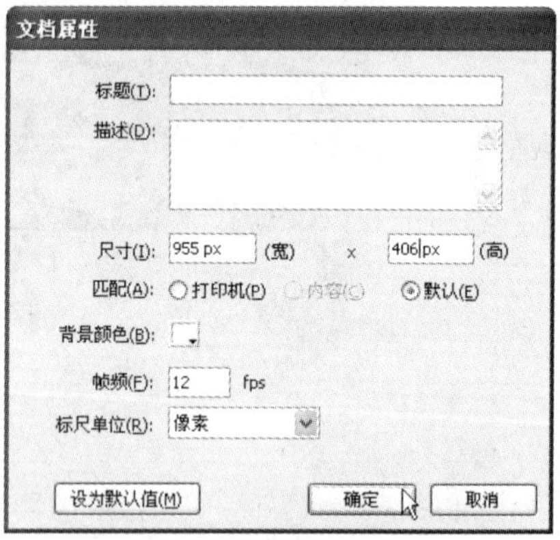

图3-108　【文档属性】对话框

（3）选择【文件】>【导入】>【导入到库】命令，如图3-109所示。弹出【导入到库】对话框，选择“模块3\素材\3.4\flash”下的所有素材,单击【打开】按钮，将素材导入到库，如图3-110所示。

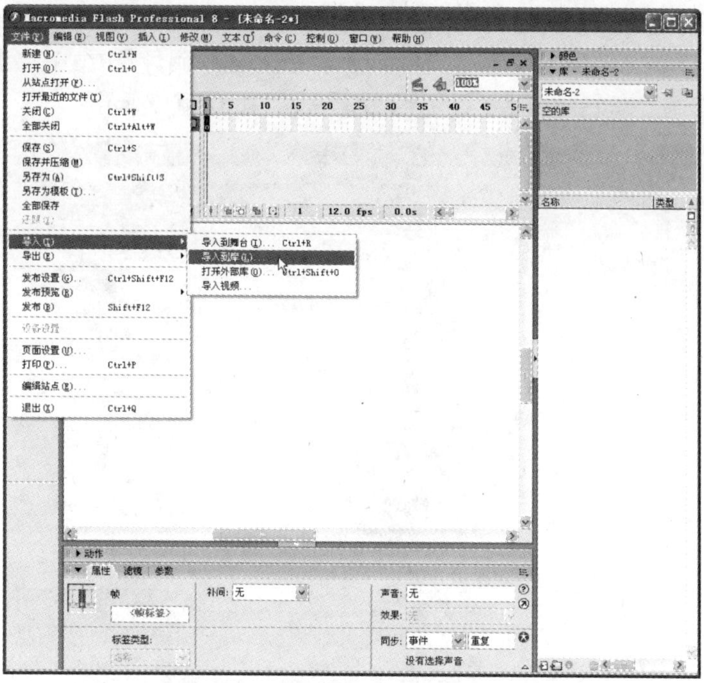

图3-109　选择【导入到库】命令

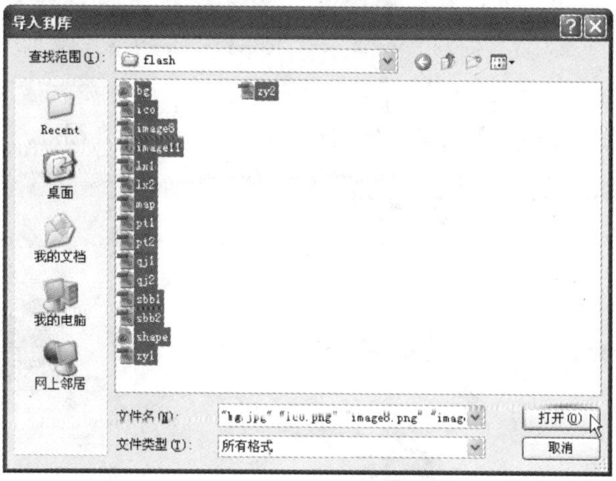

图3-110　【导入到库】对话框

制作旋转地球

（4）选择【插入】>【新建元件】命令或按【Ctrl+F8】组合键，弹出【创建新元件】对话框，在“名称”文本框输入“earth”,在“类型”选项组中选择“影片剪辑”单选项，如图3-111所示，单击【确定】按钮，进入到earth影片剪辑元件编辑界面。

图3-111　【创建新元件】对话框

（5）双击“图层1”，重命名为“bg”，选择【窗口】>【库】命令或单击右侧浮动面板中的【库】按钮，从【库】面板中选择“shape.jpg”图形拖动到舞台中，在【属性】面板中设置【宽】、【高】为“200”，【X】、【Y】为“0”，如图3-112所示。

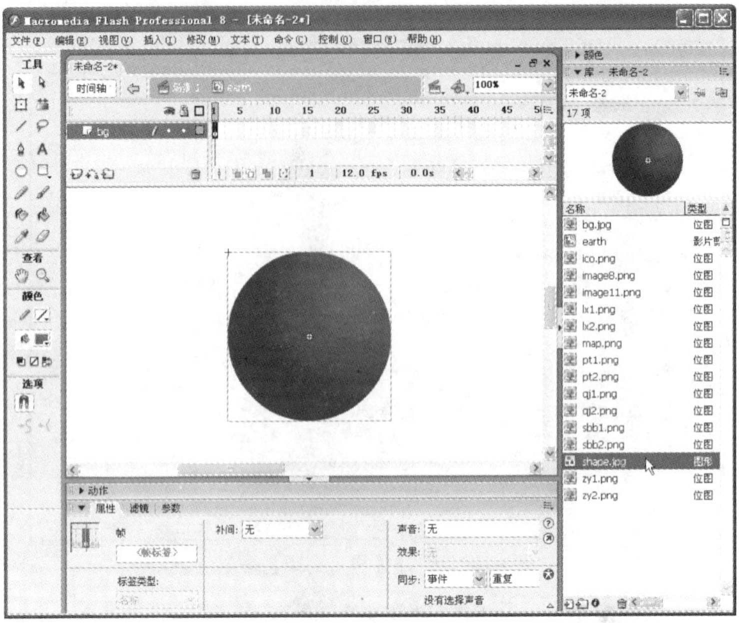

图3-112　拖动“shape. jpg”图形到舞台并设置属性

（6）右击第400帧，在弹出的快捷菜单中选择【插入帧】命令，插入普通帧，如图3-113所示。单击“bg”图层的【图层】面板中的锁形图标，锁定“bg”图层。

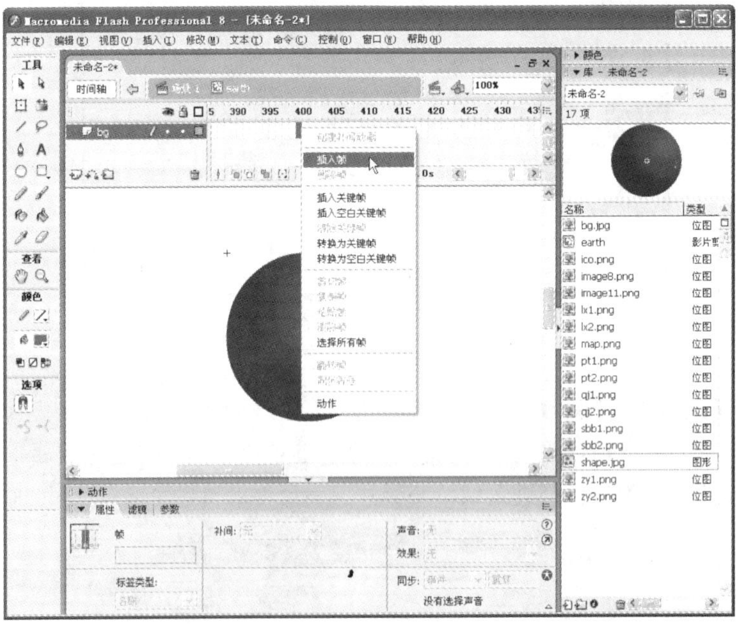

图3-113　插入帧

（7）在【图层】面板中单击【插入图层】按钮，添加“图层2”，双击“图层2”重命名为“map1”，如图3-114所示。

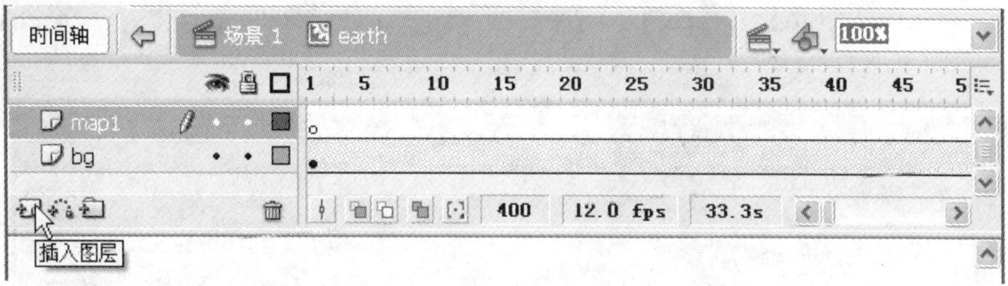

图3-114　插入图层

（8）选择【插入】>【新建元件】命令或按【Ctrl+F8】组合键，打开【创建新元件】对话框，“名称”为“元件7”，“类型”为“图片”，如图3-115所示，单击【确定】按钮，进入元件7编辑界面，将【库】中的“map.png”图形拖到舞台中，如图3-116所示。

图3-115　“元件7”编辑界面

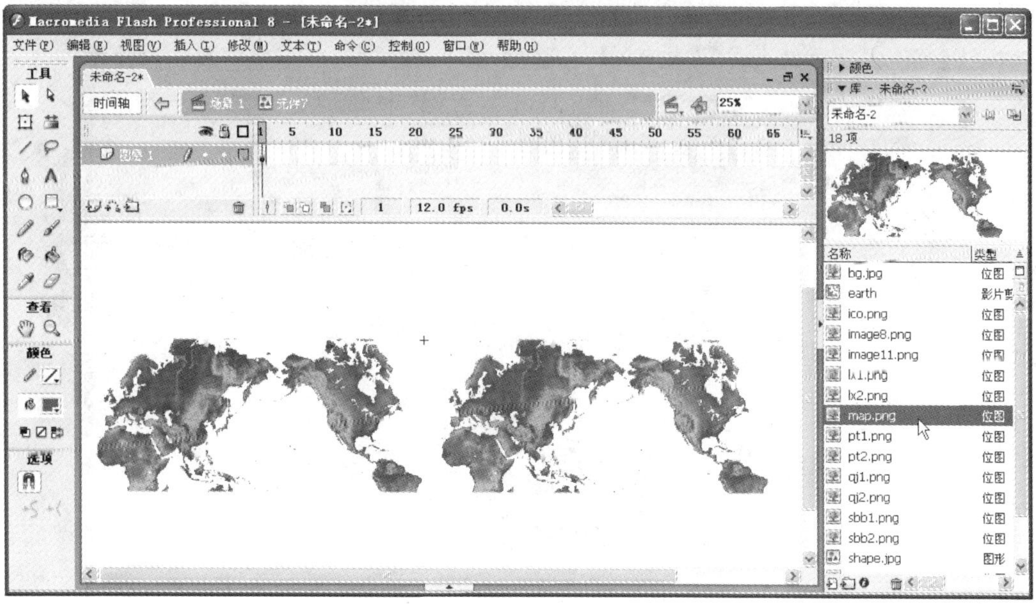

图3-116　拖动“map. png”图形到舞台

注意

png图片在导入到库中时，自动创建相应的图形元件。

（9）双击【库】面板中的“earth”影片剪辑，进入earth编辑界面，选择“map1”图层的第1帧，将【库】面板中的”元件7”图形拖到舞台中，设置【属性】面板中【宽】、

【高】为“2000”、“200”，【X】、【Y】为“15”、“0”，“颜色”为“Alpha”的值为“70%”，如图3-117所示。

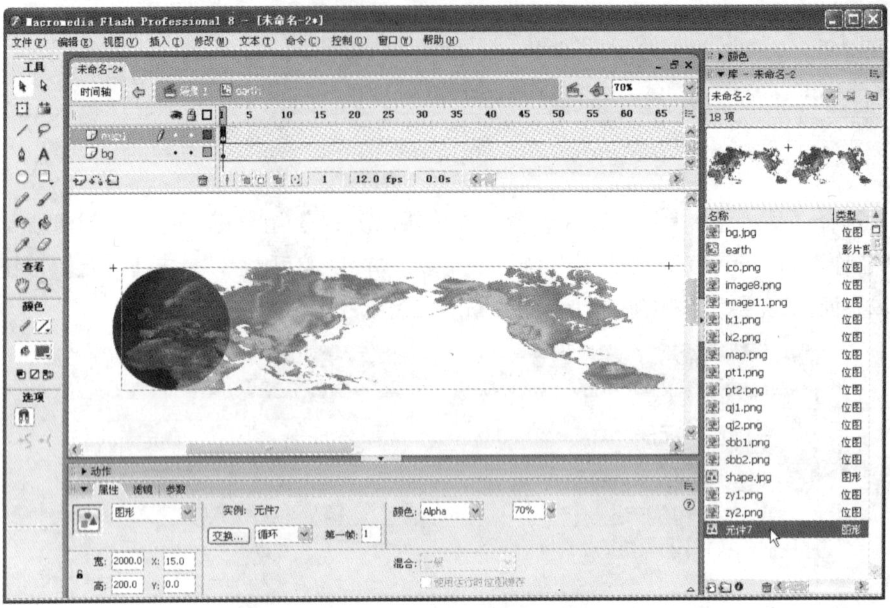

图3-117　拖动“元件7”到舞台并设置属性

（10）右击该层第400帧，在弹出的快捷菜单中选择【插入关键帧】命令，插入关键帧，在【属性】面板中设置“元件7”的【X】、【Y】为“-950”、“0”，如图3-118所示。

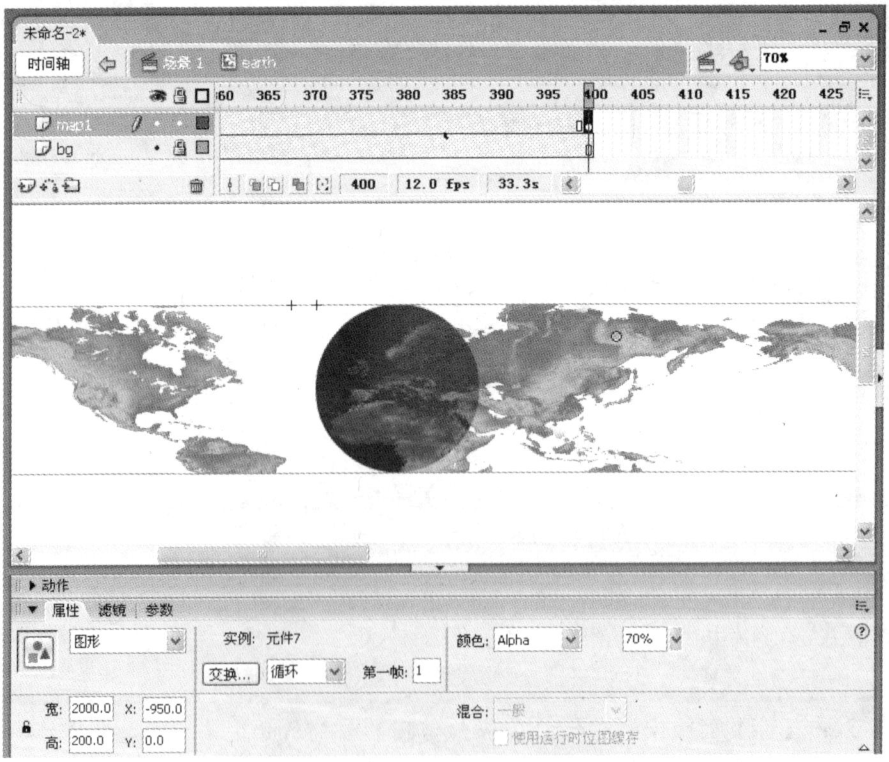

图3-118　插入关键帧并设置属性

（11）右击第1帧到第400帧之间的任意帧，在弹出的快捷菜单中选择【创建补间动画】命令，如图3-119所示，创建补间动画，单击“map1”图层右边的眼睛和锁形图标，隐藏和锁定“map1”图层,如图3-120所示。

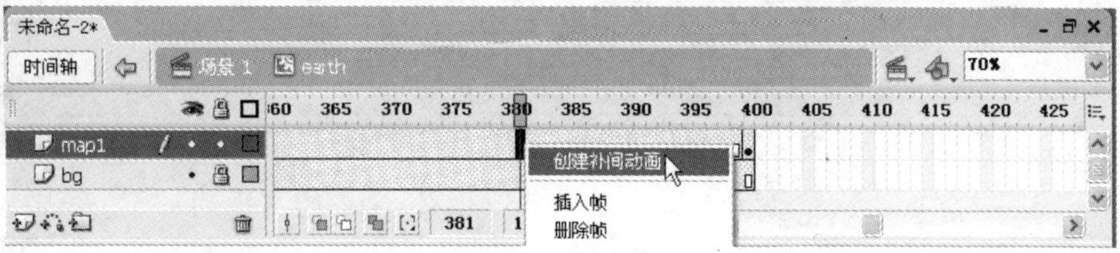

图3-119　创建补间动画

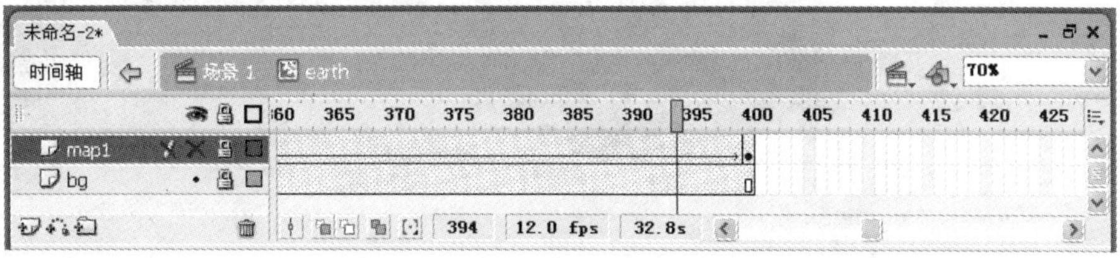

图3-120　隐藏和锁定“map1”图层

（12）单击【插入图层】按钮，添加“图层3”，双击“图层3”重命名为“map2”，选择“map2”图层的第1帧，将【库】面板中的“元件7”图形拖到舞台中，设置【属性】面板中的【宽】、【高】为“2000”、“200”，【X】、【Y】为“-1100”、“0”，如图3-121所示。

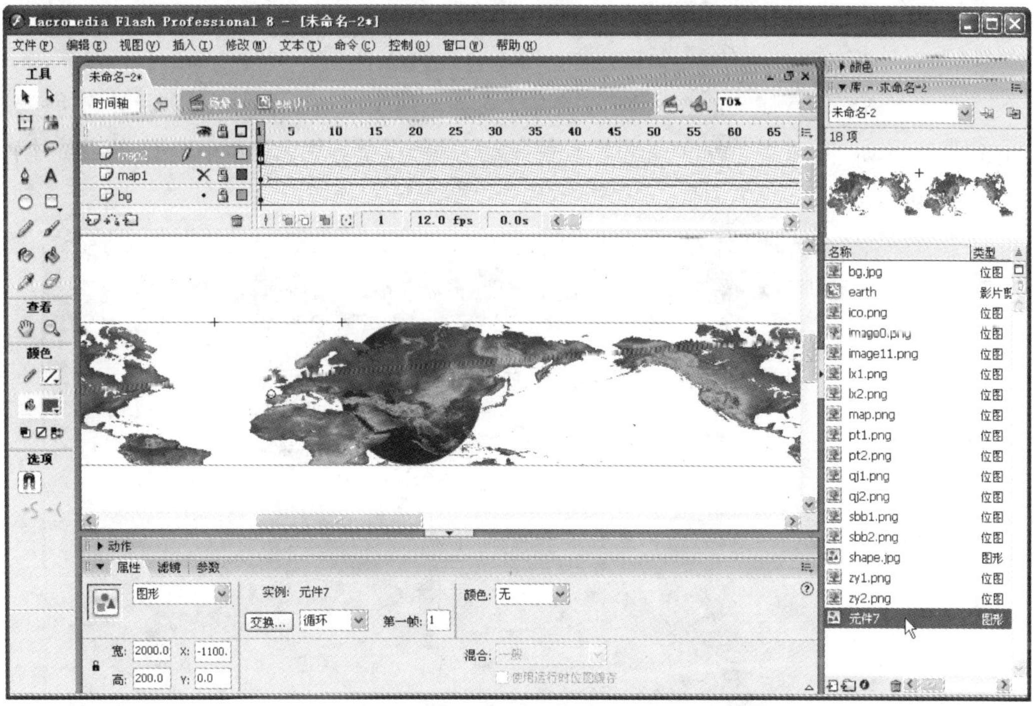

图3-121　拖动“元件7”到舞台

（13）右击该层第400帧，在弹出的快捷菜单中选择【插入关键帧】命令，插入关键帧，在【属性】面板中设置“元件7”的【X】、【Y】为“-118”、“0”，如图3-122所示。

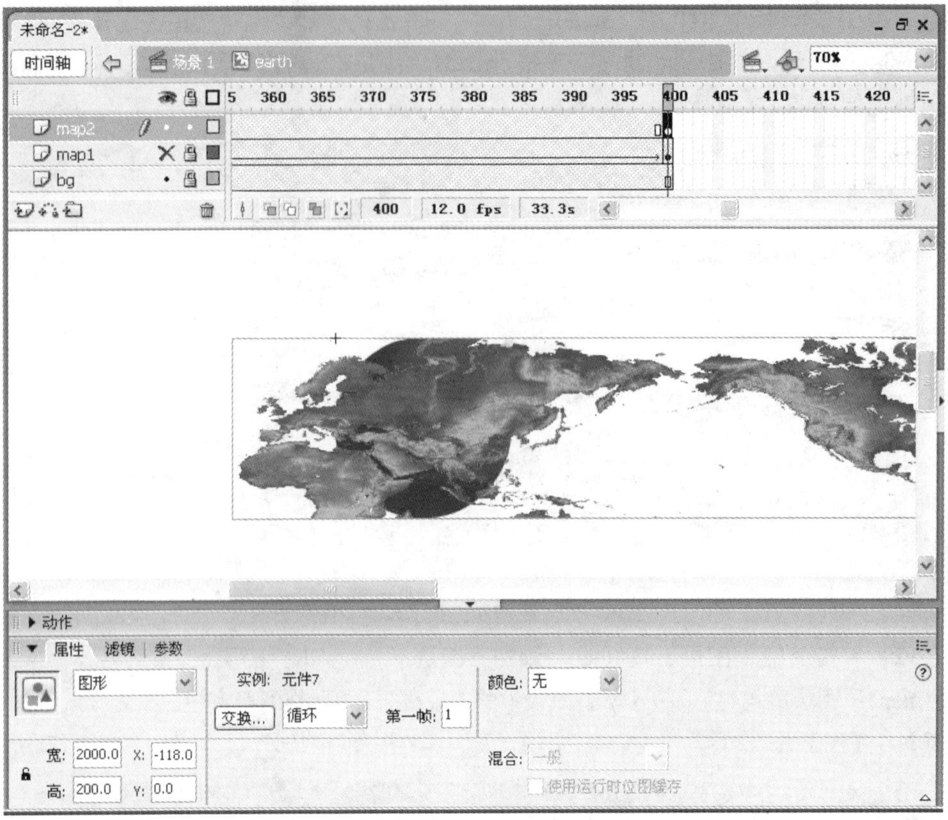

图3-122　插入关键帧并设置属性

（14）右击第1帧到第400帧之间的任意帧，在弹出的快捷菜单中选择【创建补间动画】命令，创建补间动画，单击“map2”图层名字右边的锁形图标，锁定“map2”图层，同时单击“map1”图层名字右边的×图标，显示图层内容，如图3-123所示。

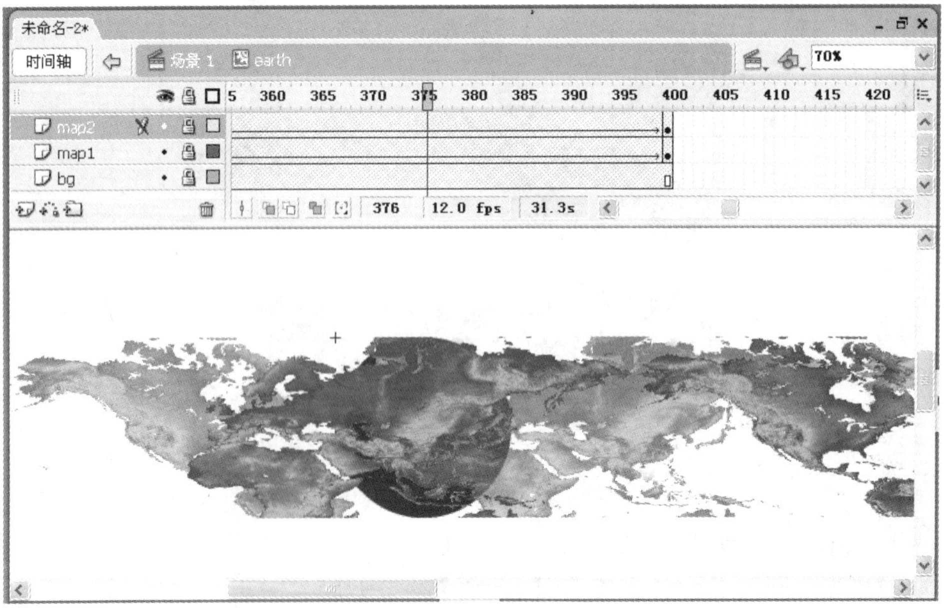

图3-123　创建补间动画

（15）单击【插入图层】按钮，创建“图层4”，双击“图层4”重命名为“mask”，选择“mask”图层的第1帧，将【库】面板中的“shape.jpg”图形拖到舞台中，设置【属性】面板中的【宽】、【高】都为“200”，【X】、【Y】都为“0”，如图3-124所示。

图3-124　创建“mask”图层

（16）右击mask图层，在弹出的快捷菜单中，选择【遮罩层】命令，如图3-125所示，mask图层成为“遮罩”层，map2图层成为“被遮罩”层，如图3-126所示；按住map1图层，向map2图层拖动并放开鼠标，map2图层成为“被遮罩”层，mask层遮罩map1、map2两个图层，如图3-127所示。

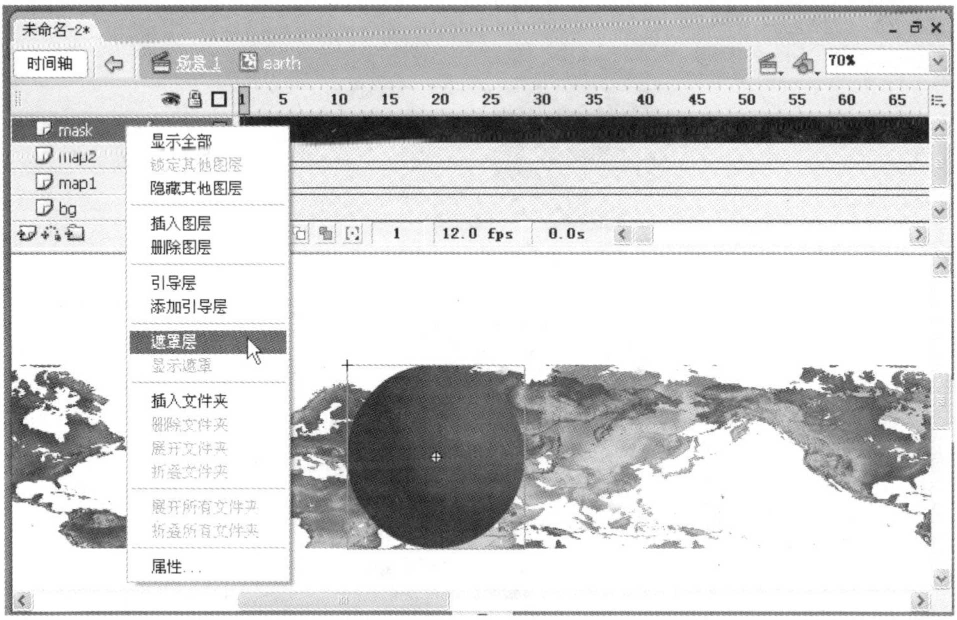

图3-125　选择【遮罩层】命令

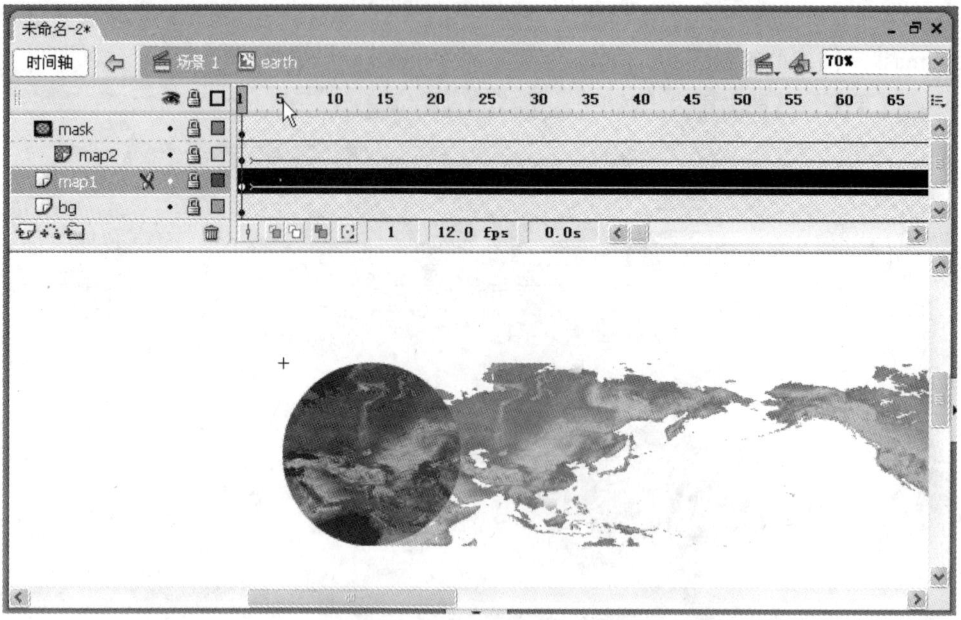

图3-126 【图层属性】对话框

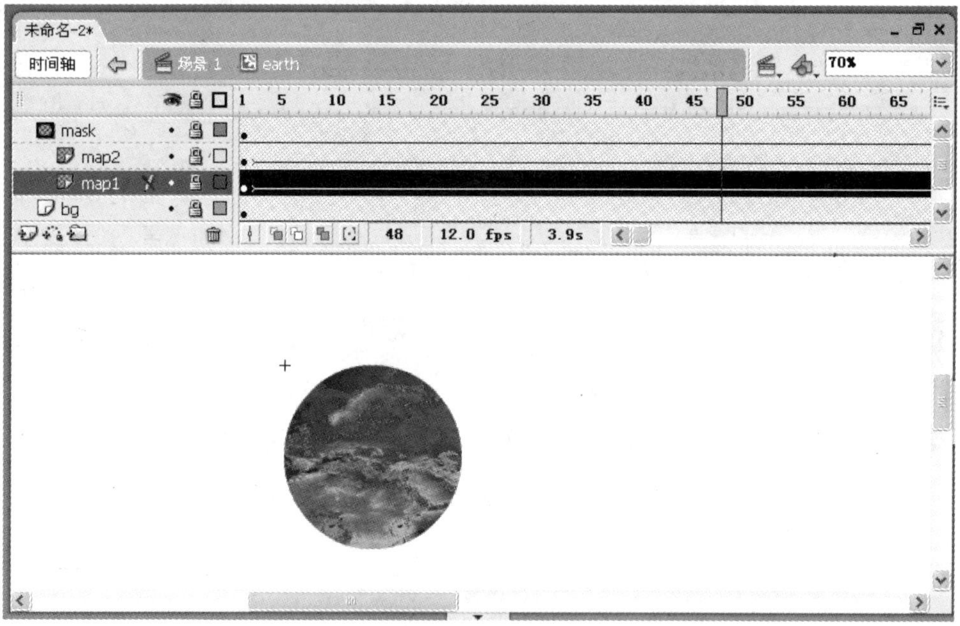

图3-127 遮罩设置

（17）单击【插入图层】按钮，添加“图层5”，双击“图层5”重命名为“gh”，选择“gh”图层的第1帧，将【库】面板中的“image.png”图形拖到舞台中，设置【属性】面板中的【宽】、【高】都为“340”，【X】、【Y】都为“-71”，如图3-128所示，“earth”影片剪辑制作完成。

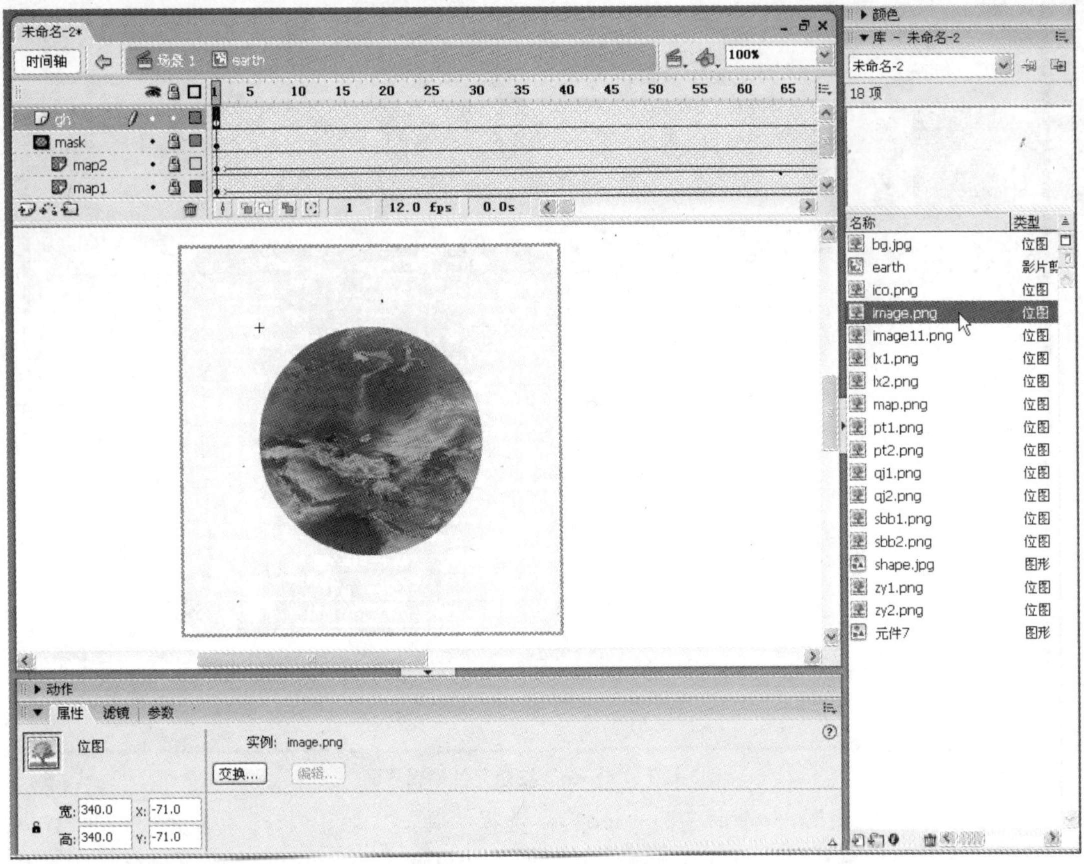

图3-128 创建"gh"图层

制作"申报表"按钮

（18）选择【插入】>【新建元件】命令或按【Ctrl+F8】组合键，弹出【创建新元件】对话框，在"名称"文本框输入"s_btn"，在"类型"选项组中选择"按钮"单选项，如图3-129所示，单击【确定】按钮，进入到"s_btn"按钮元件编辑界面，如图3-130所示。

图3-129 【创建新元件】对话框

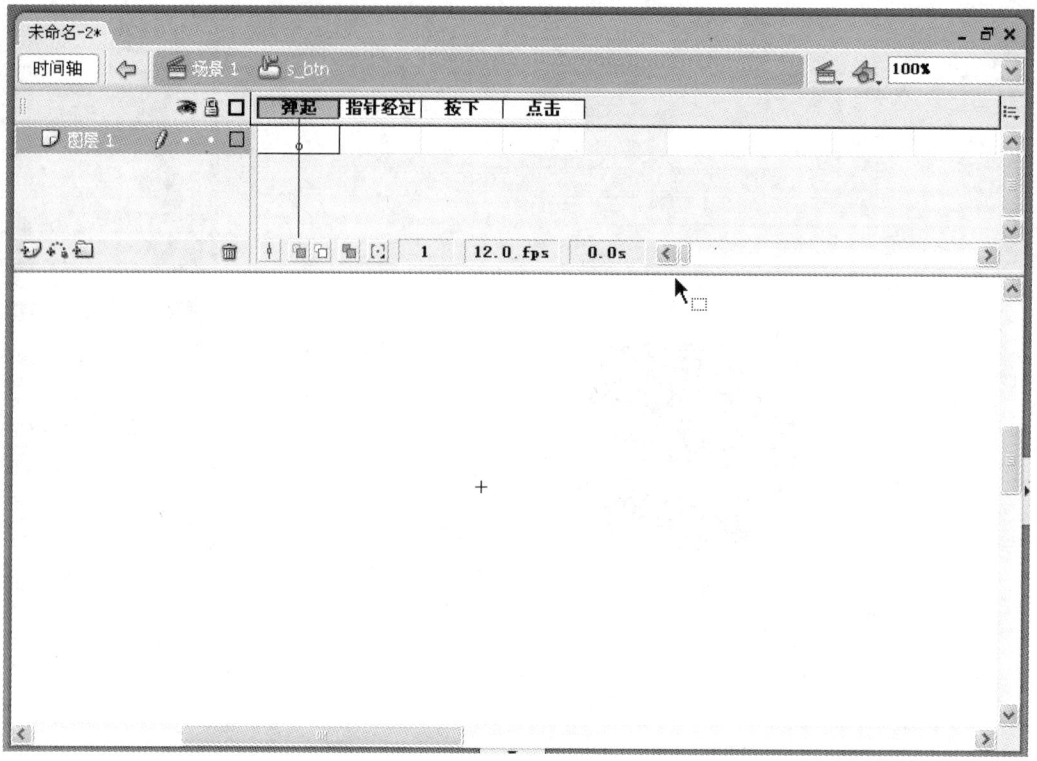

图3-130 “s_btn”按钮元件编辑界面

（19）双击“图层1”重命名为“ico”，选择“弹起”帧，将【库】面板中的“ico.png”图形拖动到舞台中，如图3-131所示。右击“按下”帧，在弹出的快捷菜单中选择【插入帧】。

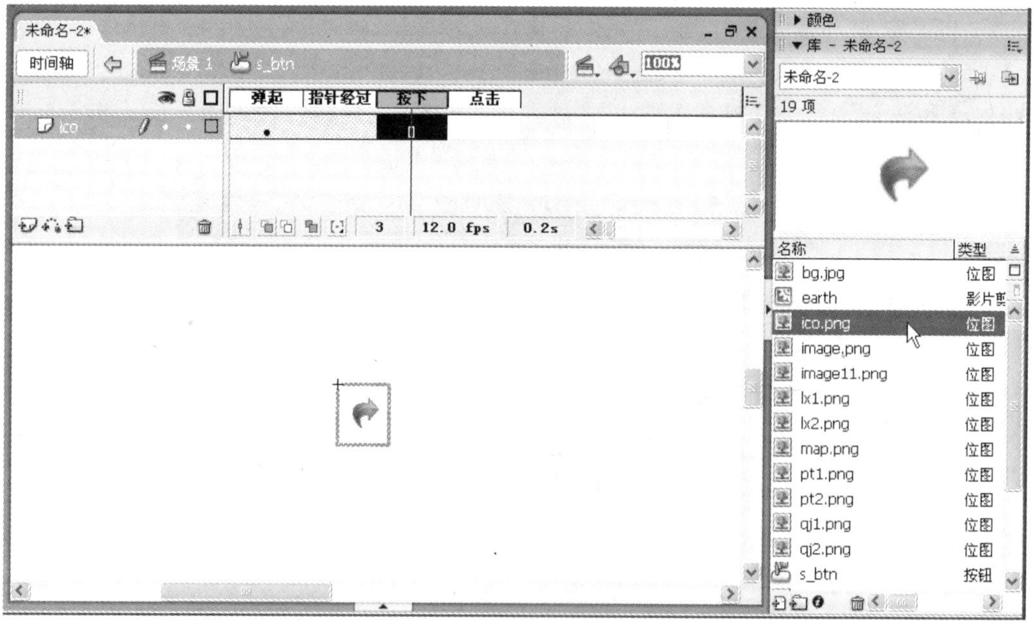

图3-131 拖动“ico.png”图形到舞台

（20）单击【插入图层】按钮，创建“图层2”，双击“图层2”重命名为“txt”。选择该图层的“弹起”帧，将【库】面板中的“sbb1.png”图形拖动到舞台中，如图3-132所示。

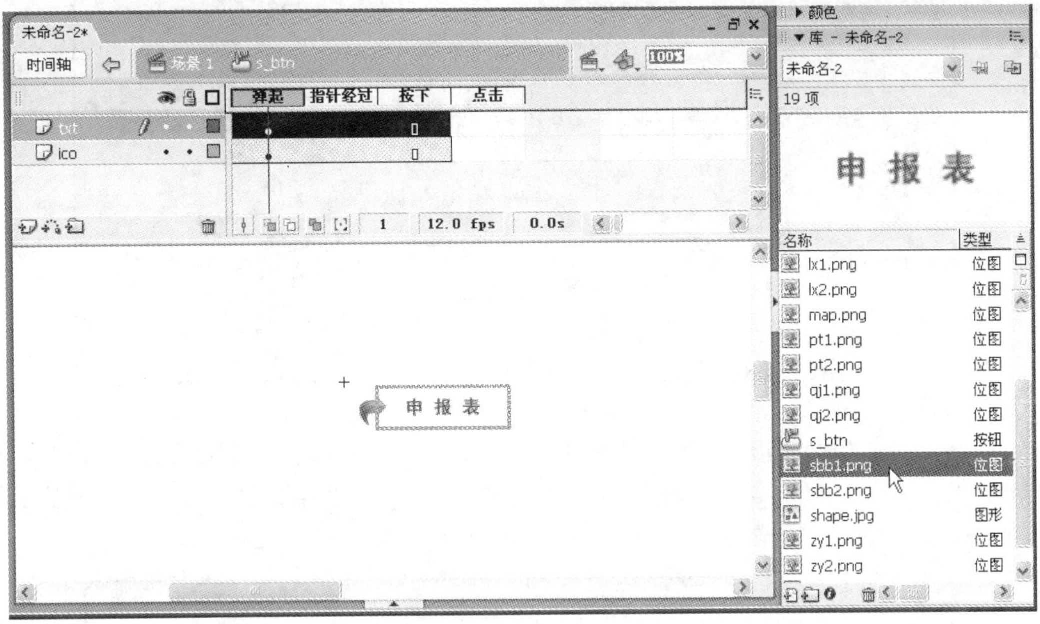

图3-132　拖动“sbb1.png”图形到舞台

（21）右击“指针经过”帧，在弹出的快捷菜单中选择【插入空白关键帧】命令，将【库】面板中的“sbb2.png”图形拖动到舞台中。右击“按下”帧，在弹出的快捷菜单中选择【插入空白关键帧】命令，将【库】面板中的“sbb1.png”图形拖动到舞台中，制作完成。

（22）按照制作“申报表”按钮的方法，制作“互动平台”、“学习情境”、“教学资源”、“教学录像”按钮，按钮元件名称分别为“h_btn”、“x_btn”、“j_btn”、“v_btn”。

制作主动画

（23）单击“场景1”返回主场景，如图3-133所示。

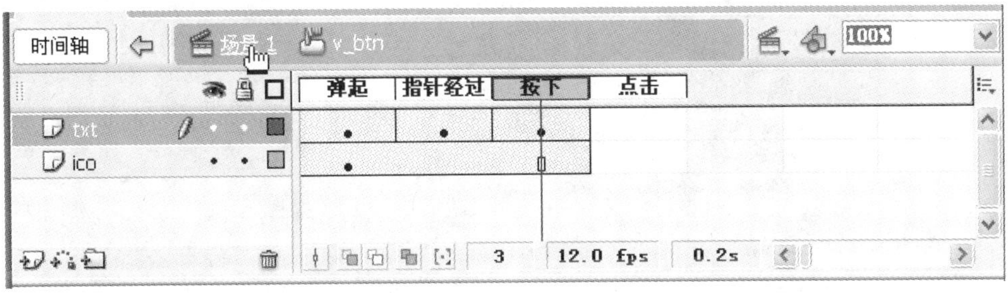

图3-133　返回主场景

（24）双击“图层1”重命名为“背景”，将【库】面板中的“bg.png”图形拖动到舞台中。单击该图层名字右边的锁形图标，锁定“背景”图层，如图3-134所示。

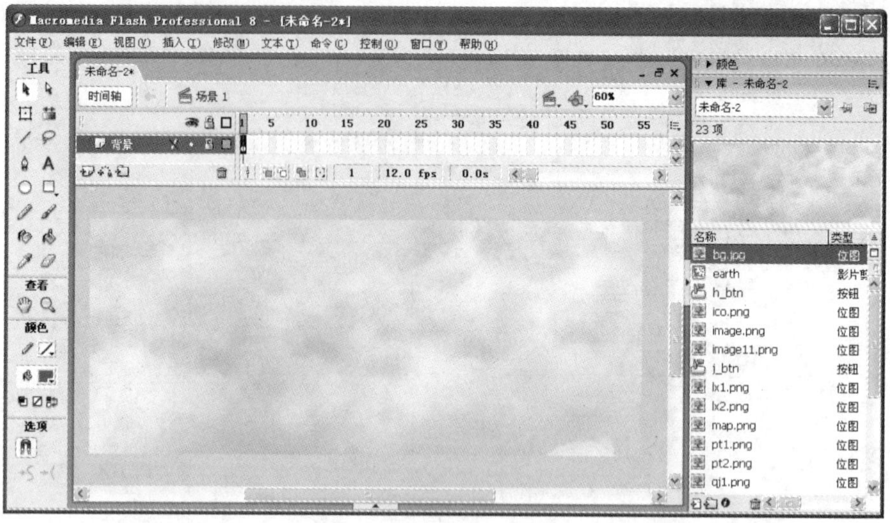

图3-134　“背景”图层

（25）单击【插入图层】按钮，添加“图层2”，双击“图层2”重命名为“earth”，将【库】面板中的“earth”影片剪辑拖动到舞台中的合适位置，设置【属性】面板中的【宽】、【高】都为“1150”。单击该图层名字右边的锁形图标，锁定“earth”图层，如图3-135所示。

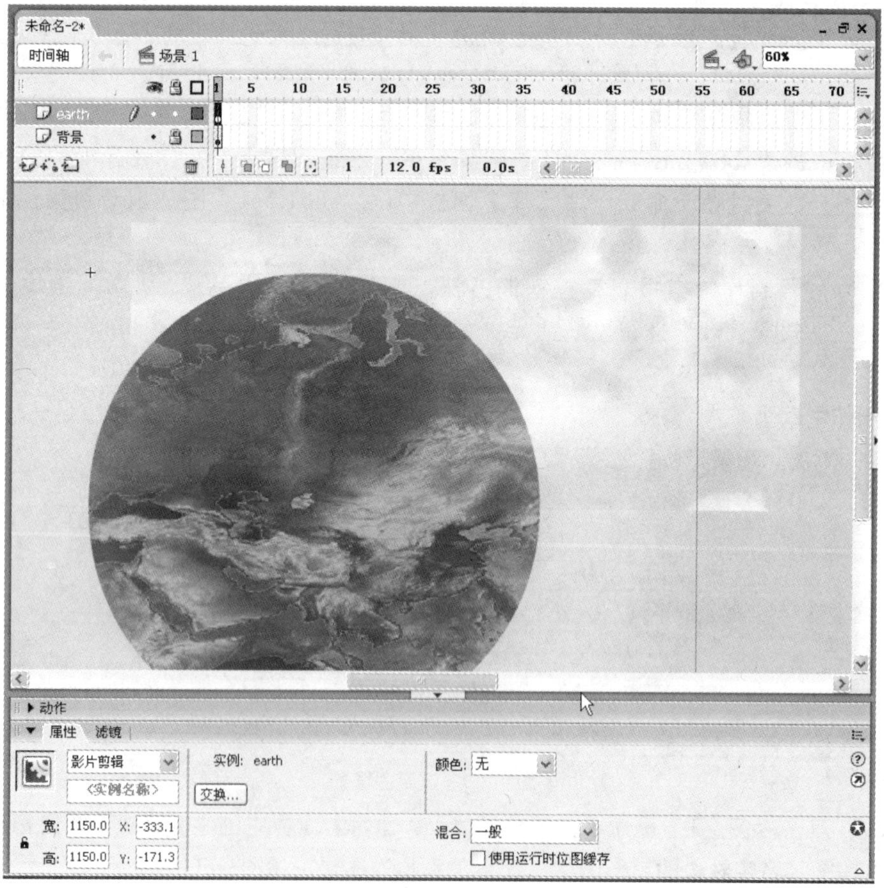

图3-135　“earth”图层

（26）单击【插入图层】按钮，添加“图层3”，双击“图层3”重命名为“gh”，将【库】面板中的“image11.png”图形拖动到舞台中的合适位置。单击该图层名字右边的锁形图标，锁定“gh”图层，如图3-136所示。

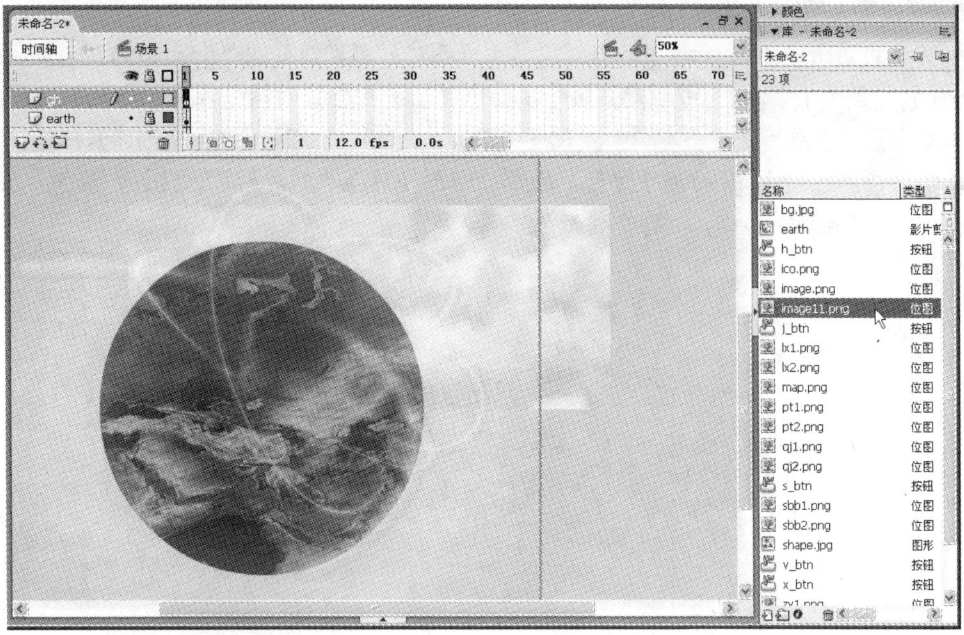

图3-136　“gh”图层

（27）单击【插入图层】按钮，添加“图层4”，双击“图层4”重命名为“btn”，将【库】面板中的“s_btn”、“j_btn”、“x_btn”、“v_btn”、“h_btn”按钮元件拖动到舞台中的合适位置，单击该图层名字右边的锁形图标，锁定“btn”图层，如图3-137所示。

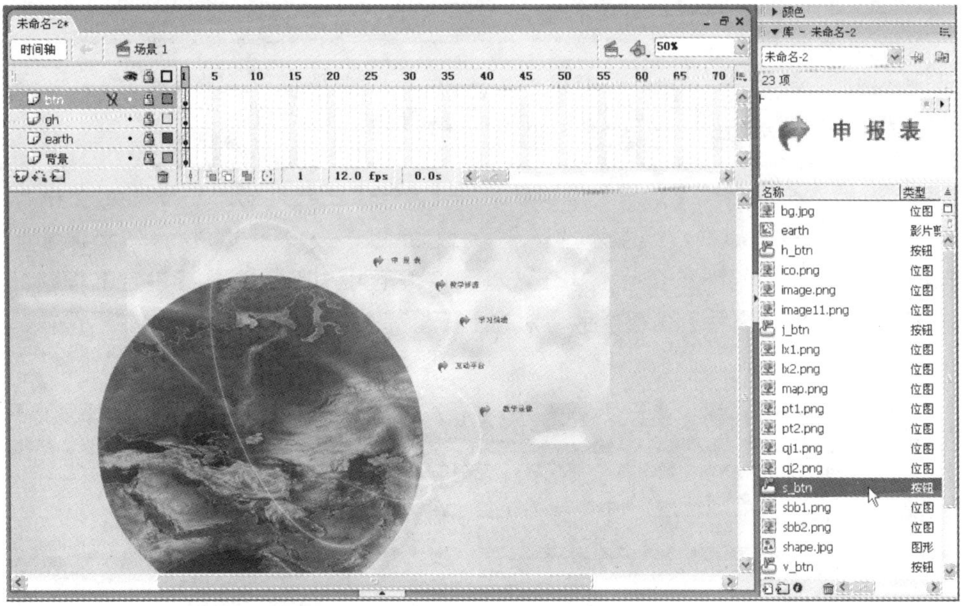

图3-137　“btn”图层

（28）选择【文件】>【导出】>【导出影片】命名，弹出【导出影片】对话框，选择保存文件夹，设置文件名为“index_top”，文件类型为“flash影片*.swf”,单击【确定】按钮，保存影片。

制作导入页

（29）启动Dreamweaver软件，在【文件】面板中打开建立好的“finelesson”站点，如图3-138所示。选择【文件】>【新建】命令，弹出【新建文档】对话框，在【类别】列表框中选择“基本页”选项，在【基本页】列表框中选择“HTML”选项，单击【创建】按钮，创建HTML新文档，选择【文件】>【保存】命令，弹出【另存为】对话框，文件名设为“index.html”，单击【确定】按钮，保存文件。

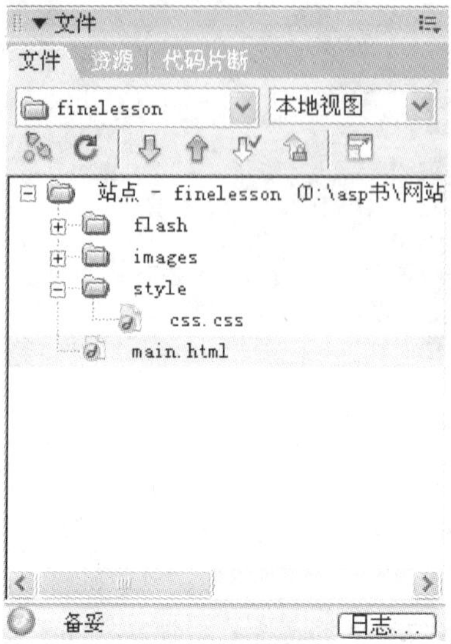

图3-138　选择站点

注意　在制作网页之前，已将“模块3\素材3.4\html”下的导入页切图放置在站点目录下的“images”文件夹中，上面制作的Flash动画放置在“flash”文件夹中。

（30）在插入栏中选择【常用】选项，选择【表格】工具，如图3-139所示，弹出“表格”对话框，设置表格属性，行数为“3”，列数为“11”，表格宽度为“955像素”，边框粗细为“0像素”，单元格边距为“0”，单元格间距为“0”，单击【确定】按钮，添加表格。选中表格，在【属性】面板中的【对齐】下拉列表框中选择“居中对齐”选项，如图3-140所示。

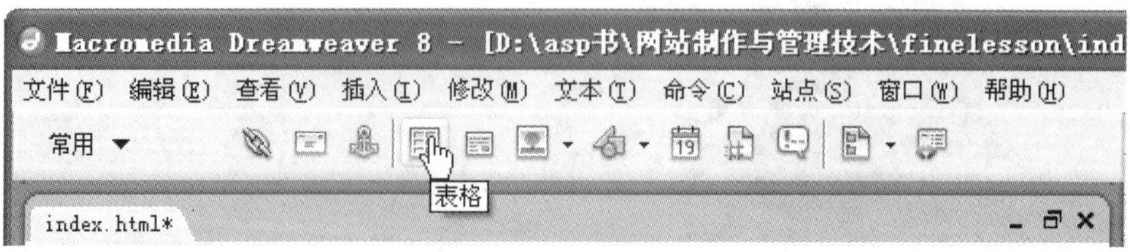

图3-139　选择【表格】工具

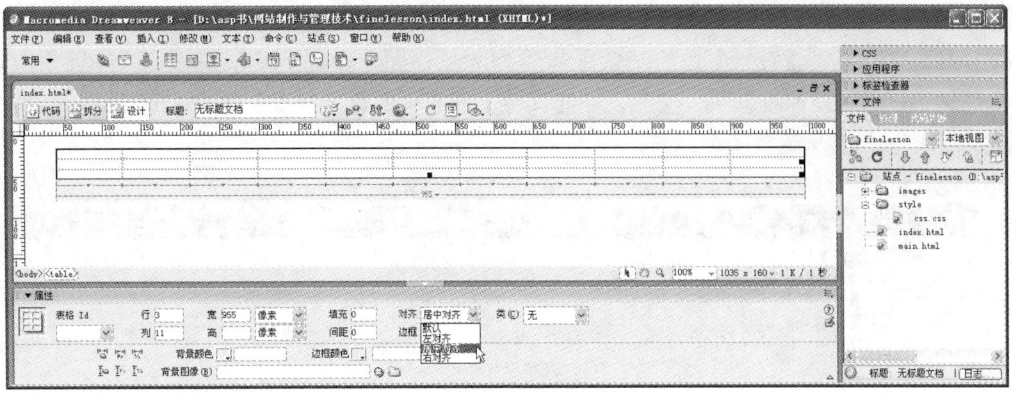

图3-140 添加表格

（31）选中第1行所有单元格，单击【属性】面板中的【合并所选单元格，使用跨度】按钮，合并单元格，如图3-141所示。光标放置第1行，选择【插入】>【媒体】>【flash】命令，弹出【选择文件】对话框，选择站点目录下“flash”文件夹中的“index_top.swf”动画，如图3-142所示。

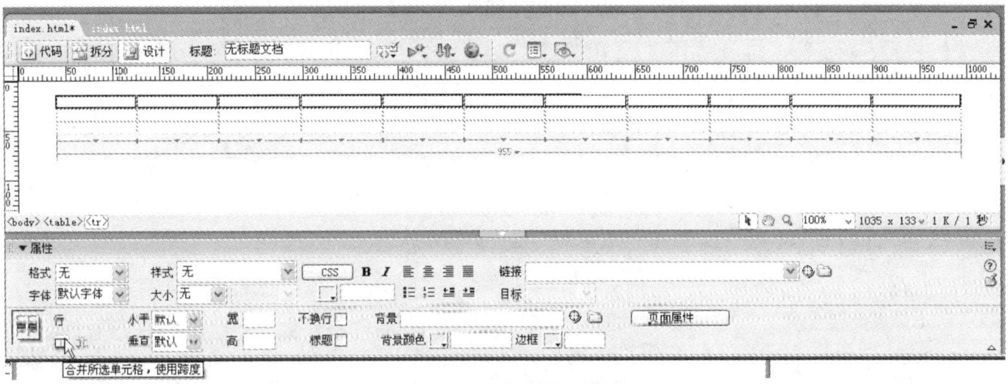

图3-141 合并单元格

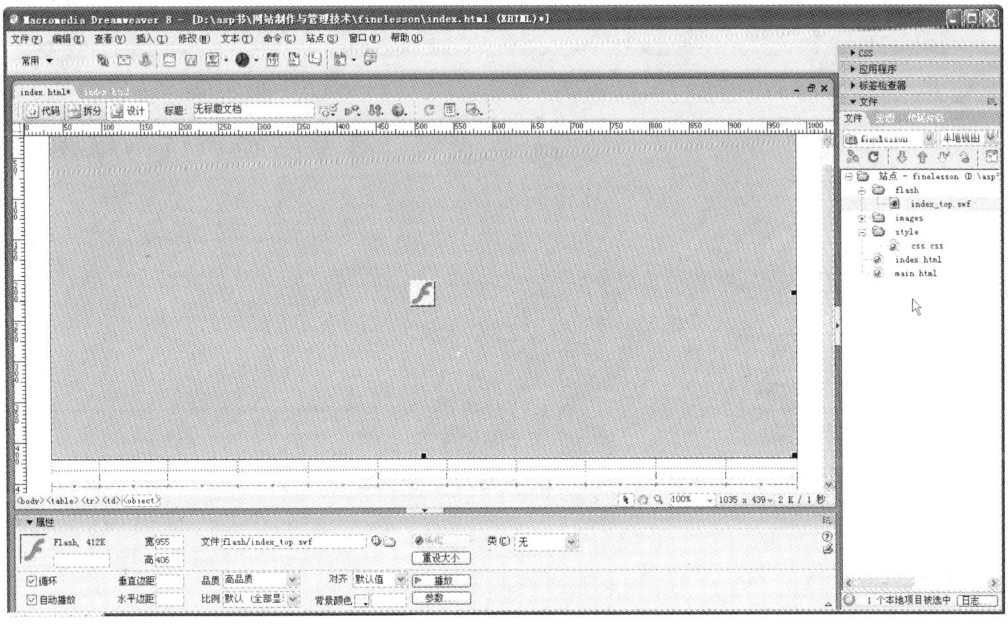

图3-142 插入Flash动画

（32）选中第2行，在【属性】面板中的“对齐”下拉列表框中选择“居中对齐”，【高】设为“30”，【背景】设为站点目录下“images\index_bak.jpg”，并在每个单元格内输入相应文字，选中“课程首页”文字，在【属性】面板中设置【链接】为“main.html”，如图3-143所示。其他文字设置为空链接。

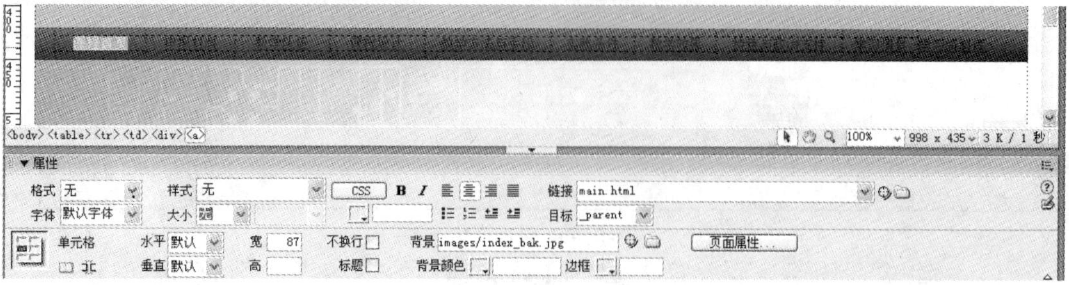

图3-143　第2行效果

（33）选中第3行所有单元格，单击【属性】面板中的【合并所选单元格，使用跨度】按钮，合并单元格，将光标置于第3行内，选择【插入】>【图像】命令，弹出【选择图像源文件】对话框，选择站点目录下“images”文件夹中的“index_bottom.jpg”图形，如图3-144所示。

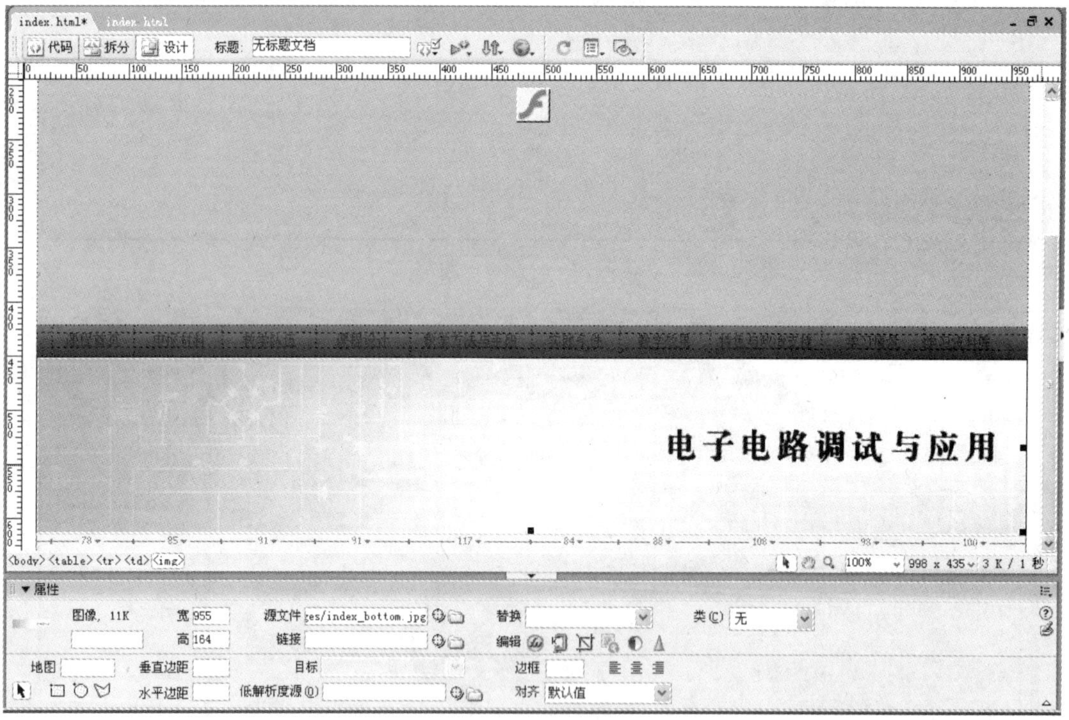

图3-144　第3行效果

（34）选择【代码】选项卡，切换到代码窗口，在<head></head>之间输入CSS样式代码，如图3-145所示。

```
<head>
<meta http-equiv="Content-Type" content="text/html; charset=gb2312" />
<title>无标题文档</title>
<style type="text/css">
<!--
body {   /*主体的样式*/
    color: #FFFFFF;  /*文字颜色*/
    background-color: #FFFFFF;  /*背景颜色*/
    margin: 0px;  /*边界为0px*/
}
table {  /*表格的样式*/
    font-family: "宋体";   /*文字字体*/
    font-size: 12px;   /*文字大小*/
    color: #FFFFFF;   /*文字颜色*/
}
a {  /*链接的样式*/
    font-size: 12px;   /*文字大小*/
    color: #FFFFFF;   /*文字颜色*/
}
a:link {    /*设置链接正常浏览状态样式*/
    text-decoration: none;
}
a:visited {   /*被点击过的超链接样式*/
    text-decoration: none;
    color: #FFFFFF;
}
a:hover {     /*鼠标指针经过超链接上时的样式*/
    text-decoration: underline;
    color: #FFFFFF;
}
a:active {   /*在超链接上单击时，即"当前激活"时，超链接的样式*/
    text-decoration: none;
}
-->
</style>
</head>
<body>
```

图3-145 CSS样式代码

注意

CSS样式也可以通过Dreamweaver软件中CSS功能编写CSS样式。

（35）按【Ctrl+S】组合键保存网页，按【F12】键浏览网页。

知识点拓展

[1] 了解切片

1. 切片的概念

切片就是将一幅大图像分割为一些小的图像切片，然后在网页中通过没有间距和宽度的表格重新将这些小的图像没有缝隙地拼接起来，合成为一幅完整的图像。这样做可以减小图像的大小，减少网页的下载时间，并且能够制作出交互的效果。

2. 切片的优点

（1）缩短下载时间：当网页上的图像较大的时候，浏览器下载整个图像需要花很长的时间，切片的使用就是把整个图像分为多个不同的小图像后分开下载，这样下载的时间就大大缩短了。

（2）制作动态效果：利用切片可以制作出各种交互效果。

（3）优化图像：完整的图像只能使用一种文件格式，而对于作为切片的各幅小图像就可以分别对其优化，并根据各幅切片的情况可以存为不同的文件格式。这样既能够保证图像质量，又能够使得图像变小。

（4）创建超链接：切片制作好了之后，就可以对不同的切片制作不同的超链接了，而不需要在大的图像上创建热点。

【2】网页设计切图技巧

制作网站必须先形成一个框架，用笔在纸上设计网页结构，使用Photoshop做出效果图，然后进行切图。

1. 切图原则

（1）图切得越小越好。

（2）图切得越少越好。

对于一整张图来说，同时达到这两个目标自然是矛盾的。所以针对这点，一般一个网页切成20～30个切图加载速度是不受影响的。

2. 切图技巧

（1）一行一行地切。

（2）背景图切成小条。

（3）不能分开的就不要分；选行的时候要注意合理性。

（4）切的时候要将图放大，移动一个像素就非常明显，否则不能达到原图与网页的一致。

【3】站点

在 Dreamweaver 中，“站点”一词既表示 Web 站点，又表示属于 Web 站点的文档的本地存储位置。在开始构建 Web 站点之前，需要建立站点文档的本地存储位置。

Dreamweaver 站点可组织与 Web 站点相关的所有文档、跟踪和维护链接、管理文件、共享文件以及将站点文件传输到 Web 服务器。

【4】CSS样式表

1. CSS语法规则

（1）CSS 语法由三部分构成：选择器、属性和值。

```
selector{property:value}
```

选择器 (selector) 通常是希望定义的 HTML 元素或标签，属性（property）是希望改变的属性，并且每个属性都有一个值。属性和值用冒号分开，并由花括号包围，这样就组成了一个完整的样式声明（declaration），例如：

```
body {color: blue}
```

上面这行代码的作用是将 body 元素内的文字颜色定义为蓝色。在上述例子中，body 是选择器，而包含在花括号内的部分是声明。声明由两部分构成：属性和值，color 为属性，blue 为值。

（2）记得写引号。如果值为若干单词，则要给值加引号，例如：

```
p {font-family: "sans serif";}
```

（3）多重声明。如果要定义不止一个声明，则需要用分号将每个声明分开。下面的例子展示出如何定义一个红色文字的居中段落。最后一条规则是不需要加分号的，因为分号在英语中是一个分隔符号，不是结束符号。然而，大多数有经验的设计师会在每条声明的末尾都加上分号，这样做的好处是，当从现有的规则中增减声明时，会尽可能地减少出错的可能性，例如：

```
p {text-align:center; color:red;}
```

应该在每行只描述一个属性，这样可以增强样式定义的可读性，例如：

```
p {
text-align: center;
color: black;
font-family: arial;
}
```

（4） 选择器的分组。可以对选择器进行分组，这样被分组的选择器就可以分享相同的声明。用逗号将需要分组的选择器分开。在下面的例子中，对所有的标题元素进行了分组。所有的标题元素都是绿色的：

```
h1,h2,h2,h3,h5,h6{
color: green;
}
```

2. 了解CSS特性

CSS主要特性有层叠性和继承性。

（1）层叠性。所谓“层叠性”简单来说就是对一个元素设置其属性值，在后面设置的属性值将覆盖前面的设置。浏览器自己带有对段落文本定义字体和字体大小的样式表，如在IE浏览器中对段落文本默认显示为Times New Roman中等字体。但是，如果创建了自己的样式表，如下代码所示，则该段落文本将以黑体显示，字体大小为12像素：

```
P{
font-size:12px;
font-family:黑体;
color:red;
}
```

（2）继承性。网页上大多数属性都是继承而来的。例如，段落标签从body标签中继承了某些属性，项目列表标签从段落标记中继承了某些属性，等等。一般来说，外层标签的属性将被内层标签继承。

3. 了解CSS类型

CSS有类样式、标签样式和高级样式3种类型。

类样式也称为自定义样式，可将样式属性设置在任何文本范围或文本块中，所有类样式均以句号（.）开头，例如：

```
.red{color:red}
```

这样可以为网页中class=“red”的文本设置颜色。

标签样式用来重新定义特定标签（如p）的格式。创建或更改p标签的CSS样式时，所有用p标签设置了格式的文本都将被更新。例如：

```
p{font-family:Arial;}
```

高级样式使用组合标签定义样式表，使用ID作为属性。例如以下代码，正常连接状态时，字体为黑色，访问过后字体为红色，当光标移动到超链接上面时字体为蓝色：

```
a:link{color:black}
a:visited{color:red}
a:hover{color:blue}。
```

类样式用“.”来引用，ID样式用“#”来引用。例如：

```
#header{…}
…
<div id="header" >…</div>
```

4. 了解CSS添加方式

添加样式表的方式有3种。

（1）外部样式表。当样式需要应用于很多页面时，外部样式表将是理想的选择。在使用外部样式表的情况下，可以通过改变一个文件来改变整个站点的外观。每个页面使用 <link> 标签链接到样式表。<link> 标签在（文档的）头部：

```
<head>
<link rel="stylesheet" type="text/css" href="mystyle.css" />
</head>
```

浏览器会从文件“ mystyle.css ”中读到样式声明，并根据它来格式文档。外部样式表可以在任何文本编辑器中进行编辑。样式表应该以 .css 扩展名进行保存。下面是一个样式表文件的例子：

```
hr {color: sienna;}
p {margin-left: 20px;}
body {background-image: url("images\back40.gif");}
```

不要在属性值与单位之间留有空格。假如使用代码margin-left: 20 px而不是margin-left: 20px，它仅在 IE 6.0浏览器中有效，但是在 Mozilla Firefox 或 Netscape 浏览器中却无法正常工作。

（2）内部样式表。当单个文档需要特殊的样式时，就应该使用内部样式表。可以使用 <style> 标签在文档头部定义内部样式表，例如：

```
<head>
<style type="text/css">
 hr {color: sienna;}
 p {margin-left: 20px;}
 body {background-image: url("images/back40.gif");}
</style>
</head>
```

（3）内联样式。由于要将表现和内容混杂在一起，内联样式会损失掉样式表的许多优势，因此要慎用这种方法。如果当样式仅需要在一个元素上应用一次时，要使用内联样式，需要在相关的标签内使用样式（style）属性。style 属性可以包含任何 CSS 属性。本例展示如何改变段落的颜色和左外边距：

<p style="color: sienna; margin-left: 20px">

这是一个段落文本。

</p>

（4）多重样式 。如果某些属性在不同的样式表中被同样的选择器定义，那么属性值将从更具体的样式表中被继承过来。例如，外部样式表拥有针对 h3 选择器的3个属性：

```
h3 {
color: red;
text-align: left;
font-size: 8pt;
}
```

而内部样式表拥有针对 h3 选择器的两个属性：

```
h3 {
text-align: right;
font-size: 20pt;
}
```

假如拥有内部样式表的这个页面同时与外部样式表链接，那么 h3 得到的样式是：

```
color: red;
text-align: right;
font-size: 20pt;
```

即颜色属性将被继承于外部样式表，而文字排列（text-alignment）和字体尺寸（font-size）会被内部样式表中的规则取代。

[5] 创建和编辑CSS样式表

1. 创建样式表的方法

在Dreamweaver CS3中可以通过3种方法创建样式表。

选择【文本】>【CSS样式】>【新建】命令。

在【CSS】面板中右击，然后在弹出的快捷菜单中选择【新建】命令。

单击【CSS】面板中的【新建CSS规则】按钮。

选择【新建】命令之后，将弹出 【新建CSS规则】 对话框，在对话框中对样式表进行设置。如果在【选择器类型】选项组中选择“类”单选项，将创建类样式，在【名称】文本框中输入自定义名称，如图3-146所示。

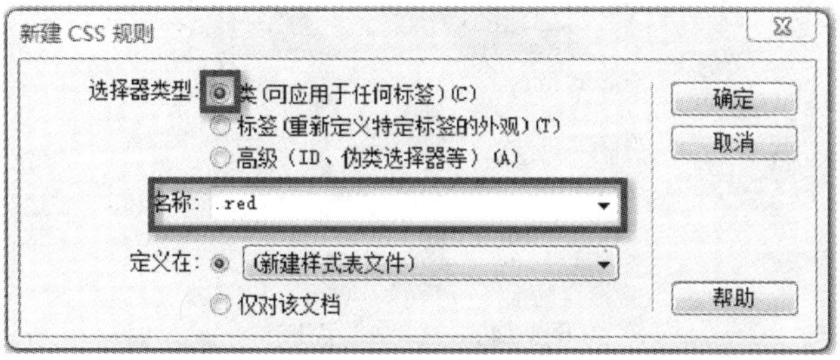

图3-146 【新建CSS规则】对话框

如果在【选择器类型】选项组中选择“标签”单选项，将创建标签样式，此时在【标签】下拉列表框中可以选择所需要的标签，如图3-147所示。

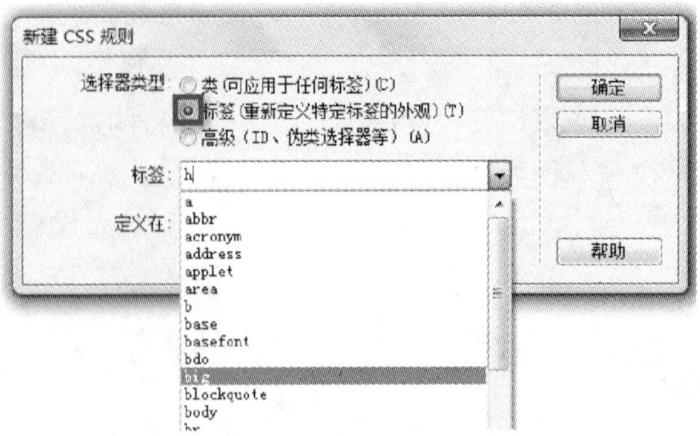

图3-147　选择“标签”单选项

如果在【选择器类型】选项组中选择“高级”单选项，将创建高级样式，此时在出现的【选择器】下拉列表框中可以选择已经定义好的标签，也可以输入#来定义ID样式，如图3-148所示。

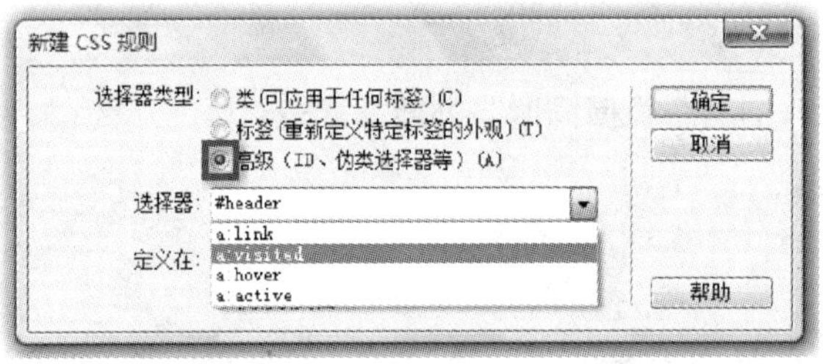

图3-148　选择“高级”单选项

2. 使用【CSS】面板

可以使用【CSS】面板查看、创建、编辑和删除CSS样式，如图3-149所示。一般情况下，【CSS】面板在界面右侧可以找到，如果没有可通过选择【窗口】>【CSS样式】命令打开【CSS】面板。面板底部按钮的含义如下：

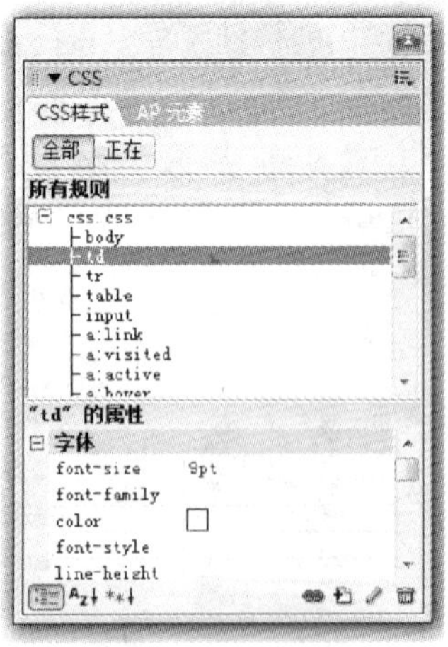

图3-149　【CSS】面板

：单击该按钮显示类别视图。

：单击该按钮显示列表视图。

：单击该按钮显示设置属性视图。

：单击该按钮可链接外部样式表。

：单击该按钮可创建一个新的样式表。

：单击该按钮可以对选择的样式表进行编辑修改。

：单击该按钮可以删除选择的样式表。

[6] CSS框架

CSS框架通常只是一些CSS文件的集合，这些文件包括基本布局、表单样式、网格或简单结构以及样式重置。例如：

- typography.css：基本排版规则。
- grid.css：基于网格的布局 。
- layout.css：通常的布局 。
- form.css：表单样式 。
- general.css：更多通用规则。

独立实践任务

任务5 文章列表及展示页面制作

任务背景：

网站的导入页与首页制作完成，还需制作文章列表及展示页面，显示文章内容与列表，如图3-150、图3-151所示。

图3-150 文章列表页面效果图

图3-151　文章展示页面效果图

任务要求：

1.使用Fireworks进行切图

2．使用表格布局

3.使用CSS样式美化网页

4．将文章列表及展示两个网页与首页进行链接。

【技术要领】：CSS样式美化网页。

【解决问题】：后台用户验证。

【应用领域】：网页制作。

【素材来源】：模块3\素材\实践\1\list1.jpg、list2.jpg

任务分析：

先进行效果图切图，然后使用Dreamweaver进行布局，使用CSS样式进行网页美化，与首页文章进行链接。

主要制作步骤：

任务 6 用户注册页面制作

任务背景：

一般网站中都有注册功能，当单击【注册】按钮后，将弹出注册页面进行用户信息的填写，用户注册页面效果如图3–152所示。

图3-152　用户注册页面效果图

任务要求：

1.注册页面的内容使用表单制作。

2.制作完成后与首页链接。

【技术要领】：用户信息填写部分制作。

【解决问题】：使用表单制作。

【应用领域】：网页制作。

【素材来源】：素材\模块3\实践\2\zc.jpg

任务分析：

用户信息填写部分的制作需要使用表单制作，并添加相应的表单元素。

主要制作步骤：

职业技能知识点考核

1. CSS的全称是什么？（　　）

A. Cascading Sheet Style

B. Cascading System Sheet

C. Cascading Style Sheet

D. Cascading Style System

2. 在Dreamweaver中，下面关于使用列表说法错误的是：（　　）。

A. 列表是指把具有相似特征或者是具有先后顺序的几行文字进行对齐排列

B. 列表分为有序列表和无序列表两种

C. 所谓有序列表，是指有明显的轻重或者先后顺序的项目

D. 不可以创建嵌套列表

3. 在HTML中，下面是段落标签的是：（　　）。

A. <HTML></HTML>

B. <HEAD></HEAD>

C. <BODY></BODY>

D. <P></P>

4. <img src="name" align="left">代码的意思是：（　　）。

A. 图像向左对齐

B. 图像向右对齐

C. 图像与底部对齐

D. 图像与顶部对齐

5. 下面关于应用样式表的说法错误的是：（　　）。

A. 首先要选择要使用样式的内容

B. 也可以使用标签选择器来选择要使用样式的内容，但是比较麻烦

C. 选择要使用样式的内容，在CSS面板中单击要应用的样式名称即可

D. 应用样式的内容可以是文本或者段落等页面元素

模块04

数据库创建及登录注册

在模块四中将介绍数据库的基础知识，新建数据库、新建数据表以及用ADO中Recordset对象操作数据库的方法。

能力目标

1. 会建立Access数据库及数据表。
2. 掌握数据库连接语句的使用。
3. 会使用网页禁止缓存技术。

学时分配

8课时（讲课4课时，实践4课时）

知识目标

1. Access表主键。
2. ADO中的connection对象。
3. 绝对路径与相对路径。
4. Access字段属性。
5. session()变量的用法。

模拟制作任务

任务1 建立FinelessonData数据库、Admin表

任务背景：

"精品课程展示"网站为动态网站，因此后台数据库是必不可少的。现在小明就带着我们一起进行后台数据库的建立。

任务要求：

建立"精品课程展示"网站所需要的数据库以及数据表，以平台所需各种数据在服务器上的存储，为后面模块的后台管理及前台展示打下基础。建立FinelessonData数据库并根据下面列表制作后台管理员记录Admin表。

表4-1 后台管理员记录Admin表

字段名称	数据类型	长度	默认值	必填字段	允许空字符串	字段描述
adminid	自动编号					唯一标识
admin	文本	50		是	否	后台管理员
password	文本	50		是	否	密码
flag	数字	长整型	0	是	否	管理员权限（保留字段）
LoginTimes	数字	长整型	0	是	否	登录次数
LastLoginTime	日期\时间			是	否	最后一次登录时间
LastLoginIP	文本	50		是	否	最后一次登录IP地址

【技术要领】：Access主键设置。
【解决问题】：用Access建立数据库；用Access建立数据表。
【应用领域】：网站后台编程；数据库办公。
【素材来源】：无。
【Access成品】：asp成品\finelesson\database\finelessondata.mdb

任务分析：

要开发数据库程序，首先要规划数据库，要尽量使数据库设计合理，既包括必要信息，又能节省数据的存储空间。Admin 表是保存网站管理员信息的表格。使用设计器创建表更方便、直观和易于掌握，所以也是最常用的创建表的方法。

重点、难点：

Access主键设置。

操作步骤：

建立数据库

（1）首先建立一个数据库，然后再建立数据库中的各个表。建立数据库的方法是，启动Access，选择【文件】>【新建】命令(或单击工具栏上的【新建】按钮)，在右侧【新建文件】面板中单击【空数据库】选项。在弹出的【文件新建数据库】对话框中设置好文件名及保存路径，本例中路径选择“E：\finelesson\Databases”，数据库命名为“FinelessonData.mdb”，然后单击【创建】按钮，一个新的数据库就创建好了，如图4-1、4-2所示。

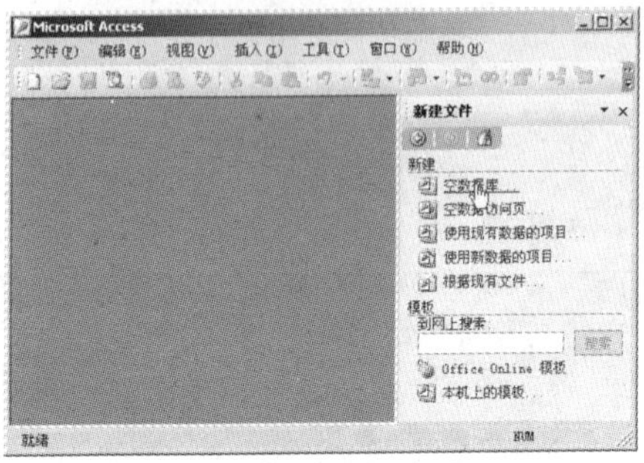

图4-1　单击【空数据库】选项

图4-2　新建FinelessonData数据库

在数据库中建立Admin数据表

（2）在如图 4-3所示的数据库窗口中双击【使用设计器创建表】选项，则出现如图4-4所示的表窗口。

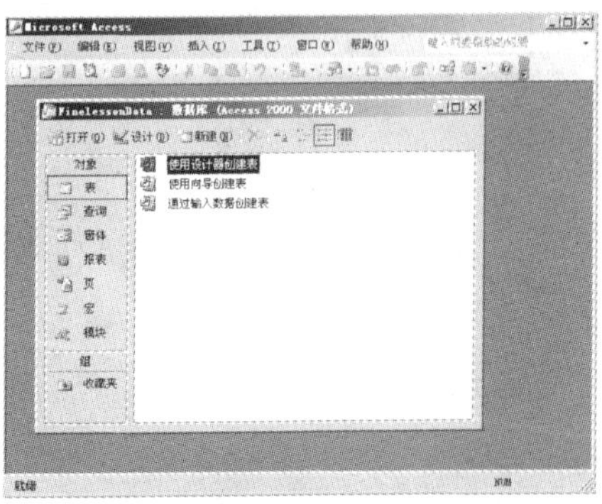

图4-3　使用设计器创建表

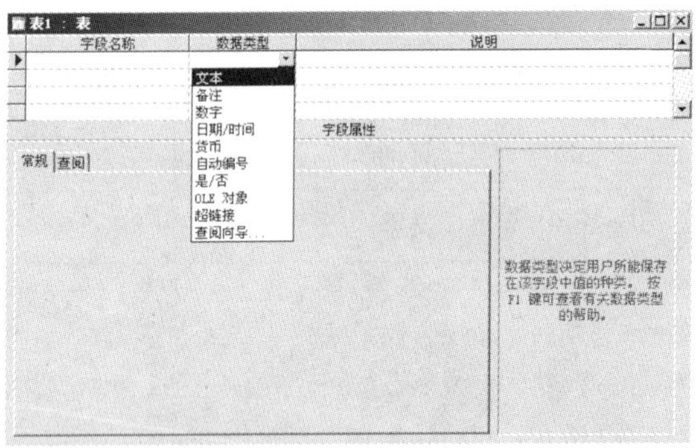

图4-4　表窗口

在【字段名称】栏中输入 “adminid”，在【数据类型】栏中选择所需的类型“自动编号”，在【说明】栏中输入对该字段的一些解释和注释信息“管理员ID号”（【说明】栏可以不填，不影响表设计），所输入的内容将会显示在窗口的状态栏中。

（3）在窗口下方的【常规】选项卡中可以对adminid的字段属性进行设置，在这里字段属性不用设置，按默认值就可以了，如图 4-5 所示。

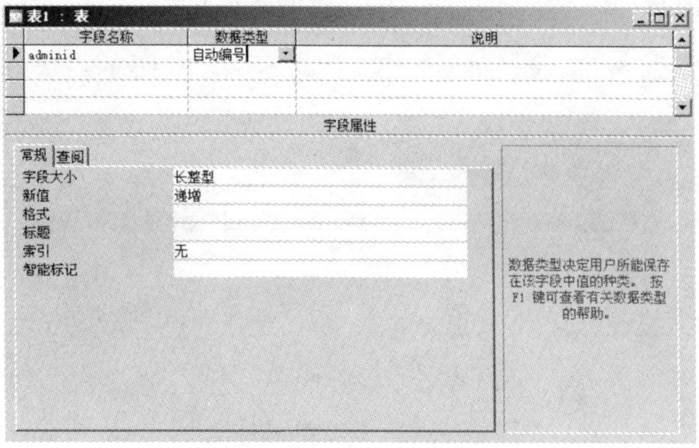

图4-5 设置adminid字段属性

（4）在【字段名称】栏输入第2个字段“admin”，【数据类型】栏选择“文本”。在窗口下面【常规】选择卡中的【字段大小】文本框中输入“30”，【必填字段】选择“是”，【允许空字符串】选择“否”，如图4-6所示。

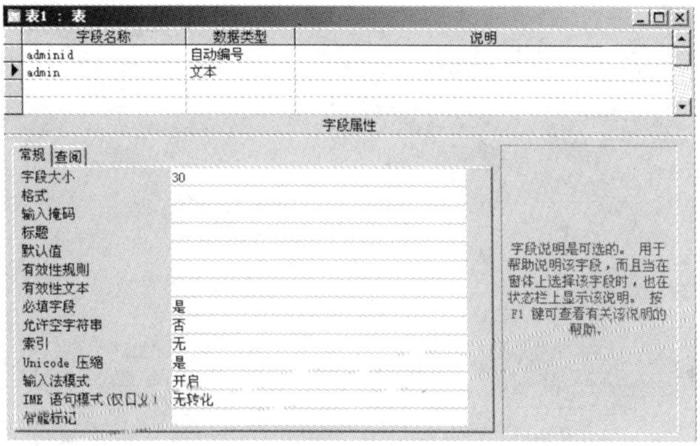

图4-6 设置admin字段属性

（5）接下来按照前面表 4-1 后台管理员记录admin表中的内容，在表设计器中创建其他几个字段分别为“password”、“flag”、“LoginTimes”、“LastLoginTime”、“LastLoginIP”，并为其设置字段属性，将表名称设置为“Admin”，结果如图4-7所示。

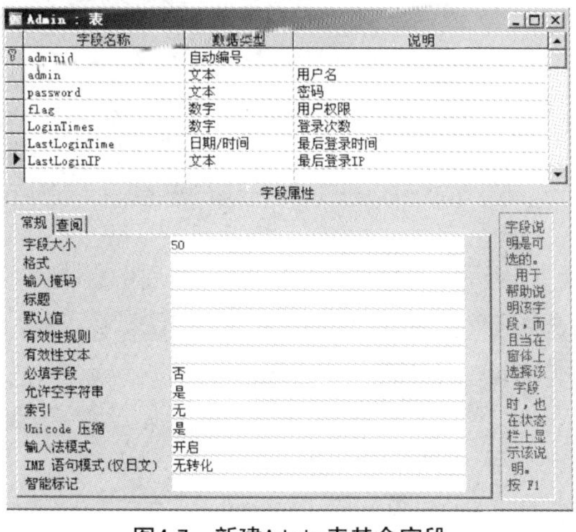

图4-7 新建Admin表其余字段

设置表的主键

（6）选中要设置主键的字段“adminid”，单击工具栏上面的 图标，设置 adminid字段为主键，如图4-8所示。

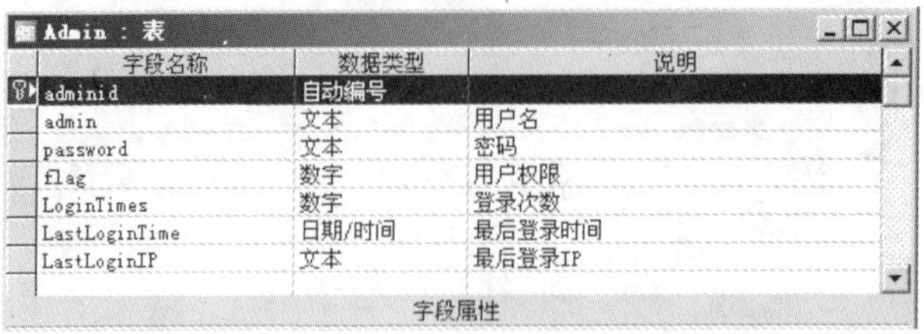

图4-8　设置表主键

到此数据表格Admin建立完成。

（7）在Admin表中手动输入第一条测试数据。在Access环境中双击“Admin”表，如图4-9所示。在表中输入如图4-10所示的测试数据。

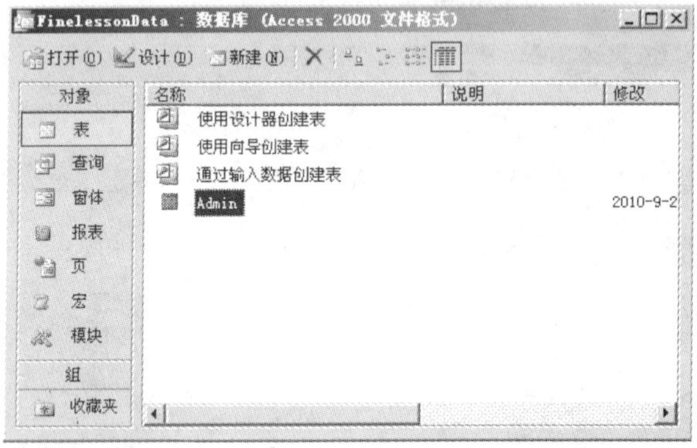

图4-9　双击“Admin”表

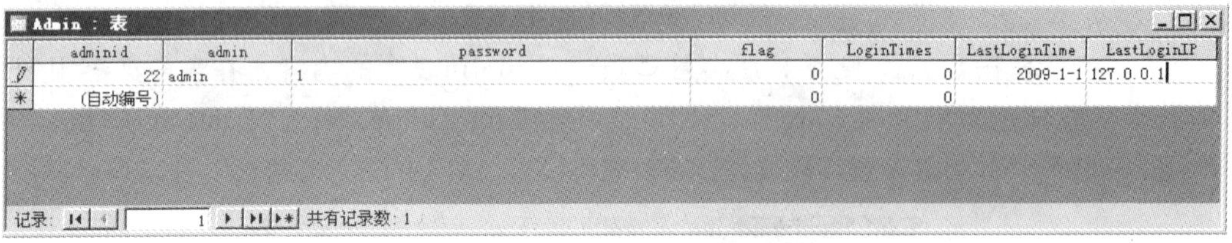

图4-10　在表中输入测试数据

任务2　建立数据库连接文件，完成连接数据库测试

任务背景：

数据表建立已经完成，现在来编写连接数据库的语句，并且把它放在一个单独的文件中，方便今后网站各页面程序引用此连接文件来实现数据库连接功能。

任务要求：

编写conn_fine.asp数据库连接文件，再建立testconn.asp文件，在testconn.asp中引用conn_fine.asp

文件来连接数据并显示Admin数据表中第1条记录的admin字段的数据，完成数据连接测试。

任务分析：

实现数据库连接功能，要用ADO中的Connection对象来实现。

【技术要领】：相对路径和绝对路径用法。
【解决问题】：用ASP连接数据库。
【应用领域】：各类使用Access数据库作为后台数据库的网站。
【素材来源】：模块4\4-1.txt
【Access成品】：asp成品\finelesson\inc\conn_fine.asp
asp成品\finelesson\fine\testconn.asp

重点、难点：

相对路径和绝对路径用法。

操作步骤：

新建一个conn_fine.asp文件

（1）在Dreamweaver站点中，选择“站点-finelesson\Inc”文件夹，右击，在弹出的快捷菜单中选择【新建文件】命令，新建一个文件，命名为“conn_fine.asp”，按【Enter】键完成新建文件操作，如图4-11、4-12所示。

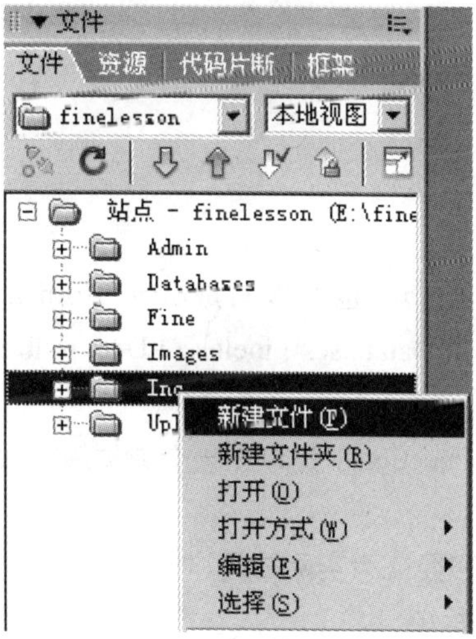

图4-11 在“Inc”文件夹下新建文件

图4-12 文件命名为“conn_fine. asp”

（2）双击“conn__fine.asp”文件，在Dreamweaver中打开，然后打开“模块4\4-1.txt”文件，把下面的代码复制下来，粘贴到“conn_fine.asp”文件中。

注意

这里代码不用记住，只需要使用时把代码粘贴过来即可。

```
<%
dim conn,db
dim connstr
db="..\Databases\FinelessonData.mdb" '数据库文件位置③
'on error resume next
connstr="DBQ="+server.mappath(""&db&"")+";DefaultDir=;DRIVER={Microsoft
Access Driver (*.mdb)};"
set conn=server.createobject("ADODB.CONNECTION")
if err then
err.clear
else
conn.open connstr
end if
sub CloseConn()
     conn.close
     set conn=nothing
end sub
%>
```

代码说明：

①定义：连接数据库所需要的3个变量conn、connstr、db。

conn：数据库连接对象。

connstr：数据库连接字符串。

db：数据库存放的路径。

②这里的db="..\Databases\FinelessonData.mdb"也可以写成db="\admin\Databases\FinelessonData.mdb "，还可以写成db="E:\finelesson\Databases\FinelessonData.mdb "。前两种写法为相对路径，后一种写法是绝对路径。

③Set conn = Server.CreateObject("ADODB.Connection") 是建立一个数据库连接对象，为后面连接数据库做准备。

④Server.MapPath(""&db&"")是把数据库虚拟路径变为实际路径。

⑤conn.Open connstr是用数据连接对象打开数据库。

测试数据库是否连接成功

（3）在Dreamweaver站点中新建一个文件“testconn.asp”，单击Dreamweaver界面中的【拆分】标签，打开拆分视图，然后把光标放置在代码窗口的第2行，如图 4-13 所示。

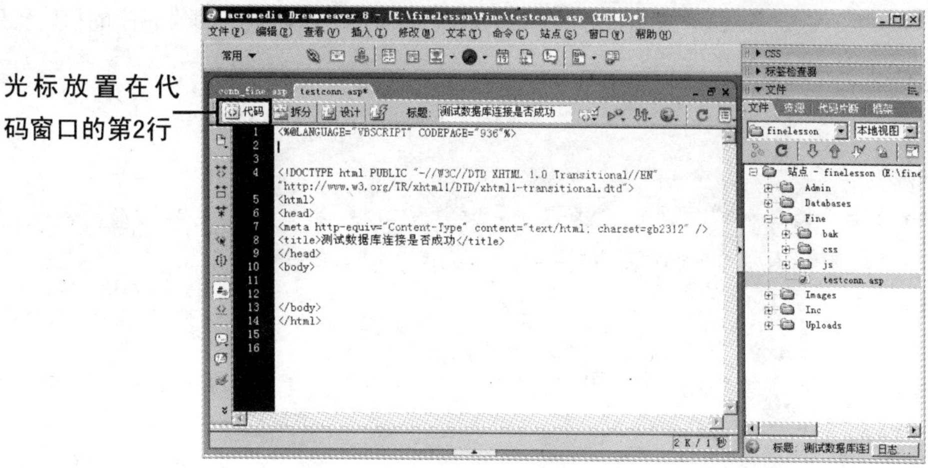

图4-13　放置光标位置

（4）选择【插入】>【服务器端包括】命令，在弹出的对话框中找到“Inc”文件夹下的“conn_fine.asp”文件并选中，单击【确定】按钮将其引用到本页面中。页面会自动添加语句<!--#include file="..\Inc\conn_fine.asp" -->，如图4-14~4-16所示。

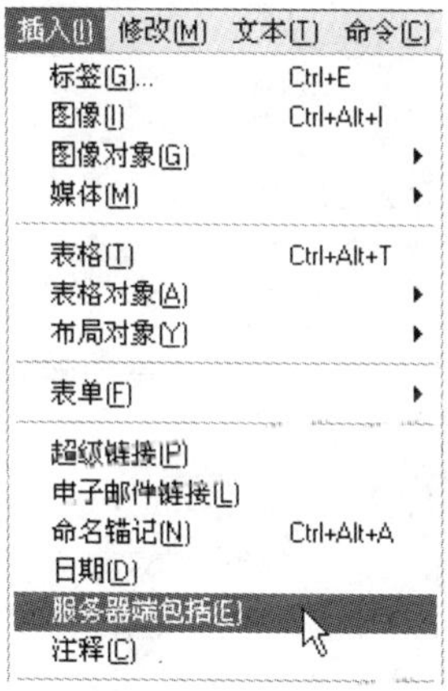

图4-14　选择【服务器端包括】命令

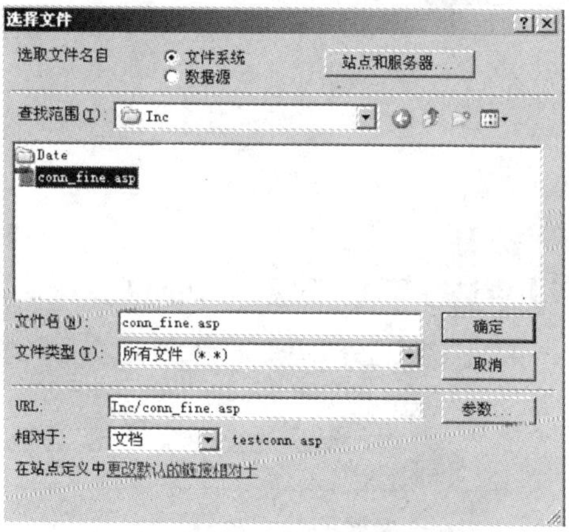

图4-15　选择“conn_fine.asp”文件

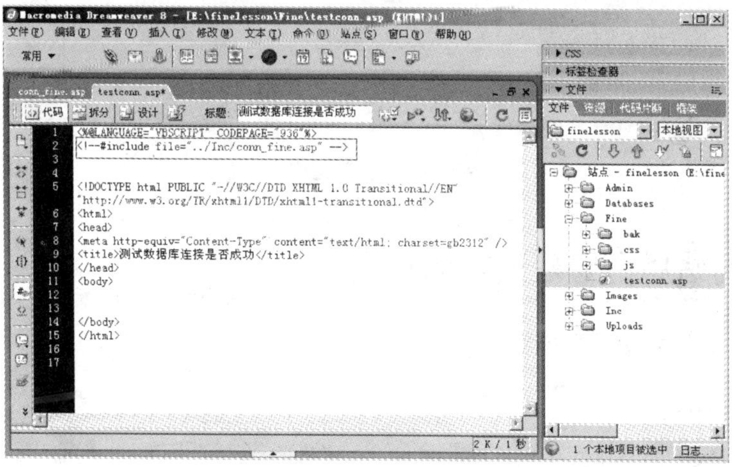

图4-16　包括文件

（5）在“testconn.asp”文件中的<body><\body>标签中间输入下列代码中的粗体代码段：

```
<!--#include file="..\Inc\conn.asp" -->
<html>
<head>
<meta http-equiv="Content-Type" content="text\html; charset=gb2312" \>
<title>测试数据库连接是否成功<\title>
<\head>
<body>
<%
dim str
str = "select * from admin"
set rs = conn.execute(str)
response.Write(rs("admin ")+"数据库连接成功")
rs.close
set rs = nothing
%>

<\body>
<\html>
```

按【F12】键进行测试，显示“admin数据库连接成功”文字，测试结果如图 4-17所示。

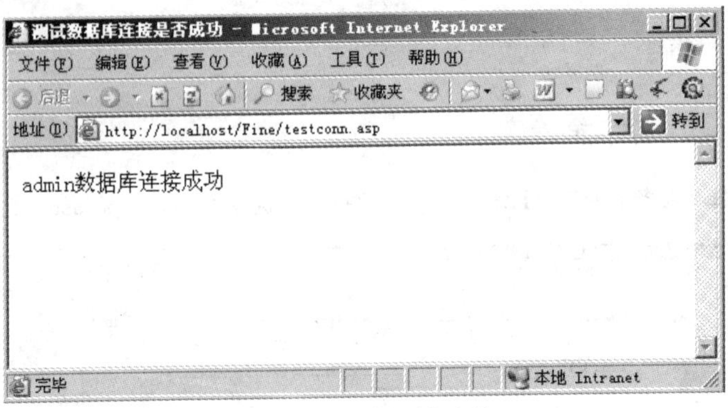

图4-17　测试数据库连接

任务 3　网站后台管理员登录页面

任务背景：

为了网站发布信息的安全，网站后台管理页面只允许后台管理员进入，这样网站就需要一个后台管理员登录页面，管理员只有输入用户名及密码才能进入网站后台管理页面对网站信息进行管理。

任务要求：

1.用户名密码用MD5加密算法加密。

2.用户登录界面含有验证码输入。

【技术要领】：session()变量的使用；随机函数；JavaScript操作表单数据。

【解决问题】：禁止网页缓存技术；提交表单数据到服务器；验证数据有效性。

【应用领域】：网页表单提交数据验证。

【素材来源】：html素材\finelesson\admin\login.html

【ASP成品】：asp成品\finelesson\admin\login.asp

asp成品\finelesson\admin\chkadmin.asp

效果如图4-18所示。

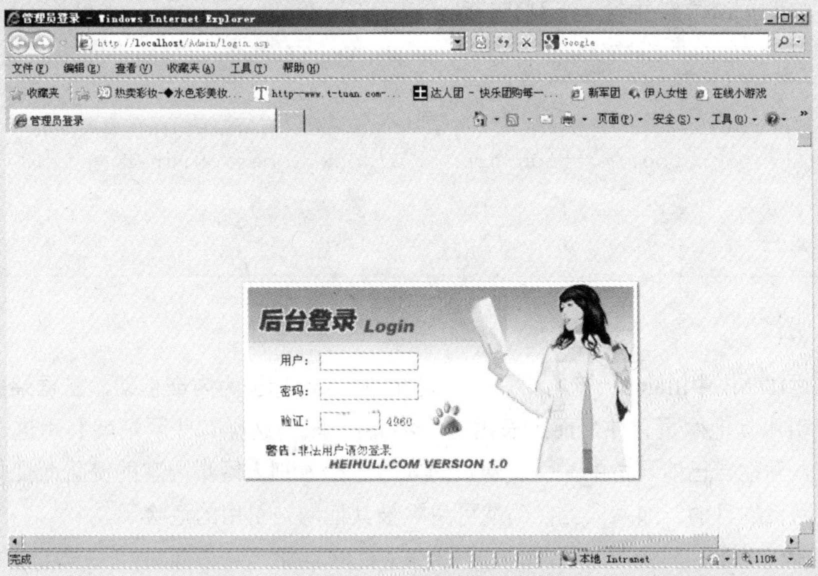

图4-18　后台登录页面

任务分析：

后台登录页面用户验证的流程是这样的，先查看Admin表中是否有与输入用户的用户名与密码相一致的用户。没有用户则提醒用户重新输入，有则把用户名称赋到session"admin"中，供网站其他部分共享。

重点、难点：

1.禁止网页缓存。

2.MD5加密用户密码。

操作步骤：

禁止网页缓存

（1）在Dreamweaver站点中选择“站点-finelesson\admin\login.html”文件，把“login.html”文件改为“login.asp”，在“login.asp”文件中输入下列代码段：

```
'禁止网页缓存
Response.Buffer = True
Response.ExpiresAbsolute = Now() - 1
Response.Expires = 0
Response.CacheControl = "no-cache"
```

代码说明：

禁止网页缓存的作用是防止非法用户跳过正常用户登录页面进入后台管理页面，而对网站后台进行非法操作。请注意，这4行代码要在每一个后台管理页面中加入进去。

防止其他网站用iframe框架引用本页面

（2）在login.asp文件中输入下列代码段：

```
<script language="JavaScript">
<!--
if (self != top) top.location.href = window.location.href
//-->
</script>
```

代码说明：

以前学过HTML中iframe标签的用户，一定知道iframe标签为内嵌框架，是框架的一种，可以在页面中引用其他网页文件，而且表面上不易看出来。这样有些网站就利用这个标签把别人的网页引入到他自己的网页中，引入网页的内容会随着别人网页内容的变化而变化，从而达到窃用他人网页的目的。加入以上代码就可免除被其他网站引用的危险了。

验证码⑤生成

（3）在“login.asp”文件中输入下列代码中的粗体代码段：

```
'验证码生成
dim yz
randomize timer⑥
yz=Int((8999)*Rnd +1009)
session("ok")=yz
…………
<tr>
  <td height="22" align="right">验证:<\td>
  <td height="22"><input name="yz" type="password" class="wenbenkuang"
id="yz3" size="8"
    maxlength="5" tabindex="3">
    <span style="background-color: #FFFFFF">
```

```
    <font color="#ff3333"><%=yz%><\font><\span><\td>
<\tr>
…………
```

上面代码生产一个1009到8999之间的随机数值当作验证码，然后赋给session("ok")变量，验证码出现的场合比较多，如邮箱的登录、用户注册、论坛发帖时，作用是防止机器人软件暴利注册发帖。

为表单元素设置名称name、size属性

（4）现在制作把用户填写的表单信息提交到服务器这个环节，在“login.asp”文件中修改下列粗体代码：

```
………
<form name="admininfo" method="post" action="chkadmin.asp" >
        <table width="882"  border="0" align="center" cellpadding="0"
cellspacing="0">
        <tr>
          <td height="100"> <\td>
        <\tr>
        <tr>
          <td     align="center"><table     border="0"     align="center"
cellpadding="0" cellspacing="0">
        <tr>
          <td><img src="Images\D_Tu_YD1.gif" width="276" height="70"
border="0">
 <\td>
          <td rowspan="3">
 <img src="Images\D_Tu_YD2.gif" width="144" height="214" border="0">
 <\td>
        <\tr>
        <tr>
          <td width="276" background="Images\D_Tu_YD4.gif" height="124">
    <table border="0" width="100%" cellspacing="0" cellpadding="5">
        <tr>
          <td width="30%" height="22" align="right">用户:<\td>
          <td   width="40%"   height="22"><input   name="admin"
            class="wenbenkuang" type="text" size="14" tabindex="1"><\td>
          <td width="30%"> <\td>
        <\tr>
```

```
<tr>
    <td height="22" align="right">密码:<\td>
    <td height="22"><input name="password" class="wenbenkuang"
     type="password" size="14" tabindex="2"><\td>
    <td     rowspan="3"><input     name=Submitimage     type=image
     onFocus=if(this.blur)this.blur()     src="Images\D_Tu_DL.gif"
     width="36" height="35" border=0>
    <\td>
<\tr>
<tr>
    <td height="22" align="right">验证:<\td>
    <td height="22">
  <input name="yz" class="wenbenkuang" size="8" maxlength="4"
      tabindex="3">
     <span style="background-color: #FFFFFF">
      <font color="#ff3333"><%=yz%><\font>
    <\span>
   <\td>
<\tr>
<tr>
   <td width="70%" align="center" colspan="2">
    <font color="#FF0000"><b>警告:<\b>非法用户请勿登录
   <\font><\td>
<\tr>
<\table><\td>
<\tr>
<tr>
   <td><img   src="Images\D_Tu_YD3.gif"   width="276"   height="20"
        border="0"><\td>
<\tr>
<\table><\td>
<\tr>
<\table>
…………
```

代码说明：

注意在制作之前一定要确定一下，表单域的内容都要放到表单中，也就是说，当前台程序员用Dreamweaver插入如下标签时都要放在<form> <\form>标签中间，如图4-19所示。

图4-19 插入表单元素工具箱

这些标签是：文本字段（<input type="text">）、隐藏域(<input type="hidden">)、文本区域(<textarea name="textarea">)、复选框(<input type="checkbox">)、单选按钮(<input type="radio">)、单选按钮组(<input type="radio" name="RadioGroup1">)、列表\菜单(<select name="select"><\select>)、跳转菜单(<select name="menu1" onchange="MM_jumpMenu('parent',this,0)">)、图像域(<input type="image">)、文件域(<input type="file" " \>)、按钮(<input type="button">)。

验证提交表单信息是否为空

（5）在login.asp文件中输入下列代码段：

```
<script LANGUAGE="javascript">
<!--
function checkspace(checkstr) {
  var str = '';
  for(i = 0; i < checkstr.length; i++) {
    str = str + ' ';
  }
  return (str == checkstr);
}
function check()
{
  if(checkspace(document.admininfo.admin.value)) {
     document.admininfo.admin.focus();
     alert("管理员不能为空！");
     return false;
  }
  if(checkspace(document.admininfo.password.value)) {
     document.admininfo.password.focus();
     alert("密码不能为空！");
     return false;
  }
     if(checkspace(document.admininfo.yz.value)) {
     document.admininfo.yz.focus();
     alert("验证码不能为空！");
     return false;
  }
     document.admininfo.submit();
```

```
  }
//-->
</script>
```

代码说明：

①document.admininfo.admin.value的作用是获取表单名为“admininfo”的表单元素admin的值，取出用户名的值。语法为： document.表单名.文本域名.value

②document.admininfo.password.focus()的作用是使用表单名为“admininfo”的表单元素password输入框获得焦点。语法为： document.表单名.文本域名.focus

（6）在“login.asp”文件中输入下列代码中的粗体代码：

```
<form   action="chkadmin.asp"   method="post"   name="admininfo"
onSubmit="return check();" >
```

代码说明：

在<form>标签中添加语句onSubmit="return check();"，这句代码的意思是当触发表单数据提交前先执行check()函数，验证表单数据是否为空，如果为空提示用户填写，不为空就把表单数据提交给chkadmin.asp文件来验证用户名称、密码的有效性。

验证用户名称与密码是否有效

（7）在Dreamweaver站点中，找到“站点-finelesson\admin\”文件夹，在“admin”文件夹下新建一个名为“chkadmin.asp”的文件，双击打开“chkadmin.asp”文件，选择【插入】>【服务器端包括】命令，在弹出的对话框中找到 “E:\finelesson\Inc\conn_fine.asp”文件并选中，单击【确定】按钮将其引用到本页面中。页面会自动添加语句<!--#include file="..\Inc\conn_fine.asp" -->，如图4-20、4-21所示。

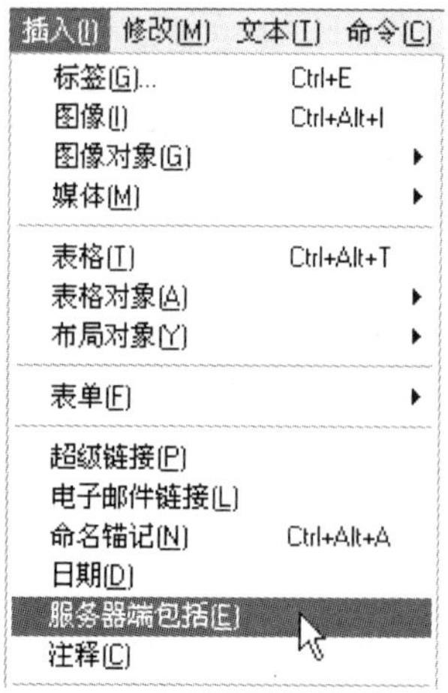

图4-20　选择【服务器端包括】命令

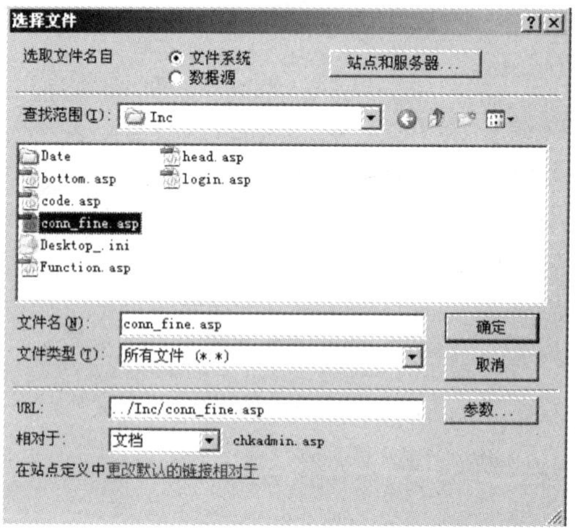

图4-21　选择“conn_fine.asp”文件

（8）同样按照步骤7把“E:\finelesson\admin\Inc\md5.asp”文件引用到“chkadmin.asp”文件中。Dreamweaver自动产生代码如下:

```
<!--#include file="..\inc\conn.asp"-->
<!--#include file="..\inc\md5.asp"-->
```

代码说明：

这两句代码的意思是把conn.asp、md5.asp文件包括到本页面中。<!--#include file="..\inc\conn.asp"-->功能是连接数据库，为验证数据做准备。<!--#include file="..\inc\md5.asp"-->是把md5加密类引入本文件中，为加密用户密码做准备。

（9）在chkadmin.asp文件中接着输入下列代码段：

```
<%
dim admin,password,yz
yz = request("yz")
'判断验证码是否正确
if int(yz)<>session("ok") then
   response.write("<script>alert('验证码输入有误!');window.history.go(-1)<\
script>")
   response.end
end if
```

代码说明：

① dim admin，password，yz是定义本页面程序所需要的变量。

②yz = request("yz")是获得login.asp页面用户输入的验证码值。

③if int(yz)<>session("ok") then
 response.write("<script>alert('验证码输入有误！');window.history.go(-1)<\script>")
 response.end
end if

上面的代码为判断验证码是否正确。这里要注意用request对象获得的值都为字符类型，而session("ok")存储的是数字型数据，字符型和数值型是不能进行比较的，所以这里对request("yz")进行转换。int(yz)作用是把yz转换为整型。response.write("<script>alert('验证码输入有误！');window.history.go(-1)<\script>")是在服务器端输出JavaScript代码的方式。Alert("")语句是弹出提示信息对话框语句。Window.history.go(-1)功能是返回上一页面，相当于按IE浏览器中的后退按钮。注意后面的response.end一定要加上，否则alert()语句不会起作用。

（10）在chkadmin.asp文件中接着输入下列代码段：

```
admin=replace(trim(request("admin")),"'","")
password=md5(replace(trim(request("password")),"'",""))
```

```
'用户禁止JavaScript时  执行下面语句
if admin="" or password="" then
     response.Write "<center><a href=login.asp><font color=red size=2>对不起，登录失败，请检查您的登录名和密码<\font><\a><\center>"
     response.end
end if

set rs=server.CreateObject("adodb.recordset")
rs.Open "select * from admin where admin='"&admin&"'" ,conn,1,1


if not(rs.bof and rs.eof) then
     '如果既不是文件头也不是文件尾，说明有这条用户名的记录
     if password=rs("password") then
          '密码正确
          session("admin")=trim(rs("admin"))
          session.Timeout=20
          rs.Close
          set rs=nothing
          response.Redirect "index.asp"
else
          '密码不正确
          response.write "<script LANGUAGE='javascript'>alert('对不起，密码错误，登录失败！');history.go(-1);<\script>"
end if
else
'文件头或者是文件尾
     response.write "<script LANGUAGE='javascript'>alert('对不起，没有这个用户，登录失败！');history.go(-1);<\script>"

end if
```

代码说明：

①获得提交的表单数据，也就是用户输入的用户名、密码提交到服务器端。并且对密码进行MD5加密，因为添加用户时就对用户的密码进行了MD5的加密，也就是说数据库存放的是经过MD5加密过的密码。

②如果用户禁止客户端JavaScript代码运行，就执行它，进行双重验证。

③查询数据库是否有这个名称的用户。

④对用户名、密码进行分别验证，如果两者都正确就把有户名存在session("admin")中供后面页面使用。如果其中一个不正确就对用户提示错误，并返回到登录页面。

任务4 后台用户注销登录

任务背景：

网站管理员登录后台操作完成网站信息设置后，直接关闭浏览器，退出后台管理页面的作法是不正确、不安全的。这样有可能会使非法用户利用登录过网站后台的机子，不通过后台登录页面的用户名和密码验证而登录网站后台。所以添加管理员用户注销登录是必不可少的。

任务要求：

用户注销后返回后台用户登录页面。

【技术要领】：session("admin")；session.Abandon。

【解决问题】：用户注销登录。

【应用领域】：网站后台。

【素材来源】：无

【ASP成品】：asp成品\finelesson\Admin\loginout.asp

任务分析：

本页面的制作流程为先编写“loginout.asp”程序文件，然后把“menu.asp”文件中的“注销登录”链接改为“loginout.asp”，代码为<a href="loginout.asp" target="right">注销登录<\a>。这里注意一点， target="right"是必不可少的。如果不加这条语句，链接会出现问题。

重点、难点：

添写注销用户代码。

操作步骤：

添写注销用户代码

（1）在Dreamweaver站点中，在“站点-finelesson\Admin\”文件夹下，新建“loginout.asp”文件，双击打开“loginout.asp”文件，在文件中输入下面代码段：

```
<%
session("admin")=""
session.Abandon()
response.redirect "login.asp"
%>
```

代码说明：

注销用户就是把session("admin")变量赋值为空，然后用session.abandon()语句释放session存储空间。response.redirect "index.asp"语句的功能是将页面转到index.asp页面上。

修改链接地址

（2）在Dreamweaver站点中打开“站点-finelesson\Admin\LeftTree.asp”文件，修改“注销登录”的【链接】为“loginout.asp”文件，【目标】设置为“right”，如图4-22所示。

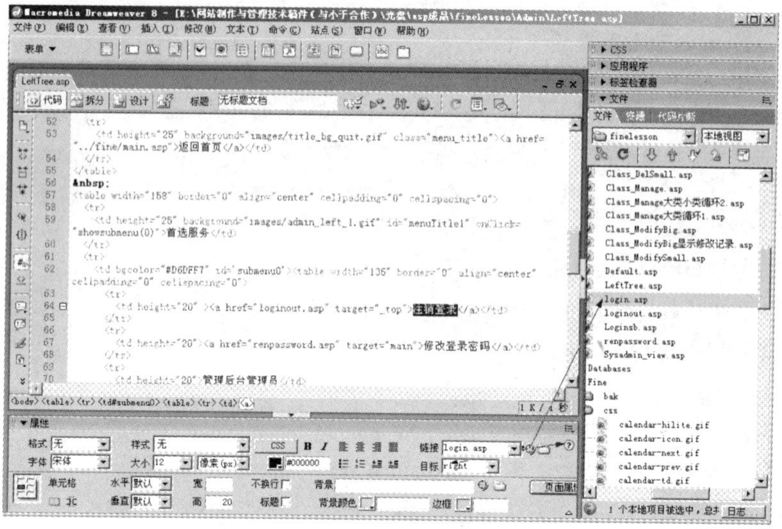

图4-22　设置链接

按【F12】键进行测试。

任务5 用户注册信息页面

任务背景：

精品课程展示网上有老师留言的功能，此功能只允许在网站上注册过信息的用户使用，这样做才可以确认是哪位学生留的言，老师就能回复指定学生的留言。

任务要求：

1.表单空信息判断（JavaScript显示隐藏层）。
2.用正则表达式判断表单数据的有效性。
3.账号重复判断。

【技术要领】：正则表达式的使用方法。
【解决问题】：将信息添加到数据库。
【应用领域】：网站注册。
【素材来源】：html素材\finelesson\Fine register.html
【ASP成品】：asp成品\finelesson\Fine register.asp
asp成品\finelesson\Fine register_save.asp

效果图如图4-23、4-24所示。

图4-23　在首页单击“注册”链接

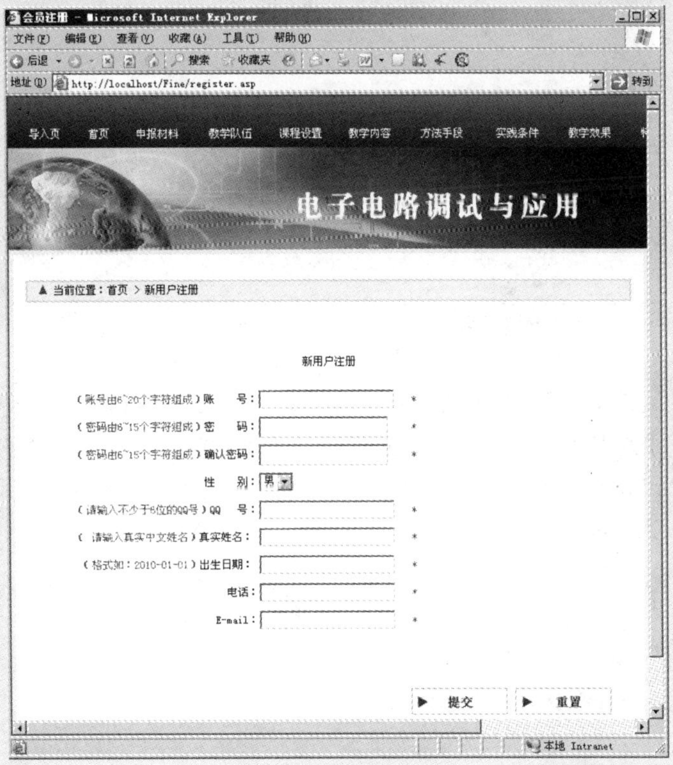

图4-24　进入注册页面

任务分析：

这个模块实现的功能很简单，第1步获取用户在网页上填写的信息，第2步判断用户输入的账号信息是否已经在数据库中添加了，第3步如果数据库中没有这个账号的用户，就把信息添加到数据库中。

重点、难点：

正则表达式

操作步骤：

为注册页面添加网站页面的导航条与版权信息

（1）在Dreamweaver站点中双击打开“站点-finelesson\fine\register.html ”文件，单击Dreamweaver上面的【拆分】标签，切换到拆分视图，然后把光标放置在代码窗口的第44行。具体位置如图4-25 所示。

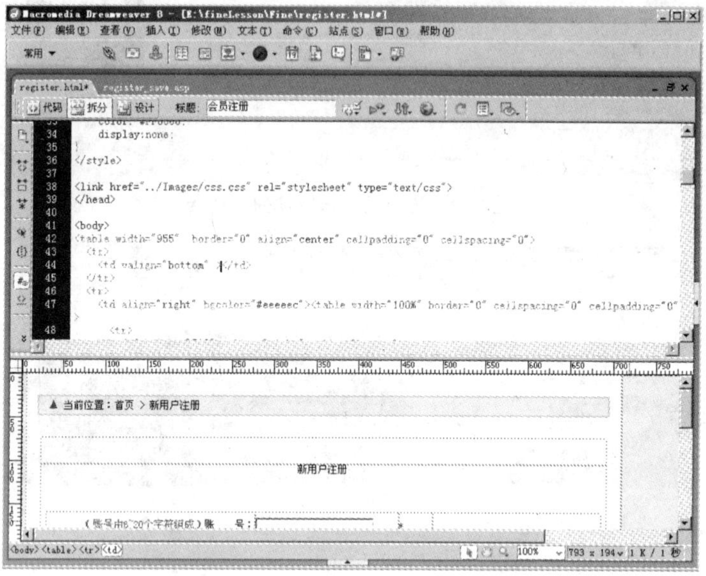

图4-25　放置光标到代码窗口的第44行

（2）选择【插入】>【服务器端包括】命令，在弹出的对话框中找到 “E:\finelesson\Inc\head.asp”文件并选中，单击【确定】按钮将其引用到本页面中。页面会自动添加语句<!--#include file="..\Inc\head.asp" -->，如图4-26、4-27、4-28所示。然后按照同样的方法把光标放置在第63行，引入“bottom.asp”文件，如图4-29所示。

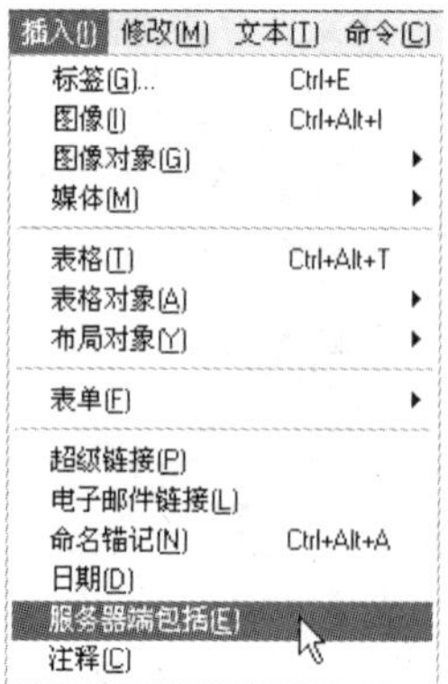

图4-26　选择【服务器端包括】命令

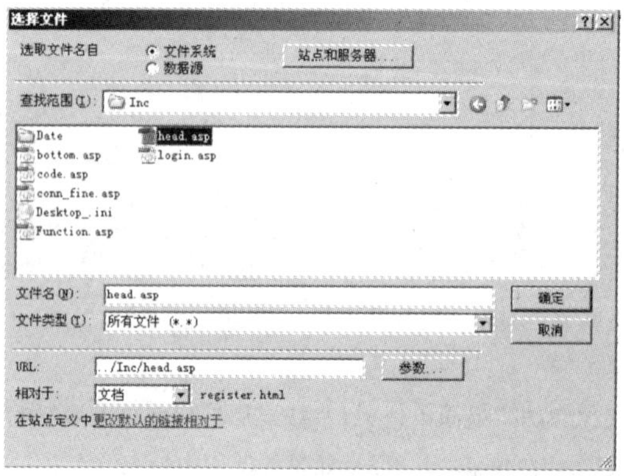

图4-27　选择Inc文件下的“head. asp”文件

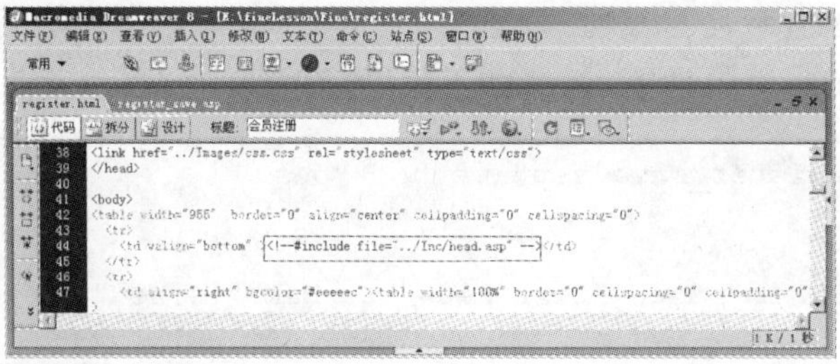

图4-28　自动添加语句<!--#include file="..\Inc\head.asp" - ->

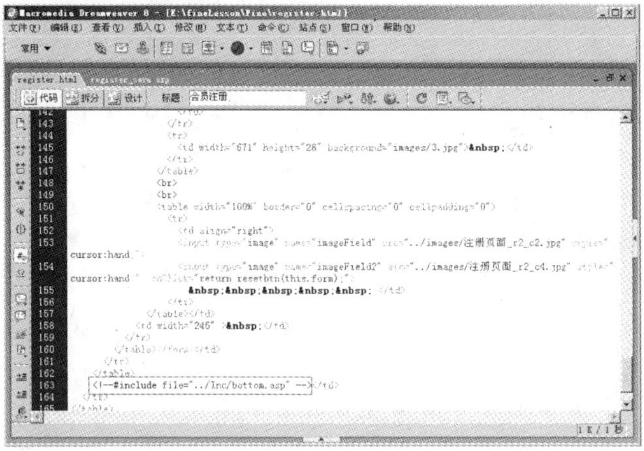

图4-29　自动添加语句<!--#include file="..\Inc\bottom.asp" - ->

（3）然后把“register.html”文件改名为“register.asp”，按【F12】键进行测试，效果如图4-30所示。

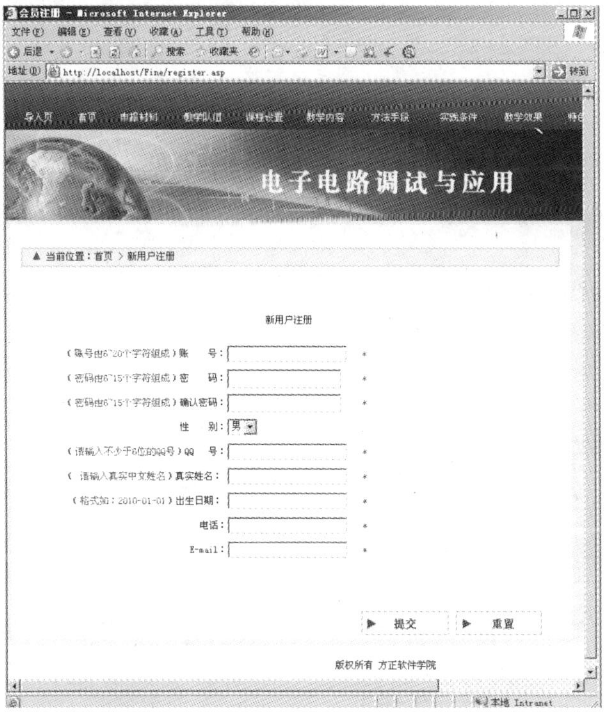

图4-30　插入页头和版权信息的页面效果

为表单元素设置name、id属性

（4）在“register.asp”文件中，加入如下粗体代码：

```
<form action="register_save.asp" method="post">
…
<input name="UserName" type="text" id="UserName" size="20" maxlength="20" >
…
<input name="password" type="password" id="password" size="20"
maxlength="15" >
…
<input name="PwdConfirm" type="password" id="PwdConfirm" size="20"
maxlength="15" >
…
<select name="Sex" id="Sex">
    <option>男<\option>
    <option>女<\option>
<\select>
…
<input name="qq" type="text" id="qq" size="20" maxlength="10" >
…
<input name="RealName" type="text" id="RealName" size="20" maxlength="15"
>
…
<input name="BirthDate" type="text" id="BirthDate" size="20"
maxlength="10" >
…
<input name="Phone" type="text" id="Phone" size="20" maxlength="10" >
…
<input name="Email" type="text" id="Email" size="20" maxlength="10" >
…
<\form>
```

添加验证表单信息是否为空代码段

（5）在“ register.asp ”文件中的第77行加入如下粗体代码：

```
<td width="30%"><div id="c1">用户名不能为空！<\div><\td>
```

（6）在“ register.asp ”文件中的<style type="text\css"><\style>标签中加入如下粗体代码段：

```
<style type="text\css">
```

```
.STYLE5 {color: #FF0000}
.STYLE4 {
    font-family: "宋体";
    font-size: 12px;
    color: #FF0000;
    display:none;\*设置层为默认隐藏*\
}
<\style>
```

（7）在“register.asp”文件中的第77行的<div>标签中加入如下粗体代码，目的是为层引用刚才上面所设置的CSS样式：

```
<td width="30%"><div class="STYLE4" id="c1">用户名不能为空！<\div><\td>
```

（8）在“register.asp”文件中的<script language="JavaScript" type="text\javascript">><\script>标签中加入如下粗体代码段：

```
<script language="JavaScript" type="text\javascript">
function isEmpty(obj,objDiv)
{
  if (obj.value=="")
  {
      eval("document.getElementById('" + objDiv + "').style.display=\"block\";");
  }
  else
  {
      eval("document.getElementById('" + objDiv + "').style.display=\"none\";");

  }
}
\\重置按钮
function resetbtn(fm)
{
   fm.reset();
   return false;
}
<\script>
```

（9）在“ register.asp” 文件中的第75行的<input>标签中加入如下粗体代码，目的是为层引用上面所定义的JavaScript函数：

```
<input    name="UserName"    type="text"    id="UserName"    size="20"
maxlength="20" onBlur="isEmpty(this,'c1')">
```

（10）在“ register.asp ”文件中的第83行的<div>标签中加入如下粗体代码：

```
<td><div class="STYLE4" id="c2">密码不能为空！<\div><\td>
```

（11）在 “register.asp” 文件中的第81行的<input>标签中加入如下粗体代码：

```
<input    name="password"    type="password"    id="password"    size="20"
maxlength="15" onBlur="isEmpty(this,'c2')">
```

（12）按照上面步骤10、11方法为“确认密码”、 “QQ号”、“真实姓名”、“出生日期”、“E-mail”、“电话”添加同样的输入框为空验证代码，效果如图4-31所示。

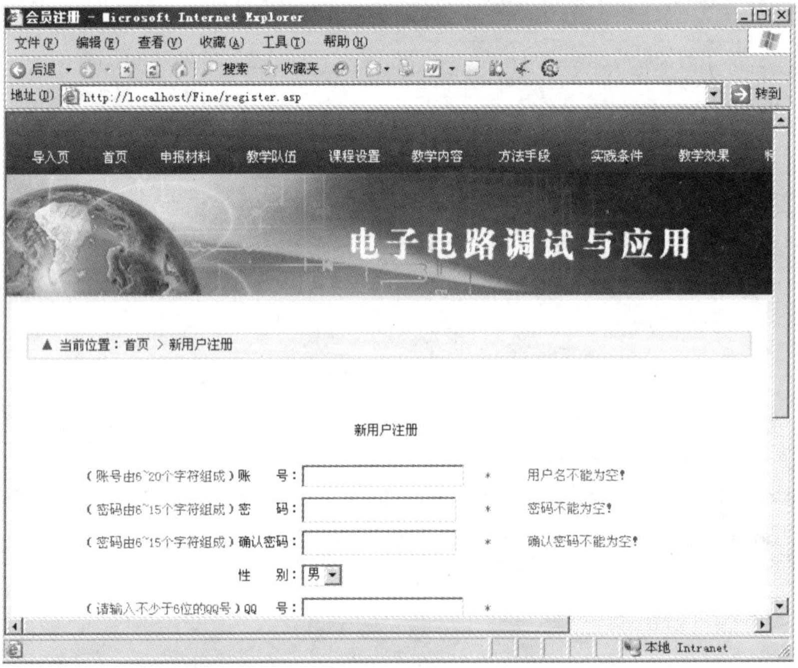

图4-31　当光标离开输入框时显示为空提示信息

制作处理表单信息代码页面

（13）在Dreamweaver中新建文件“register_save.asp”，打开“register_save.asp”文件，在文件中输入下列代码：

```
<!--#include file="..\Inc\Conn_fine.asp" -->
<!--#include file="..\admin\Inc\md5.asp" -->
```

（14）在“register_save.asp”文件中输入下列代码段：

```
'获取表单数据
dim UserName,Password,PwdConfirm,Qq,RealName,BirthDate,Sex
UserName = trim(request.Form("UserName"))
Password = trim(request.Form("Password"))
PwdConfirm = trim(request.Form("PwdConfirm"))
Qq = trim(request.Form("Qq"))
RealName = trim(request.Form("RealName"))
BirthDate = trim(request.Form("BirthDate"))
Sex = request.Form("Sex")
phone = trim(request.Form("phone"))
email = trim(request.Form("email"))
```

（15）在“register_save.asp”文件中输入下列代码段：

```
'用正则表达式验证数据有效性函数
Function RegExpTest(patrn,strng)
    Dim regEx
    Set regEx = New RegExp'建立正则表达式.
    regEx.Pattern = patrn'设置模式.
    regEx.IgnoreCase = False'设置是否区分大小写.
    RegExpTest = regEx.Test(strng)'执行搜索测试.
End Function
```

（16）在“register_save.asp”文件中输入下列代码段：

```
'在服务器端用正则表达式验证表单提交数据的有效性
if UserName="" then
  response.Write("<script>alert('账号不能为空！');history.go(-1);<\script>")
  response.end
elseif len(UserName) < 5 then
   response.Write("<script>alert('账号不能少于6个字符！');history.go(-1);<\
script>")
  response.end
elseif RegExpTest("^[a-zA-Z]{1}[a-zA-Z0-9-_]{5,19}$",UserName)=false then
   response.Write("<script>alert('账号格式不正确！');history.go(-1);<\
script>")
  response.end
end if

if Password="" then
```

```
   response.Write("<script>alert('密码不能为空！');history.go(-1);<\script>")
   response.end
 elseif len(Password) < 5 then
   response.Write("<script>alert('密码不能少于6个字符！');history.go(-1);<\
script>")
   response.end
 end if

 if PwdConfirm="" then
   response.Write("<script>alert('密码不能为空！');history.go(-1);<\script>")
   response.end
 elseif Password<>PwdConfirm then
    response.Write("<script>alert('密码输入不一致！');history.go(-1);<\
script>")
   response.end
 end if

 if Qq="" then
   response.Write("<script>alert('QQ号不能为空！');history.go(-1);<\script>")
   response.end
 elseif len(Qq) < 5 then
    response.Write("<script>alert('请输入6~10位的QQ号！');history.go(-1);<\
script>")
    response.end
 elseif  RegExpTest("^(\d{6})$|^(\d{7})$|^(\d{8})$|^(\d{9})$|^(\
d{10})$",qq)=false then
    response.Write("<script>alert('QQ号格式不正确！');history.go(-1);<\
script>")
    response.end
 end if

 if RealName="" then
    response.Write("<script>alert('出生日期不能为空！');history.go(-1);<\
script>")
    response.end
 elseif RegExpTest("^[\u4e00-\u9fa5]{0,10}$",RealName)=false then
    response.Write("<script>alert('请输入中文姓名！');history.go(-1);<\
script>")
```

```
   response.end
 end if

 if BirthDate="" then
   response.Write("<script>alert('出生日期不能为空！');history.go(-1);<\
script>")
   response.end
 elseif RegExpTest("^(\d{2}|\d{4})-((0([1-9]{1}))|(1[1|2]))-(([0-2]([1-9]{1
}))|(3[0|1]))$",birthdate)=false then
   response.Write("<script>alert('出生日期格式不正确！');history.go(-1);<\
script>")
   response.end
 end if

 if phone="" then
   response.Write("<script>alert('电话不能为空！');history.go(-1);<\script>")
   response.end
 elseif RegExpTest("^(\d){6,}$",phone)=false then
   response.Write("<script>alert('电话格式不正确！');history.go(-1);<\
script>")
   response.end
 end if

 if email="" then
   response.Write("<script>alert('Email不能为空！');history.go(-1);<\
script>")
   response.end
 elseif  RegExpTest("^[a-zA-Z]{1,}@([a-zA-Z0-9]){1,}.([a-zA-Z0-
9])+$",email)=false then
   response.Write("<script>alert('Email格式不正确！');history.go(-1);<\
script>")
   response.end
 end if
```

代码说明：

①if Password="" then

response.Write("<script>alert('密码不能为空！');history.go(-1);<\script>")

response.end

…

上面代码是服务器端对表单数据判断空处理。前面已经讲过在客户端怎么判断数据为空的方法，现在再讲服务器端判断为空的方法，目的是当用户在IE浏览器中设置禁止运行JavaScript脚本时，服务器端还可以正常判断，这样就有双保险的作用。

②elseif RegExpTest("^[a-zA-Z]{1}[a-zA-Z0-9-_]{5，19}$"，UserName)=false then

response.Write("<script>alert('账号格式不正确！');history.go(-1);<\script>")

response.end

…

上面代码是调用已经写好的正则表达式来判断用户账号格式是否正确。^[a-zA-Z]{1}[a-zA-Z0-9-_]{5，19}$：用户账号的第1个字符必须是小写或大写字母，例如，（[a-zA-Z]{1}）。后面的字符可以是小写、大写字母、下划线、连字符。字符数目是6~20个。

（17）在“register_save.asp”文件中输入下列代码段：

```
'查找数据库，检查此会员是否已经存在
set rs=server.createobject("adodb.recordset")
sqltext="select * from user where UserName='" & UserName & "'"
rs.open sqltext,conn,1,1

if rs.recordcount >= 1 then'这句也可写为 if not rs.eof then
      Response.write  "<script>alert('这个用户名的会员已经存在，请重新填写!');
history.go(-1);<\script>"
      response.end
      rs.close
end if
```

（18）在“register_save.asp”文件中输入下列代码段：

```
'添加一新的注册用户
set rs=server.createobject("adodb.recordset")
sql="select  * from user"
rs.open sql,conn,1,3
rs.addnew
rs("UserName") = UserName
rs("Password") = md5(Password)
rs("Sex") = Sex
rs("RealName") = RealName
rs("BirthDate") = BirthDate
rs("Qq") = Qq
rs("LoginTimes") = 1
```

```
rs("LastLoginTime") = now()
rs("phone") = phone
rs("email") = email
rs.update
'ArticleID=rs("ArticleID")
rs.close
set rs=nothing

session("userName")= UserName
Response.write "<script>alert('注册会员成功！');window.location.href='main.
asp';<\script>"
```

知识点拓展

[1] Access数据类型及属性

● Access数据类型

在Access中有“文本”、“备注”、“数字”、“日期\时间”、“货币”、“自动编号”、“是\否”、“OLE对象”、“超级链接”、“查阅向导”10种数据类型。各种数据类型中输入的是不同的数据。

下面介绍几种比较常见的类型：

文本：这种类型允许最大255个字符或数字。Access默认的大小是50个字符，而且系统只保存输入到字段中的字符，而不保存文本字段中未用位置上的空字符。可以设置“字段大小”属性控制可输入的最大字符长度。

备注：这种类型用来保存长度较长的文本及数字。它允许字段能够存储长达64 000个字符的内容。但Access不能对备注字段进行排序或索引，却可以对文本字段进行排序和索引。在备注字段中虽然可以搜索文本，但却不如在有索引的文本字段中搜索得快。

数字：这种字段类型可以用来存储进行算术计算的数字数据。用户还可以设置“字段大小”属性定义一个特定的数字类型，任何指定为数字数据类型的字型可以设置成“字节”、“整数”、“长整数”、“单精度数”、“双精度数”、“同步复制ID”、“小数”几种类型。在Access中通常默认为“双精度数”。

日期\时间：这种类型是用来存储日期、时间或日期+时间，每个“日期\时间”字段需要8个字节来存储空间。

货币：这种类型是数字数据类型的特殊类型，等价于具有双精度属性的数字字段类型。向货币字段输入数据时，不必输入人民币符号和千位处的逗号，Access会自动显示人民币符号和逗号，并添加两位小数到货币字段。当小数部分多于两位时，Access会对数据进行四舍五入。

精确度为小数点左方15位数及右方4位数。

自动编号：这种类型较为特殊，每次向表格添加新记录时，Access会自动插入唯一顺序或者随机编号，即在自动编号字段中指定某一数值。自动编号一旦被指定，就会永久地与记录连接。如果删除了表格中含有自动编号字段的一个记录后，Access并不会为表格自动编号字段重新编号。当添加某一记录时，Access不再使用已被删除的自动编号字段的数值，而是重新按递增的规律重新赋值。

是\否：这种字段是针对于某一字段中只包含两个不同的可选值而设立的字段，通过“是\否”数据类型的格式特性，用户可以对“是\否”字段进行选择。

在计算机中，数据有很多种类型，它们有着不同的用处，比如文本类型和备注类型，虽然都是用来存储文本，但是“文本”类型存储的字符数最多只能有255个，而“备注”类型却可以存储64 000个字符。如果把“备注”类型换成“文本”类型，则无法保存下全部的数据信息，把“文本”类型的数据存放在“备注”类型中，又势必造成很大的浪费。在Access中，不同的数据类型分配不同大小的数据空间，而每种数据类型的大小却是固定的。所以当在一个字段中输入一个值时，这个字段的大小不会随里面值的内容而变化。如果输入一个字符“A”，使用“文本”类型，这个值空出来的字符空间不会很多，但如果使用“备注”类型，则会空出63 999个字符空间，这些空间不能再输入其他值的内容，就白白浪费了。

不同类型的数据在使用时也有差别，比如两个值“1234”和“2345”，在“数字”类型中是数字，在“文本”类型中就是文本了。如果将这两个值相加求和，那么用数字类型计算出来的结果是“3579”，而用“文本”类型相加的结果则是将两个数据连在一起成为“12342345”，可见它们的差别还是很大的。

● Access字段属性

表设计器的下半部分都是用来设置表中字段的“字段属性”的，下面介绍几个常用的属性：

字段大小： 文本字段的字段大小，默认的“字段大小”为“50”，表示这个字段中最多可以输入50个字符，可以对它进行修改设置为255。

必填字段：在填写一个表的时候，常常会遇到一些必须填写的重要字段，像会员信息表中的“用户名称”字段就必须填写，不然会员就无法进行留言登录了，所以要将这个字段的“必填字段”属性设为“是”。而对于那些要求不那么严格的数据就可以设定对应字段的“必填字段”属性为“否”。

允许空字符串：用户在输入表单数据时，有时会输入空字符串，可以通过将它设置为“否”，来避免这种情况的发生。

索引属性：是表中一个重要的属性，当建立一个很大的数据库的时候，就会发现通过查询在表中检索一个数据信息很慢。例如，如果在一个表中查询“订货单位”字段内的某个值时，会从整个表的开头一直查到末尾，如果能将表中的值进行排序，那同样的查询工作对“订货单位”字段检索的记录数就可以少很多，速度也自然会变得更快，所以很多表都需要建立索引，而“索引”字段就是为了定义是否将这个字段定义为表中的索引字段。“无”是不把这个字段作为索引，“有（有重复）”和“有（无重复）”这两个选项都表示这个字段已经是表中的一个索引了，而“有（有重复）”允许在表的这个字段中存在同样的值，“有（无重复）”字段则表示在这个字段中绝对禁止相同的值。对于“订单信息表”，由于一个订货单位会多次订货，也就要签订多份订单，所以当把这个字段作为表的索引时就需要将它的“索引”属性设为“有（有重复）”了。

[2] 字段主键

字段主键也叫做主键约束，简单说就是表格中选择一个字段作为表中唯一的标识，也就是说这个字段存放的数据不能有重复项。

一个表只能有一个主键约束，主键约束中的列不能接受空值。由于主键约束确保唯一数据，所以经常用来定义标识列。

当为表指定主键约束时，通过为主键列创建唯一索引强制数据的唯一性。当在查询中使用主键时，该索引还可用来对数据进行快速访问。

当进行多表组合查询时，主键约束将一个表与另一个表相连。例如，要确定作品与作者班级的对应关系，可以使用works表、nclass表。因为 works包含nclassid列，对应nclass表中的nclassid列，所以nclassid列作为两表的相关联字段，做组合查询。

[3] ASP中的绝对路径与相对路径

在ASP中路径一般有2种方法：相对路径和绝对路径。

相对路径有两种写法：

①db="database\teacherdata.mdb"相对于本文件。

②db="\admin\database\teacherdata.mdb”相对于虚拟根目录。

相对路径的优点是文件夹转移不会影响代码书写。在实际工作中经常会遇到网站更换服务器的时候，这时候使用相对路径写法的代码就显示出优势了，只要文件夹中的目录相对位置不变，只是网站文件夹换个盘符，或者换台服务器，就不用更改代码书写。

绝对路径的写法如下：

db="E:\admin\database\teacherdata.mdb"实际存放在服务器上的目录，写为绝对路径时当文件夹移动位置时需要相应的更改代码写法。

[4] 禁止网页缓存

● 什么是网页缓存?

所谓网页缓存其实就是在内存中开辟一个用来保存浏览网页数据的空间，使用网页缓存就不用频繁地访问远程网站数据，好处是上网速度会加快，对于服务器会减轻网站服务器的负担，但是对于网站后台来说，就会有很大的危险，对于有些不怀好意的非法用户来说可以通过网页缓存中的页面对数据进行非法的提交。具体说来，他们可以不通过正常的用户登录页面，而直接进入网站后台管理页面进行非法操作。所以我们要在后台管理页面中禁止网页缓存。

● 禁止网页缓存的其他方法

禁止客户端缓存要在<head>中加入类似如下内容:

```
<HEAD>

<META HTTP-EQUIV="pragma" CONTENT="no-cache">
```

```
<META HTTP-EQUIV="Cache-Control" CONTENT="no-cache, must-revalidate">
<META HTTP-EQUIV="expires" CONTENT="Wed, 26 Feb 1997 08:21:57 GMT">
<\HEAD>
```

或者：

```
<HEAD>
<META HTTP-EQUIV="Pragma" CONTENT="no-cache">
<META HTTP-EQUIV="Cache-Control" CONTENT="no-cache">
<META HTTP-EQUIV="Expires" CONTENT="0">
<\HEAD>
```

> **注意** 有时加入代码后不会马上生效，多试几次，本代码在Windows 2003操作系统中通过测试。

【5】验证码

- **验证码是什么？**

验证码是将一串随机产生的数字或符号生成一幅图片， 图片里加上一些干扰像素，防止OCR（Optical Character Recognition，光学字符识别），由用户肉眼识别其中的验证码信息，输入表单提交网站验证，验证成功后才能使用某项功能。

- **验证码的作用？**

验证码一般是防止有人利用机器自动批量注册、对特定的注册用户用特定程序暴力破解方式进行不断的登录、灌水。因为验证码是一个混合了数字或符号的图片，人眼看起来都费劲，机器识别起来就更困难。一般注册用户ID的地方以及各大论坛都要输入验证码。

【6】Randomize功能解释

Randomize 语句

功能：初始化随机数生成器。

语法：Randomize [number]

说明：可选的 number 参数是 Variant 或任何有效的数值表达式。Randomize 用 number 将 Rnd 函数的随机数生成器初始化，该随机数生成器给 number 一个新的种子值。如果省略 number，则用系统计时器返回的值作为新的种子值。 如果没有使用 Randomize，则（无参数的）Rnd 函数使用第一次调用 Rnd 函数的种子值。

> **注意** 若想得到重复的随机数序列，在使用具有数值参数的 Randomize 之前直接调用具有负参数值的Rnd函数。使用具有同样 number 值的 Randomize 是不会得到重复的随机数序列的。

举例如下：

```
Dim MyValue
Randomize ' 对随机数生成器做初始化的动作
```

MyValue = Int((6 * Rnd) + 1) ' 生成 1 到 6 之间的随机数值

本示例用 Randomize 语句初始化随机数生成器。由于忽略了数值参数，所以 Randomize 用 Timer 函数的返回值作为新的随机数种子值。

独立实践任务

任务 6 建立数据库中“精品课程展示”网站其他所需要的数据表

1. 建立Article表。
2. 建立BigClass表。
3. 建立SmallClass表。
4. 建立Book表。
5. 建立User表。

任务背景：

本模块任务1中已经为读者举了一个例子建立了Admin表，剩下的其他数据表需要读者自己建立。

任务要求：

按照表4-2～4-6中设置，在FinelessonData数据中分别建立Article、BigClass、SmallClass、Book、User数据表，并设置主键及索引字段。

【技术要领】：Access中字段主键；Access中索引；Access中字段属性。
【解决问题】：用Access建立数据库；用Access建立表格。
【应用领域】：网站后台数据库。
【素材来源】：无。
【Access成品】：asp成品\admin\databases\FinelessonData.mdb

任务分析：

表中字段名称，字段类型及字段属性表都有标明，读者可以按照下面的表进行设置。

表 4-2 Article文章

字段名称	数据类型	长度	默认值	必填字段	允许空字符串	字段描述
ArticleID	自动编号					唯一标识
SmallClassName	文本	50		是	否	小类名称
BigClassName	文本	50		是	否	所属大类名称
SpecialName	文本	50		否	是	所属专题名称
Title	文本	255		是	否	文章标题

续表

字段名称	数据类型	长度	默认值	必填字段	允许空字符串	字段描述
Hits	数字			是	否	单击数
UpdateTime	日期\时间					更新时间
Content	备注			是	是	文章内容
IncludePic	是\否		False	是	否	
IsIndexShow	是\否			是	否	是否在首页显示（视频）
Product_Id	文本	50		否	否	文章编号

表 4-3 BigClass文章大分类

字段名称	数据类型	长度	默认值	必填字段	允许空字符串	字段描述
bigClassID	自动编号					唯一标识
bigClassName	文本	50		是	否	大类名称

表 4-4 SmallClass文章子分类

字段名称	数据类型	长度	默认值	必填字段	允许空字符串	字段描述
smallClassID	自动编号					唯一标识
smallClassName	文本	50		是	否	小类名称
BigClassName	文本	50		是	否	所属大类名称

表 4-5 Book留言信息

字段名称	数据类型	长度	默认值	必填字段	允许空字符串	字段描述
id	自动编号					唯一标识
name	文本	50		是	否	会员名称
rebook	备注			否	否	回复信息
title	文本	255		是	否	标题
content	备注			是	否	留言内容
time	文本	50		是	否	留言时间

表 4-6 User会员基本信息

字段名称	数据类型	长度	默认值	必填字段	允许空字符串	字段描述
userID	自动编号					唯一标识
userName	文本	20		是	否	注册用户名
password	文本	50		是	否	密码
email	文本	50		否	是	E-mail
sex	文本	10		否	是	性别

续表

字段名称	数据类型	长度	默认值	必填字段	允许空字符串	字段描述
realName	文本	50		否	是	真实姓名
birthDate	日期\时间			否	是	出生日期
qq	文本	50		否	是	QQ号
phone	文本	50		否	是	联系电话
regDate	日期\时间			是	否	注册日期
lastLoginIP	文本	50		是	否	登录IP
loginTimes	数字		0	否	否	登录次数
lastLoginTime	日期\时间		Now()	否	否	上次登录时间
lockUser	是\否			否	否	是否锁定用户（保留字段）

主要制作步骤：

职业技能知识点考核

1. 在ACCSS数据库中,表中的每一行称为一个________，表中的每一列称为一个_______。

2. 在关系模型中，把数据看成画个二维表，每一个二维表称为一个________________。

3. 在Access中数据类型主要包括：自动编号、文本、备注、数字、日期\时间、______________、是、否、OLE对象、超级链接和查询向导等。

4. 字段主键也叫______________，简单说就是表格中选择一个字段作为表中______________的标识，也就是说这个字段存放的数据不能有________________项。

5. 在ASP中一般路径有两种方法：________________、________________。

6. 验证码是____。

验证码的作用____。

模块05

文章发布

文章发布模块是"精品课程展示"网站项目的核心模块，文章是人们关注的焦点，也是网站中不可缺少的元素。无论是企业网站还是信息类门户网站，文章的出现都给网站带来了勃勃生机。文章作为网站的一个组成元素可以进行有效的管理。文章发布模块中包含了添加功能、编辑功能和删除等功能。

能力目标

1. 能使用do while…loop循环嵌套。
2. 能在页面中嵌入HTML在线编辑器。
3. 能制作级联菜单。

学时分配

20课时（讲课10课时，实践10课时）

知识目标

1. Comfirm()用法。
2. Connnetion.Execute用法。
3. 服务器包括文件的使用。
4. onSubmit()用法。

注意 在页面中编写代码时，要记住把中文输入法关闭，否则输入代码无效。

注意 可将“html素材”路径下的“finelesson”文件夹复制到本机磁盘中，以便在任务中使用，例如本例为E盘。

模拟制作任务

任务1 编写后台“文章类别管理”页面代码

任务背景

文章发布是“精品课程展示”网站的一个重要版块，主要功能是发布文章。“课程介绍”也属于文章发布，只是在网站后台管理时分属类别不同。可以说所有网站上信息发布的版块都可以归到文章发布版块中，只要在后台分别把它们归属到不同的文章类别下即可。

任务要求

1.用双层循环显示文章大分类和子分类。

2.JavaScript实现单击删除链接时，提示用户删除确定信息。

【技术要领】：session()变量的使用；双层循环do while…loop的使用；confirm()的使用。

【解决问题】：提交表单数据到服务器；验证数据有效性。

【应用领域】：数据显示。

【素材来源】：html素材\finelesson\admin\Class_Manage.html

【ASP成品】：asp成品\finelesson\admin\Class_Manage.asp

效果如图5-1所示。

图5-1 “文章类别管理”页面

任务分析

“文章类别管理”页面用双层循环把文章的一级分类和二级分类同时显示出来。在这个界面中可以对文章类别的一级分类（大类）及二级分类（子栏目）做添加、修改、删除。这里注意，管理页面只对一级分类及二级分类做添加、修改、删除操作提供一个链接，不做具体操作。本页面主要是对一级分类和二级分类的显示及为添加、修改、删除具体操作页面提供id传递。制作页面之前要确保文章表中存有测试数据。

重点、难点

1．双层循环do while…loop的使用。

2．confirm()的使用。

操作步骤：

添加数据库连接文件

（1）在Dreamweaver站点中双击打开“Class_Manage.html”文件，选择【插入】>【服务器端包括】命令，在弹出的对话框中找到 “E:\finelesson\inc\ conn_fine.asp”文件并选中，单击【确定】按钮将其引用到本页面中。页面会自动添加语句<!--#include file="../inc/ conn_fine.asp" -->，如图5-2、5-3所示。然后把“Class_Manage.html”文件改名为“Class_Manage.asp”。

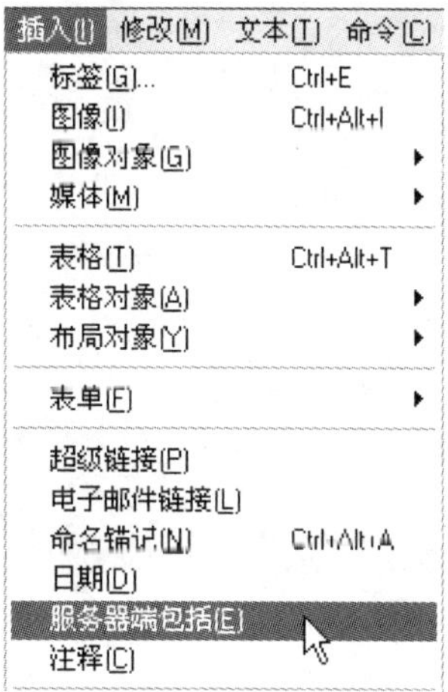

图5-2　选择【服务器端包括】命令

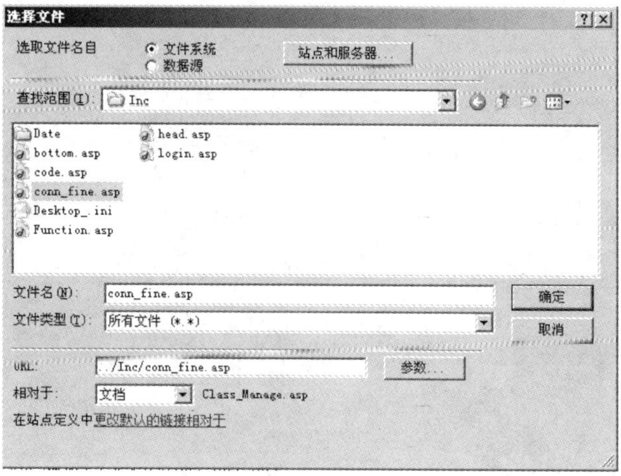

图5-3　选择“conn_fine.asp”文件

添加文章一级分类显示

（2）在“Class_Manage.asp”文件中输入以下粗体代码（asp成品\finelesson\admin\Class_Manage大类循环.asp）：

```
    <table width="100%" height="100%" border="0" cellpadding="0"
cellspacing="0">
   <tr>
     <td align="center" valign="top"> <br> <br>
      <strong>文 章 类 别 设 置</strong> <br>
```

```
    <br>
    管理选项: <a href="Class_AddBig.asp">添加文章大类</a><br> <br> <br>
     <table width="500" border="0" cellpadding="0" cellspacing="1"
bgcolor="#000000" class="border">
      <tr bgcolor="A4B6D7" class="title">
        <td width="160" height="25" align="center"><strong>栏目名称</
strong></td>
        <td width="251" height="20" align="center"><strong>操作选项</
strong></td>
     </tr>
      <%
    '新闻大类读取
    dim sql,rsBigClass,rsSmallClass,ErrMsg
    set rsBigClass=server.CreateObject("adodb.recordset")
    rsBigClass.open "Select * From BigClass",conn,1,3

    if not(rsBigClass.bof and rsBigClass.eof) then
    '新闻大类循环
    do while not rsBigClass.eof
  %>
        <tr bgcolor="ECF5FF" class="tdbg">
            <td width="160" height="22"><img src="images/tree_folder4.
gif" width="15" height="15"><%=rsBigClass("BigClassName")%></td>
         <td align="center">添加子栏目
            | 修改
            | 删除</td>
         </tr>
      <%
      rsBigClass.movenext
    loop'新闻大类循环结束
    end if
    '关闭大类
    rsBigClass.close
    set rsBigClass=nothing
  %>
      </table></td>
    </tr>
  </table>
```

按【F12】键进行测试，结果为图5-4所示。

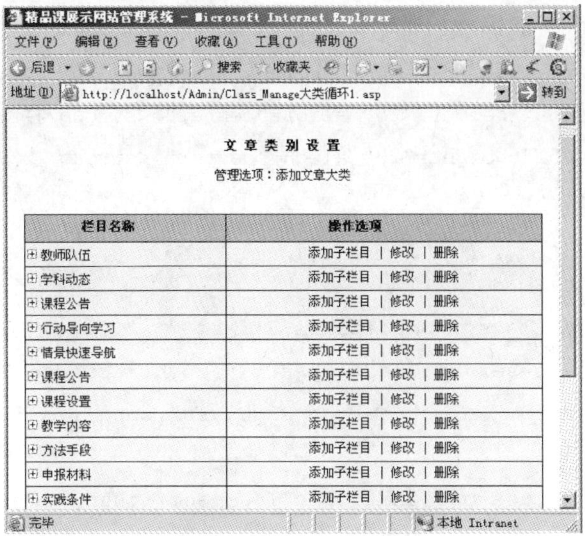

图5-4　一级分类显示结果

代码说明：

本页面用到查询记录技术，所谓查询记录，就是将数据库中的数据读出来显示在页面上，这是数据库程序比较简单，也是最常用到的操作。查询记录用到的主要是select语句。select语句语法如下：

select 字段列表 From 数据表 [where 条件][Order by 字段 ASC/DESC]

执行select语句后，就会返回一个记录集对象，其中包含符合条件的若干条记录；如果省略条件，则返回该数据表中所有的记录。结合ADO对象的使用，如下面的代码：

```
dim sql,rsBigClass,rsSmallClass,ErrMsg
set 记录集对象=server.CreateObject("adodb.recordset")
记录集对象.open "Select 字段列表 From 数据表",conn,1,3
```

得到数据集后首先得判断记录集是否包括数据，也就是说，要查询的记录集是否有记录，可以用下面的语句判断：

```
if not(记录集对象.bof and记录集对象.eof) then
        …                    '这里可以显示记录
  end if
```

返回记录集对象后，一般可以利用如下循环语句依次输出数据库中的各条记录：

```
Do while not 记录集对象.Eof          '判断是否到了文件尾
    …                                '这里可以显示记录
    记录集对象.MoveNext              '移动到下一条记录
Loop
```

添加文章二级分类显示

（3）在“Class_Manage.asp”文件中接着输入下列粗体代码，以实现文章二级分类的显示（asp成品\finelesson\admin\Class_Manage大类小类循环.asp）。

```
<table width="500" border="0" cellpadding="0" cellspacing="1"
bgcolor="#000000" class="border">
    <tr bgcolor="A4B6D7" class="title">
     <td width="160" height="25" align="center"><strong>栏目名称</strong></td>
     <td width="251" height="20" align="center"><strong>操作选项</strong></td>
    </tr>
    <%
    '新闻大类读取
    dim sql,rsBigClass,rsSmallClass,ErrMsg
    set rsBigClass=server.CreateObject("adodb.recordset")
    rsBigClass.open "Select * From BigClass",conn,1,3

    if not(rsBigClass.bof and rsBigClass.eof) then
    '新闻大类循环
    do while not rsBigClass.eof
  %>
        <tr bgcolor="ECF5FF" class="tdbg">
          <td width="160" height="22"><img src="Image/tree_folder4.gif"
width="15" height="15"><%=rsBigClass("BigClassName")%></td>
          <td align="center">添加子栏目
            | 修改
            | 删除</td>
        </tr>
        <%
      set rsSmallClass=server.CreateObject("adodb.recordset")
      rsSmallClass.open "Select * From SmallClass Where BigClassName='" &
rsBigClass("BigClassName") & "'",conn,1,3
      if not(rsSmallClass.bof and rsSmallClass.eof) then
        '新闻子类循环
          do while not rsSmallClass.eof
    %>
        <tr bgcolor="#E3E3E3" class="tdbg">
           <td width="160" height="22">  <img src="Image/tree_
folder3.gif" width="15" height="15"><%=rsSmallClass("SmallClassName")%></td>
           <td align="center">       
   <%=rsSmallClass("isList")%>  
           修改
           | 删除</td>
```

```
          </tr>
          <%
                  rsSmallClass.movenext
             loop'新闻子类循环结束
        end if
        rsSmallClass.close
        set rsSmallClass=nothing
        rsBigClass.movenext
      loop'新闻大类循环结束
      end if
      '关闭大类
      rsBigClass.close
      set rsBigClass=nothing
  %>
        </table></td>
      </tr>
  </table>
```

按【F12】键进行测试，结果如图5-5所示。

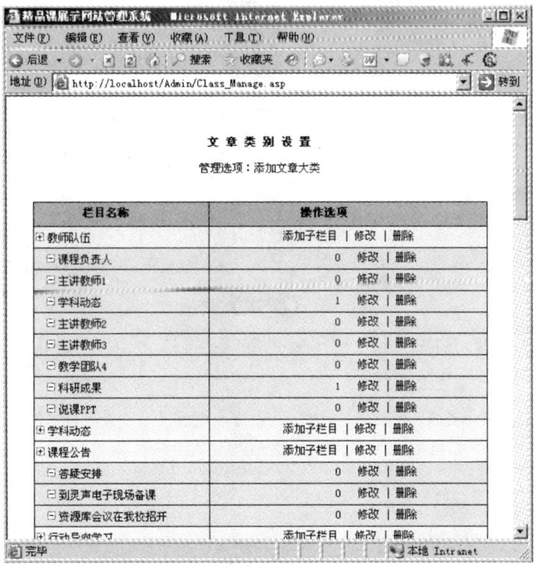

图5-5　文章子栏目显示

代码说明：

①以上代码是在文章大类中又添加do while not rsSmallClass.eof…loop组成双循环。

②rsSmallClass.open “Select * From SmallClass Where BigClassName=’ ” & rsBigClass(“BigClassName”) & “’ ”,conn,1,1语句的作用是，根据

rsBigClass("BigClassName")文章一级分类，从文章二级分类SmallClass表中获得属于它下面的文章二级分类。

添加删除提示

（4）在Dreamweaver中打开【代码】窗口，将光标放置在<head></head>标签中任意位置，在插入栏中选择“HTML”选项，如图5-6所示。

在工具栏中选择【脚本】工具，如图5-7所示.

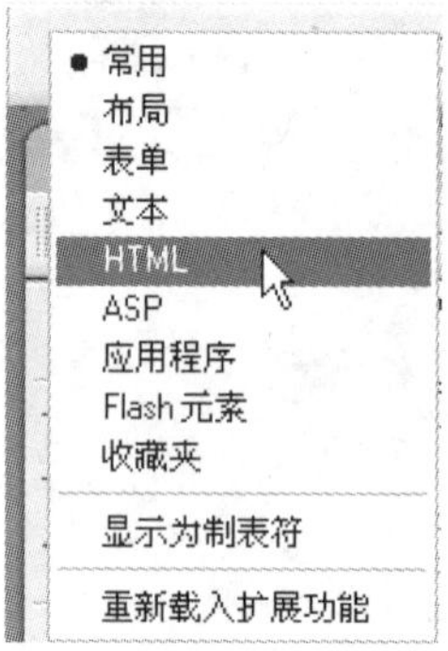

图5-6　选择【HTML】选项

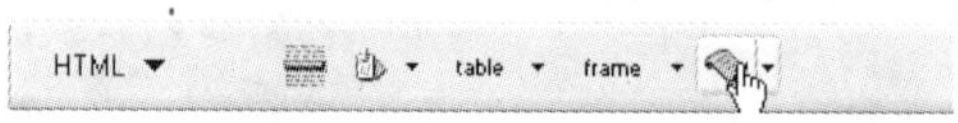

图5-7　选择【脚本】工具

（5）在弹出的【脚本】对话框的【语言】下拉列表框中选择【JavaScript】选项，单击【确定】按钮完成设置，如图5-8所示。

图5-8　【脚本】对话框

打开Dreamweaver中的【代码】窗口，会看到自动插入了下列代码：

```
<script language="JavaScript" type="text/javascript">

</script>
```

在<script language="JavaScript" type="text/javascript">与</script>标签中输入下列粗体代码段：

```
<script language="JavaScript" type="text/JavaScript">
function ConfirmDelBig()
{
```

```
    if(confirm("确定要删除此大类吗？删除此大类同时将删除所包含的小类和该类下的所有新闻，并且不能恢复！"))
      return true;
    else
      return false;
}
function ConfirmDelSmall()
{
    if(confirm("确定要删除此小类吗？删除此小类同时将删除该类下的所有新闻，并且不能恢复！"))
      return true;
    else
      return false;
}
</script>
```

（6）最后添加删除大类链接，并加上删除代码提示：

```
<a href="Class_DelBig.asp?BigClassName=<%=rsBigClass("BigClassName")%>" onClick="return ConfirmDelBig();">删除</a>
```

代码说明：

①Class_DelBig.asp文件为删除大类的处理文件，在下面的任务中会介绍。

②Class_DelBig.asp?BigClassName=<%=rsBigClass("BigClassName")%>为Class_DelBig.asp文件传递文章大类参数。

③onClick="return ConfirmDelBig();" 的作用是单击删除时先调用JavaScript函数ConfirmDelBigs来提示用户是否确定删除，避免误删除。

给大类及小类添加连接

（7）在Dreamweaver代码窗口中输入以下粗体代码，给“添加文章大类”添加连接：

```
<a href="Class_AddBig.asp">添加文章大类</a>
```

代码说明：

Class_AddBig.asp文件是文章大类新添加的程序文件，在后面的内容中进行讲解。

（8）在Dreamweaver【代码】窗口中输入以下粗体代码，给“添加子栏目”添加连接：

```
<td align="center"><a href="Class_AddSmall.asp?BigClassName=<%=rsBigClass("BigClassName")%>">添加子栏目</a>
```

代码说明：

Class_AddBig.asp文件是文章大类新添加的程序文件，后面我们会做讲解。

在较大一点的网站中，一般都包括很多页面，这就需要在不同的网页之间传递数据，即在网页之间共享数据。在网页之间传递数据一般有许多方法，下面介绍其中的一种方法为在URL后面跟若干个变量，例如本例中的Class_AddSmall.asp?BigClassName=<%=rsBigClass("BigClassName")%>是为了给Class_AddSmall.asp文件传递数据BigClassName用的。然后在Class_AddSmall.asp页面中用Request.QueryString获取。

修改链接地址

（9）在Dreamweaver站点中打开“站点-finelesson/admin/lefttree.asp”文件，按【Ctrl+F3】组合键，打开【属性】面板，在【设计】窗口中选中“文章类型管理”文字，将【链接】设置为“Class_Manage.asp”文件，【目标】设置为“main”。如图 5-9所示。

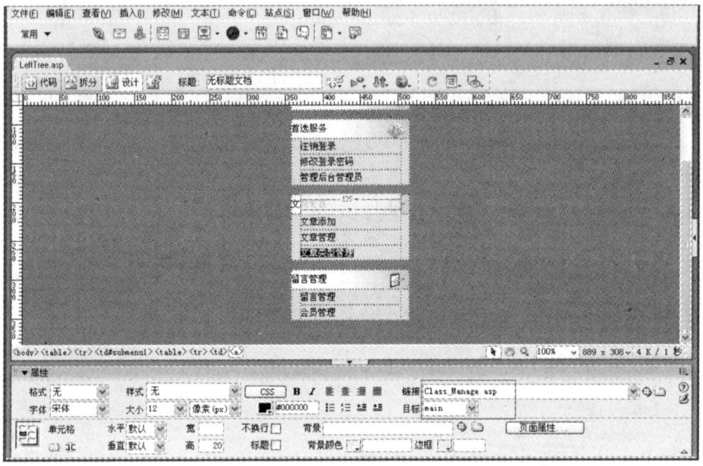

图5-9　设置链接

（10）在Dreamweaver站点中打开“站点-finelesson/admin/Class_Manage.asp”文件，在“Class_Manage.asp”文件中的<!--#include file="../inc/conn_fine.asp" -->语句后面，输入下列代码：

<!--#include file="inc/admin.asp" -->

admin.asp文件中的代码如下：

```
if session("admin")="" then
    response.Write "<script language='javascript'>alert('网络超时或您还没有登录！');window.location.href='login.asp';</script>"
    response.End
end if
```

代码说明：

如果管理员正常通过login.asp文件登录后台管理系统，会将session("admin")变量值赋为管理员名称，所以session("admin")只要为空字符时就表示用户没有通过正常方式进入页面，这时就用alert('网络超时或您还没有登录！')；代码弹出提示信息。而且用window.location.

href='login.asp'返回到登录页面。还有一种情况是，session("admin")变量为空字符串，表示session过了它设置的有效时间，也就是说session已经过期。session变量的默认有效时间是20分钟，过了有效时间也会返回登录页面，重新登录。

任务2 编写后台"添加文章大类"页面代码

任务背景：

"文章类别管理"页面在上个任务中已经完成了，现在来制作里面的"添加文章大类"页面。

任务要求：

1.向文章类型表添加记录时，要进行重复判断。如果重复，就不向数据表中添加。

2.JavaScript验证用户输入信息是否为空。

【技术要领】：ADO 添加数据；JavaScript函数调用；action文件传递参数。

【解决问题】：提交表单数据到服务器；验证数据是否为空。

【应用领域】：网页表单提交数据验证。

【素材来源】：html素材\finelesson\admin\Class_AddBig.html

【ASP成品】：asp成品\finelesson\admin\Class_AddBig.asp

效果图如图5-10、5-11所示。

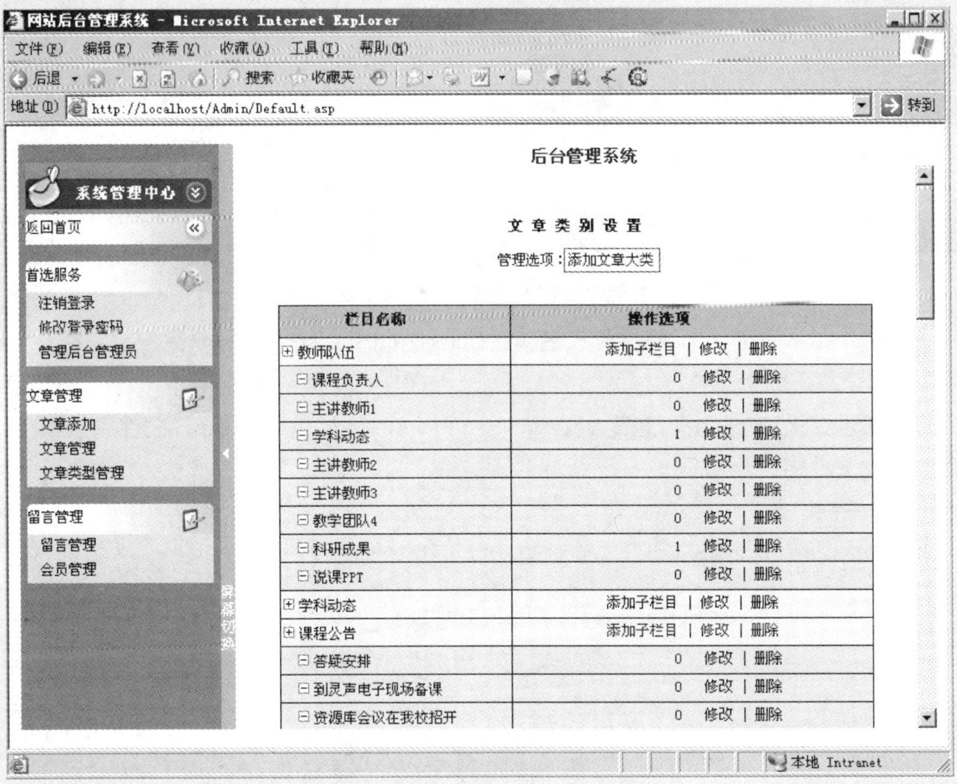

图5-10 单击【添加文章大类】选项

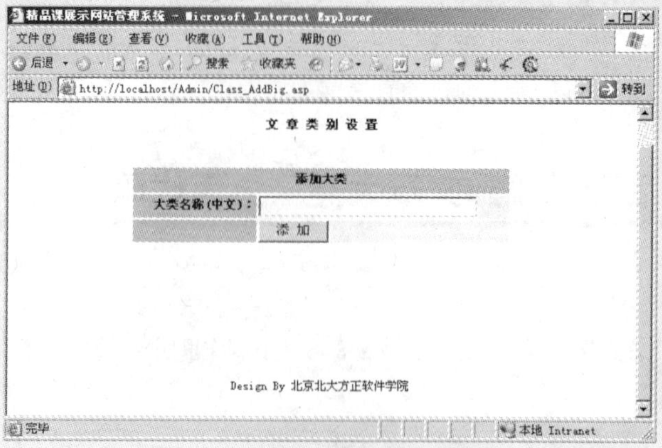

图5-11　添加文章大类操作界面

任务分析：

“添加文章大类”页面很简单，制作流程一般为，判断用户添加的文章是否在数据库中已经存在，如果是，则返回添加一级分类页面操作界面，并且提示用户表中已经有这条记录；如果表中不存在，就把这条记录添加到数据表中。

重点、难点：

1．验证数据是否为空。

2．action文件传递参数。

操作步骤：

添加数据库连接文件

（1）在Dreamweaver站点中，打开“站点-finelesson/admin/Class_AddBig.html”文件，选择【插入】>【服务器端包括】命令，在弹出的对话框中找到 “E:\finelesson\inc\conn_fine.asp”文件并选中，单击【确定】按钮将其引用到本页面中。页面会自动添加语句<!--#include file="../inc/conn_fine.asp" -->，将文件改名为“Class_AddBig.asp”进行测试。

添加公共函数库文件

（2）按照步骤1方法，同样把“E:\finelesson\admin\inc\function.asp”文件引入到“Class_AddBig.asp”文件中。

表单属性设置

（3）在“Class_AddBig.asp”文件中输入以下粗体代码：

```
<form name="form1" method="post" action="Class_AddBig.asp? Action =Add" >
        <table width="350" border="0" align="center" cellpadding="0"
cellspacing="2" class="border">
              <tr bgcolor="#A4B6D7" class="title">
                <td height="25" colspan="2" align="center"><strong>添
```

```
加大类</strong></td>
                    </tr>
                    <tr bgcolor="#E3E3E3" class="tdbg">
                      <td    width="126"   height="22"    bgcolor="#C0C0C0">
<div align="right"><strong>大类名称 </strong></div></td>
                      <td width="218" bgcolor="#E3E3E3">
    <input name="BigClassName" type="text" size="20" maxlength="30">
                      </td>
                    </tr>
                    <tr bgcolor="#C0C0C0" class="tdbg">
                     <td height="22" align="center" bgcolor="#C0C0C0">  </td>
                     <td height="22" align="center" bgcolor="#E3E3E3"> <div
align="left">
                      <input name="Add" type="submit" value=" 添 加 ">
                       </div></td>
                    </tr>
                  </table>
    </form>
```

代码说明：

这里要注意网页向服务器提交数据时，一定要把要提交的数据的表单项放在表单中的<form></form>标签之间。如果前台美术人员没有添加表单，制作后台代码时一定要加上，否则不能进行数据库操作，这是初学者一定要注意的要点。

语法：

<form name="form1" method="post" action="Class_AddBig.asp? action = Add" >

①name：表单名称。

②method：提交方式为“post”，一般用post方式。

③action：提交表单数据处理文件。

添加判断数据有效性提示

（4）在“Class_AddBig.asp”文件中的<head>标签后面输入以下代码：

```
<script language="JavaScript" type="text/JavaScript">
function checkBig()
{
  if (document.form1.BigClassName.value=="")
  {
    alert("大类名称不能为空！");
    document.form1.BigClassName.focus();
```

```
        return false;
    }
}
</script>
```

（5）在“Class_AddBig.asp”文件中的<form>标签中，添加以下粗体代码：

```
<form name="form1" method="post" action="News_ClassAddBig.asp"
onsubmit="return checkBig()">
```

代码说明

onsubmit="return checkBig()" 是当表单提交数据时调用checkBig函数。

添加表单数据处理代码

（6）在“Class_AddBig.asp”文件中输入下列代码段：

```
<%
dim Action,BigClassName,FoundErr,ErrMsg    '定义变量
Action=trim(Request("Action"))
BigClassName=trim(request("BigClassName"))
if Action="Add" then '判断是表单提交数据
   if BigClassName="" then '服务器端判断表单数据是否为空
       FoundErr=True
       ErrMsg=ErrMsg & "<br><li>文章大类名不能为空！</li>"
     end if
   if FoundErr<>True then
        Set rs=Server.CreateObject("Adodb.RecordSet")
        rs.open "Select * From BigClass_New Where BigClassName='" &
BigClassName & "'",conn,1,3
     if not (rs.bof and rs.EOF) then '排重处理，判断数据库中是否已经有了这条记录
         FoundErr=True
         ErrMsg=ErrMsg & "<br><li>文章大类"" & BigClassName & ""已经存在！</li>"
     Else'没有重复信息  添加到数据库中
         rs.addnew
         rs("BigClassName")=BigClassName
         rs.update
         rs.Close
         set rs=Nothing
        Response.Redirect "News_ClassManage.asp" '跳到管理新闻分类页面
      end if
```

```
    end if
end if
if FoundErr=True then
call WriteErrMsg()'如果出错误  就调用Function文件中的WriteErrMsg过程输出错误提示
else
%>
```

任务3 编写后台"修改文章大类"页面代码

任务背景

"添加文章大类"页面已经建立完成，现在可以对文章类别任意添加，但添加的过程中管理员不小心把文章大类"课程简介"写成了"课程活动"，这时就需要制作一个文章大类修改页面，对大类进行随意修改。

任务要求

1.判断文章大类是否为空，提示重新输入。

2.修改时显示文章大类原始值。

【技术要领】：ADO 修改数据；JavaScript函数调用；include文件使用；Execute方法使用。

【解决问题】：提交表单数据到服务器；execute方法。

【应用领域】：网页表单提交数据验证。

【素材来源】：html素材\finelesson\admin\Class_ModifyBig.html

【ASP成品】：asp成品\finelesson\admin\Class_ModifyBig.asp

效果图如图5-12∽5-14所示。

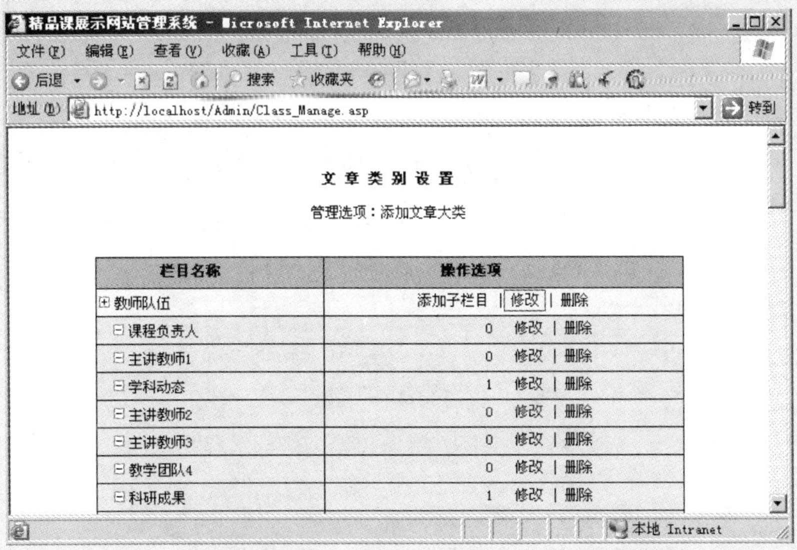

图5-12 单击"修改"链接修改文章大类

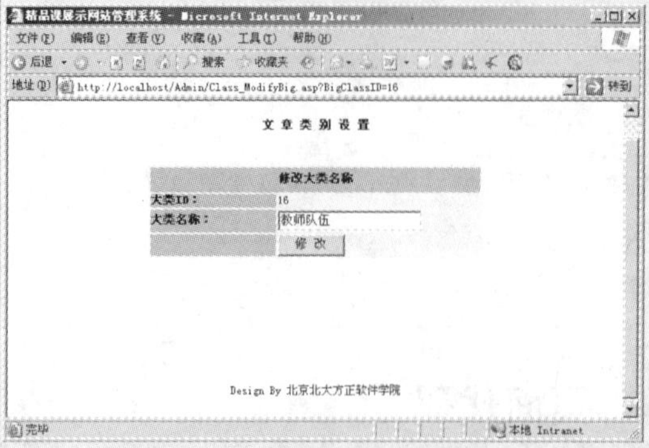

图5-13　修改文章大类操作界面

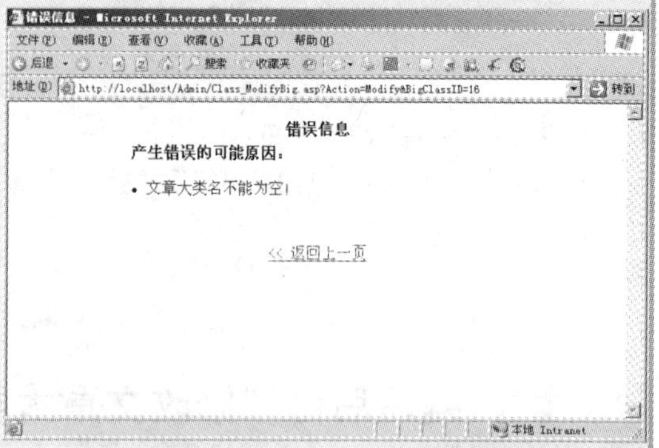

图5-14　修改文章大类名称为空提示

任务分析：

"修改文章大类"页面代码与"添加文章大类"页面代码基本相同，有一处不同，进入修改界面默认是显示原始记录值，这样可以对记录信息进行修改。

重点、难点

1. 显示出默认文章大类信息。
2. 为表单设置action属性。

操作步骤：

添加数据库连接文件

（1）在Dreamweaver站点中打开"站点-finelesson/admin/Class_AddSmall.html"文件，选择【插入】>【服务器端包括】命令，在弹出的对话框中找到"E:\finelesson\inc\conn_fine.asp"文件并选中，单击【确定】按钮将其引用到本页面中。页面会自动添加语句<!--#include file="../inc/conn_fine.asp" -->，把文件改名为"Class_ModifyBig.asp"进行测试。

为表单及表单元素设置名称

（2）在"Class_ModifyBig.asp"文件中的<form></form>标签中，输入下列粗体代码：

```
<form name="form1" method="post" action="" >
<table width="350" border="0" align="center" cellpadding="0" cellspacing="2" class="border">
<tr bgcolor="#A4B6D7" class="title">
  <td height="25" colspan="2" align="center"><strong>修改大类名称</strong></td>
</tr>
<tr class="tdbg">
  <td width="126" bgcolor="#C0C0C0"><strong>大类ID </strong></td>
```

```
<td width="204" bgcolor="#E3E3E3">

  </td>
</tr>
<tr class="tdbg">
 <td width="126" bgcolor="#C0C0C0"><strong>大类名称：</strong></td>
 <td bgcolor="#E3E3E3">
 <input          name="NewBigClassName"               type="text"
id="NewBigClassName" value="" size="20" maxlength="30"></td>
</tr>
<tr class="tdbg">
 <td align="center" bgcolor="#C0C0C0"> </td>
 <td align="center" bgcolor="#E3E3E3"> <div align="left">
  <input name="Save" type="submit" id="Save" value=" 修改">

 </div></td>
</tr>
</table>
</form>
```

显示出默认文章大类信息

（3）在“Class_ModifyBig.asp”文件中输入下列代码段：

```
<%
dim BigClassID,Action,rs,NewBigClassName,OldBigClassName,FoundErr,ErrMsg
BigClassID=trim(Request("BigClassID"))
Action=trim(Request("Action"))
NewBigClassName=trim(Request("NewBigClassName"))
OldBigClassName=trim(Request("OldBigClassName"))

if BigClassID="" then
  response.Redirect("Class_Manage.asp")
end if
Set rs=Server.CreateObject("Adodb.RecordSet")
  rs.Open "Select * from BigClass where BigClassID=" & CLng(BigClassID),conn,1,3
if rs.Bof and rs.EOF then
     FoundErr=True
     ErrMsg=ErrMsg & "<br><li>此文章大类不存在  </li>"
```

```
  else

    if FoundErr=True then
            call WriteErrMsg()
    else
  %>
```

代码说明：

①BigClassID=trim(Request("BigClassID"))是获取“文章类别管理”页面传递过来的文章id号。

②Action=trim(Request("Action"))是表单提交数据标质变量。

（4）在“Class_ModifyBig.asp”文件中输入下列粗体代码：

```
<tr class="tdbg">
            <td width="126" bgcolor="#C0C0C0"><strong>大类ID  </strong></td>
            <td width="204" bgcolor="#E3E3E3"><%=rs("BigClassID")%>

             </td>
           </tr>
           <tr class="tdbg">
             <td width="126" bgcolor="#C0C0C0"><strong>大类名称：</strong></td>
             <td bgcolor="#E3E3E3">
             <input name="NewBigClassName" type="text" id="NewBigClassName"
value="<%=rs("BigClassName")%>" size="20" maxlength="30"></td>
                </tr>
```

（5）在“Class_ModifyBig.asp”文件中输入下列代码段，显示数据完成，关闭数据集：

```
<%
    end if
end if
rs.close
set rs=nothing
%>
```

添加表单提交做属性设置

（6）在“Class_ModifyBig.asp”文件中的<form>标签中，输入下列粗体代码：

```
<form       name="form1"          method="post"                  action="
Class_ModifyBig.asp?Action=Modify&BigClassID=<%=rs("BigClassID")%>">
```

代码说明：

设置表单处理文件为自己Class_ModifyBig.asp，并且传递两个参数：Action=Modify，设置表单提交数据标质；BigClassID=<%=rs("BigClassID")%>，修改文章一级分类的ID号。

还有一种用隐藏域传递参数的方法。

添加判断数据有效性提示

（7）在“Class_ModifyBig.asp”文件中输入下列代码段：

```
<script language="JavaScript" type="text/JavaScript">
function checkBig()
{
   if (document.form1.BigClassName.value=="")
   {
     alert("大类名称不能为空！");
     document.form1.BigClassName.focus();
     return false;
   }
}
</script>
```

如果用户未填数据而直接修改，会弹出如图5-15所示的错误提示信息。

（8）在“Class_ModifyBig.asp”文件中的<form>标签中，输入下列粗体代码：

```
<form name="form1" method="post"
action="News_ClassModifyBig.asp?Action=Modify&BigClassID=<%=rs("BigClassI
D")%>" onsubmit="return checkBig();">
```

代码说明

这样当用户未输入“大类名称”时，会有如下图所示提示。

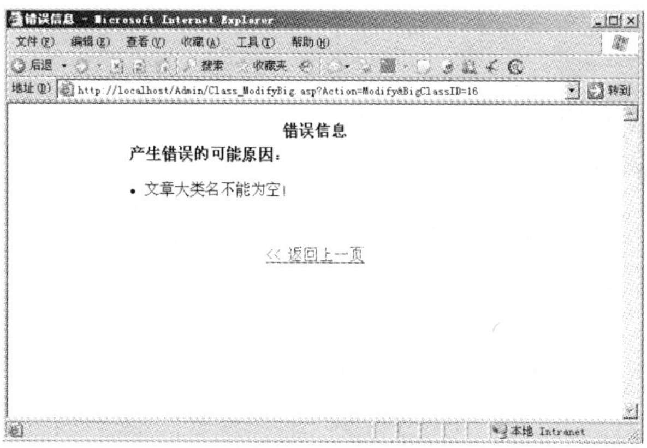

图5-15　显示文章大类名称不能为空提示

添加表单数据处理代码（大类名称修改并添加到数据库）

（9）在“Class_ModifyBig.asp”文件中输入下列代码段：

```
if Action="Modify" then
    if NewBigClassName="" then
        FoundErr=True
        ErrMsg=ErrMsg & "<br><li>文章大类名不能为空！</li>"
    end if
    if FoundErr<>True then
        '修改文章大类中的大类名称
        rs("BigClassName")=NewBigClassName
        rs.update
        rs.Close
        set rs=Nothing
        if NewBigClassName<>OldBigClassName then
          '修改文章小类中的大类名称
          conn.execute "Update SmallClass set BigClassName='" & NewBigClassName & "'where BigClassName='" & OldBigClassName & "'"
          '修改文章表中的大类名称
          conn.execute "Update Article set BigClassName='" & NewBigClassName & "' where BigClassName='" & OldBigClassName & "'"
        end if
        call CloseConn()
        Response.Redirect "Class_Manage.asp"
    end if
end if
```

代码说明：

①Action="Modify"是当Action="Modify"时，进行修改大类名称并入数据库操作，否则就是显示记录操作。

②NewBigClassName=trim(Request("NewBigClassName"))

```
        if NewBigClassName="" then
            FoundErr=True
            ErrMsg=ErrMsg & "<br><li>文章大类名不能为空！</li>"
        end if
   …
if FoundErr=True then
   call WriteErrMsg()
```

上面代码段的作用是，如果文章大类名称为空，就显示错误提示。call WriteErrMsg() 语句是调用“function.asp”文件中的WriteErrMsg()过程显示ErrMsg错误提示。

③conn.execute"Update SmallClass set BigClassName='" & NewBigClassName & "' where BigClassName='" & OldBigClassName & "'"执行SQL语句，修改小类中的大类信息。

④conn.execute "Update Article set BigClassName='" & NewBigClassName & "' where BigClassName='" & OldBigClassName & "'"是执行SQL语句，修改大类表中文章大类名称。

上面一段代码实现的作用是进行服务器端验证文章大类不为空，为空时就执行浏览器后退操作。这里要说明，前面步骤中已经讲了用JavaScript进行客户端表单为空判断，那么为什么又要在服务器端又进行一次为空判断呢？因为客户端表单验证是用JavaScript方法实现的，这种方法，用户可以在客户端用关闭JavaScript运行的方法，禁示客户端验证，从而跳过验证。因为在服务器端再次添加验证是为验证数据有效性做双保险。

（10）在Class_ModifyBig.asp文件中的“<!--#include file="../inc/conn_fine.asp" -->”语句后面，输入下列代码：

```
<!--#include file="..inc/admin.asp" -->
```

任务4 编写后台“删除文章大类”页面代码

任务背景：

有的时候添加完文章分类会发现添加有误，需要进行一级分类的删除。现在就来完成这一功能。

任务要求：

1.要求删除之前有删除确认提示信息。

2.要求删除文章大类及文章表中属于文章大类的文章记录。

【技术要领】：ADO 删除数据；JavaScript函数调用。

【解决问题】：提交表单数据到服务器。

【应用领域】：网页表单提交数据验证。

【素材来源】：无

【ASP成品】：asp成品\finelesson\admin\Class_DelBig.asp

效果如图5-16、5-17所示。

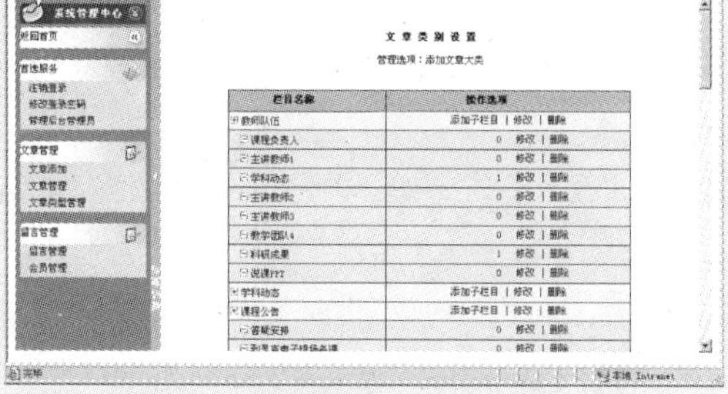

图5-16 单击“删除”链接

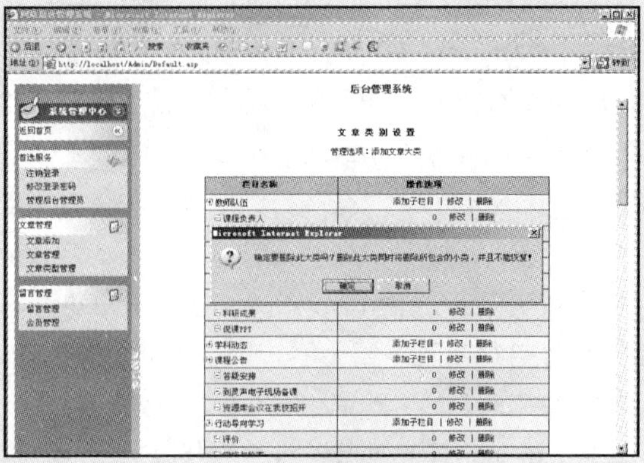

图5-17　删除确认提示信息

任务分析：

文章大类删除后，属于这个大类下的文章子分类就成了无用信息，所以为了减少数据库空间的浪费，此信息也得删除。

重点、难点

表单action页面地址后加参数传递。

操作步骤：

添加数据库连接文件

（1）在Dreamweaver站点中，在“站点-finelesson/admin/”文件夹下新建“Class_DelBig.asp”文件，双击打开“Class_DelBig.asp”文件，选择【插入】>【服务器端包括】命令，在弹出的对话框中找到 “E:\finelesson\inc\conn_fine.asp”文件并选中，单击【确定】按钮将其引用到本页面中。页面会自动添加语句<!--#include file="../inc/conn_fine.asp" -->。

添加删除代码

（2）在“Class_DelBig.asp”文件中的“<!--#include file="../inc/conn_fine.asp" -->”语句后面，输入下列代码：

```
<%
dim BigClassName,sql
BigClassName=trim(Request("BigClassName"))
if BigClassName<>"" then
    sql="delete from BigClass_New where BigClassName='" & BigClassName & "'"
    conn.Execute sql
    sql="delete from SmallClass_New where BigClassName='" & BigClassName
& "'"
    conn.Execute sql
    sql="delete from Article where BigClassName='" & BigClassName & "'"
```

```
    conn.Execute sql
end if
response.redirect " Class_Manage.asp")
%>
```

代码说明：

①BigClassName=trim(Request("BigClassName"))是获取“文章类别管理”页面传递过来的文章一级分类名称。如果名称不为空，就进行下面的删除操作。

②sql="delete from BigClass_New where BigClassName='" & BigClassName & "'"

conn.Execute sql是删除文章大类记录。

sql="delete from SmallClass_New where BigClassName='" & BigClassName &"'"

conn.Execute sql是删除文章大类下面的小类记录。

sql="delete from ARTICLE where BigClassName='" & BigClassName & "'"

conn.Execute sql是删除文章表中属于这个大分类的文章记录。

③response.redirect "Class_Manage.asp"，删除记录完成，页面跳转到“文章类别管理”页面。

任务5 编写后台“文章管理”页面代码

任务背景：

文章类别需要后台管理页面来对文章类别信息进行管理，包括文章信息的添加、修改、删除等。

任务要求：

1. 显示文章表中的全部文章。
2. 带有按文章标题查询功能。
3. 文章显示带有分页功能。
4. 带有全选功能,且当不是全选时自动取消全选框选择。
5. 带有删除提示功能。

【技术要领】：do while…loop语句；if…else…end if语句； left函数；FormatDateTime函数。

【解决问题】：数据表中数据分页显示；JavaScript实现全选多选框；查询功能。

【应用领域】：网站后台管理。

【素材来源】：html素材\finelesson\admin\Article_Manage.html

html素材\finelesson\admin\inc\function.asp

【ASP成品】：完整代码

asp成品\finelesson\admin\Article_Manage.asp

分步代码

asp成品\finelesson\admin\Article_Manage不加分页1.asp

asp成品\finelesson\admin\Article_Manage加标题查询2.asp

asp成品\finelesson\admin\Article_Manage加分页显示3.asp

asp成品\finelesson\admin\Article_Manage加全选框4.asp

asp成品\finelesson\admin\Article_Manage加删除确定功能5.asp

效果如图5-18所示。

图5-18 “文章管理”页面

任务分析：

“文章管理”页面是一个功能比较全的页面，这个页面的编写也是模块5的重点。因为本页的代码比较烦琐，所以本任务会分解代码，分别分解为“Article_Manage不加分页1.asp”、“Article_Manage加标题查询2.asp”、“Article_Manage加分页显示3.asp”、“Article_Manage加全选框4.asp”、“Article_Manage加删除确定功能5.asp”。分解代码是功能逐步完善的过程，按照顺序，后一分解代码是在前一分解功能的基础上完成的，如“Article_Manage加标题查询2.asp”代码是在“Article_Manage不加分页1.asp”代码的基础上完成的。所以最全的代码为“Article_Manage加删除确定功能5.asp”文件。

重点、难点

1.分页显示。

2.按关键字查询。

3.全选框的使用。

操作步骤：

添加数据库连接文件及公共函数库文件

（1）在Dreamweaver站点双击打开“Article_Manage.html”文件，选择【插入】>【服务

器端包括】命令，在弹出的对话框中找到“E:\finelesson\inc\conn_fine.asp”文件并选中，单击【确定】按钮将其引用到本页面中。页面会自动添加语句<!--#include file="../inc/conn_fine.asp"-->，然后把“Article_Manage.html”文件改名为“Article_Manage.asp”。

（2）用上面同样的方法把“站点-finelesson/admin/inc/function.asp”引用到本页面中。

文章表中全部文章显示

（3）在“Article_Manage.asp”文件中输入以下粗体代码：

```
<%
sql="select * from news order by id desc"
Set rs= Server.CreateObject("ADODB.Recordset")
rs.open sql,conn,1,1
%>
…
       <%do while not rs.eof%>
          <tr>
            <td width="36" height="22" align="center" bgcolor="#ECF5FF">
             <input name='ID' type='checkbox' onclick="" id="ID" value=''>
            </td>
            <td width="40" align="center" bgcolor="#ECF5FF"><%=rs("id")%></td>
            <td  bgcolor="#ECF5FF"><%=left(rs("title"),18)%></td>
            <td  bgcolor="#ECF5FF">
<div align="center"><%=rs("BigClassName")%></div></td>
            <td  bgcolor="#ECF5FF">
<div align="center"><%=rs("SmallClassName")%></div></td>
            <td          align="center"        bgcolor="#ECF5FF">      <%=
FormatDateTime(rs("infotime"),2) %></td>
            <td width="68" align="center" bgcolor="#ECF5FF"> 修改
              删除
            </td>
          </tr>
      <% rs.movenext
         loop
            rs.close
            set rs=nothing
            call CloseConn()
            %>
```

代码说明：

①从数据库文章表中获取全部记录用do while…loop语句显示出来。

②left(rs("title"),18)是截取函数，把标题字段从左开始截取18个字符。因为文章标题有可能会很长，会把表格撑开影响美观。

③FormatDateTime(rs("UpdateTime"),2)是从表中的“时间/日期”字段中取出其中的年月日。按【F12】键测试，结果如图5-19所示。

图5-19　文章全部显示

完整代码可以查看“Article_Manage不加分页1.asp”文件。

添加文章标题查询功能

（4）在“Article_Manage不加分页1.asp”文件中输入下列粗体代码，以实现按文章标题查询功能：

```
<%
'新闻查询时
title=Trim(request("title"))

sql="select * from news "
'查询新闻标题
if title<>"" then
    sql=sql & "where Title like '%" & title & "%' "
end if
sql=sql & " order by id desc"
Set rs= Server.CreateObject("ADODB.Recordset")
rs.open sql,conn,1,1
%>
…
```

```
<form name="searchsoft" method="get" action=""><!--查询 action=""-->
    <td height="30"> <strong>查找新闻：</strong>
     <input name="Title"    type="text"     class=smallInput     size="20"
maxlength="50">
     <input    name="Query"    type="submit"    id="Query"   value="查 询">
  请输入新闻名称。如果为空，则查找所有新闻。</td>
     </form>
```

按【F12】键进行测试，结果如图 5-20、图5-21所示。

图5-20　输入“主讲教师”关键字进行查询

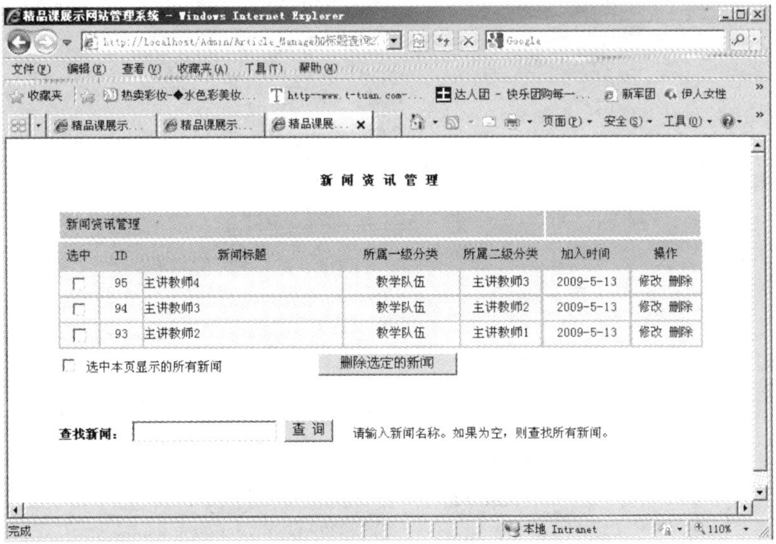

图5-21　输入“主讲教师”关键字查询结果

代码说明：

①要想客户端向服务器提交标题（title），必须把输入标题的文本框放置在<form></form>标签内。Action=""时表示为本页面。也就是说，相当于Action="Article_Manage"不加分页1.asp"。

②title=Trim(request("title"))是在服务器端获取文本框title值，赋给变量title。

③sql="select * from Article "

1）在数据库中实现用模糊查找的方式查找出数据表中title字段是否包括用户输入的关键字，可以利用SQL语句实现此功能，如下：

Selct * from new where title like '%输入关键字%'

但是一般情况下输入关键字是放在变量中的，改为：

Selct * from Article where title like '%" & title & "%'

2）实现title输入关键字时执行：

Select * from Article where title like '%输入关键字%'

为显示文章记录添加分页功能

（5）因为实现分页功能需要的代码比较多，这里只列出重点代码，完整代码请查看“Article_Manage加分页显示3.asp”文件。

```
<%
dim strFileName'分页传递参数
const MaxPerPage=5'分页时，每页显示记录数
dim totalPut'总记录数
dim CurrentPage'当前页码
dim TotalPages'总页数
dim i'记录记数器

'分页用
strFileName="News_Manage加分页显示3.asp?title=" & title
if request("page")<>"" then
   currentPage=cint(request("page"))
else
    currentPage=1
end if
'分页用
%>
<table width="620" border="0" cellpadding="0" cellspacing="2">
        <tr bgcolor="#A4B6D7">
           <td height="25"> 新闻资讯管理 </td>
           <td width="150"> 
```

```
<%
 '显示新闻条数
   if rs.eof and rs.bof then
        response.write "共找到 0 条新闻</td></tr></table>"
   else
        totalPut=rs.recordcount
        if currentpage<1 then
           currentpage=1
        end if
        if (currentpage-1)*MaxPerPage>totalput then
          if (totalPut mod MaxPerPage)=0 then
               currentpage= totalPut \ MaxPerPage
          else
             currentpage= totalPut \ MaxPerPage + 1
          end if

       end if
       response.Write "共找到 " & totalPut & " 条新闻"
%>          </td>
      </tr>
    </table>
<%
   if currentPage=1 then
         '调用showcontent过程
          showContent
         '调用showpage过程（在Function文件中）
          showpage strFileName,totalput,MaxPerPage,true,false,"条新闻"
      else
          if (currentPage-1)*MaxPerPage<totalPut then
              rs.move  (currentPage-1)*MaxPerPage
              dim bookmark
              bookmark=rs.bookmark
              showContent
              showpage strFileName,totalput,MaxPerPage,true,false,"条新闻"
      else
              currentPage=1
              showContent
              showpage strFileName,totalput,MaxPerPage,true,false,"条新闻"
```

```
            end if
        end if
    end if
  %>

<%
    if currentPage=1 then
            '调用showContent过程
            showContent
            '调用showpage过程（在Function文件中）
            showpage strFileName,totalput,MaxPerPage,true,false,"条新闻"
    else
          if (currentPage-1)*MaxPerPage<totalPut then
                rs.move  (currentPage-1)*MaxPerPage
                dim bookmark
                bookmark=rs.bookmark
                showContent
                showpage strFileName,totalput,MaxPerPage,true,false,"条新闻"
          else
                currentPage=1
                showContent
                showpage strFileName,totalput,MaxPerPage,true,false,"条新闻"
          end if
      end if
    end if
%>

<%
sub showContent
    dim i
   i=0
%>
    <table class="border" border="0" cellspacing="2" width="620"
cellpadding="0" style="word-break:break-all" bgcolor="#A4B6D7">
      <tr bgcolor="#A4B6D7" >
        <td width="36" height="25" align="center">选中</td>
        <td width="40"  height="25" align="center">ID</td>
        <td width="246" align="center" bgcolor="#A4B6D7" >新闻标题</td>
```

```
      <td width="81" align="center" >所属一级分类</td>
      <td width="76" align="center" >所属二级分类</td>
      <td width="57" align="center" >加入时间</td>
      <td width="68" align="center" >操作</td>
    </tr>
  <%do while not rs.eof%>
    <tr>
      <td width="36" height="22" align="center" bgcolor="#ECF5FF">
       <input name='ID' type='checkbox' onclick="" id="ID" value="">
      </td>
      <td width="40" align="center" bgcolor="#ECF5FF"><%=rs("id")%></td>
      <td  bgcolor="#ECF5FF"><%=left(rs("title"),18)%></td>
      <td  bgcolor="#ECF5FF">
 <div align="center"><%=rs("BigClassName")%></div></td>
      <td  bgcolor="#ECF5FF">
 <div align="center"><%=rs("SmallClassName")%></div></td>
      <td align="center" bgcolor="#ECF5FF"> <%= FormatDateTime(rs("in
fotime"),2)%></td>
      <td width="68" align="center" bgcolor="#ECF5FF"> 修改
       删除
      </td>
    </tr>
  <%
    i=i+1
    if i>=MaxPerPage then exit do
  rs.movenext
   loop
  %>
  </table>
  <table width="620" border="0" cellpadding="0" cellspacing="0">
    <tr>
      <td   width="250"  height="30"><input  name="chkAll" type="checkbox"
id="chkAll"  value="checkbox">
         选中本页显示的所有新闻</td>
      <td><input name="submit" type='submit' value='删除选定的新闻' >
      <input name="Action" type="hidden" id="Action" value="Del"></td>
    </tr>
   </table>
```

```
        <%
    end sub
%>
```

代码说明：

①过程showContent的作用是显示文章记录。

sub showContent

  语句

end sub

②上面代码段简化如下：

const MaxPerPage=5

dim I '定义记录器

i=0 '设置初始值

do while not rs.eof

  文章字段显示

  i=i+1'记录器加1

  if i>=MaxPerPage then exit do'当记录器大于或者等于5时，退出循环。

  rs.movenext

loop

上面代码实现的功能为显示5条记录，如图5-22所示。

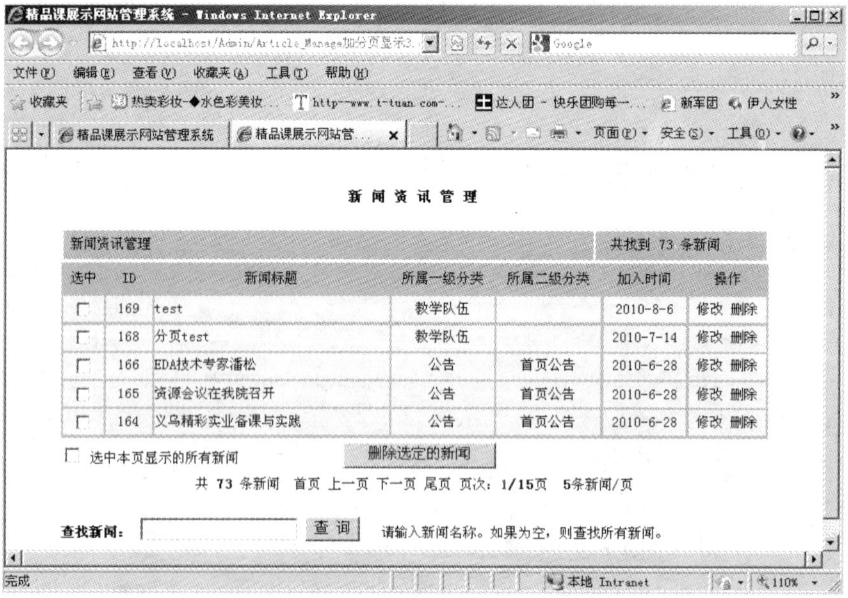

图5-22　按每页显示5条记录实现分页效果

添加全选框实现全选功能

（6）在“Article_Manage.asp”文件中输入下列代码段：

```
<SCRIPT language=javascript>
function unselectall()
{
    if(document.del.chkAll.checked){
     document.del.chkAll.checked = document.del.chkAll.checked&0;
    }
}

function CheckAll(form)
  {
  for (var i=0;i<form.elements.length;i++)
    {
    var e = form.elements[i];
    if (e.Name != "chkAll")
       e.checked = form.chkAll.checked;
    }
  }

</SCRIPT>
```

（7）在“Article_Manage.asp”文件中的复选框与全选框标签中，输入下列代码段：

```
<!-复选框-->
 <input name="ID" type="checkbox"  id="ID" value="" onclick="unselectall()">
…
<!--全选框-->
<input name="chkAll" type="checkbox" id="chkAll"     onclick="CheckAll(this.
form)" value="checkbox">
…
```

按【F12】键查看测试结果，如图5-23所示。

代码说明：

①当用户单击全选框时，会调用CheckAll(this.form)函数执行。This.form 是把表单作为参数传递给CheckAll函数。

②

```
function CheckAll(form)
 {
 for (var i=0;i<form.elements.length;i++) '对表单元素进行处理
```

```
    {
    var e = form.elements[i];            '取出表单元素对象
    if (e.Name != "chkAll")              '表单元素的名称不等于"chkAll"
      e.checked = form.chkAll.checked;   '把chkAll的值赋给文章记录的复选框
    }
  }
```

e.Name 是表单元素名称。

form.chkAll.checked 是表单中元素chkAll的选择状态。

form.elements.length是为表单元素长度，也就是表单中包括几个表单元素。本例共有5个文章，所以总共有5个复选框，加上1个全选框checkAll，总共6个元素。for (var i=0;i<form.elements.length;i++)对这5个复选框、1个全选框进行遍历，目的是筛选出5个复选框，把它们的checked属性设为全选框的checked值。也就是全选框的选中状态和5个复选框是保持一致的。

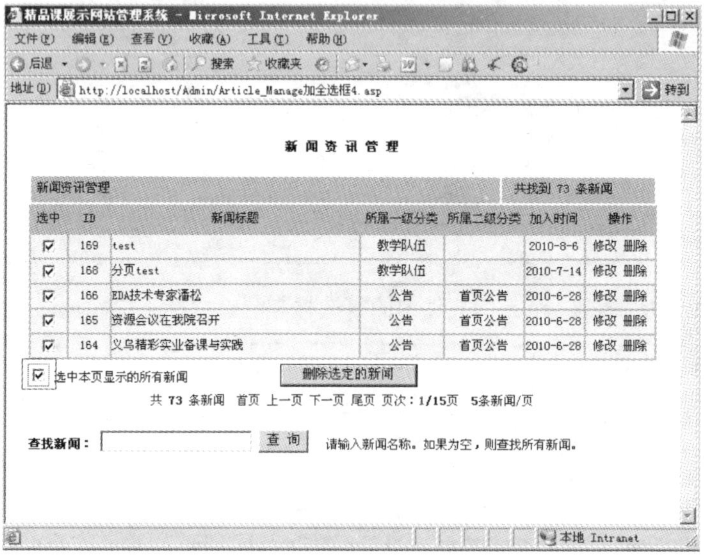

图5-23　选中全选框实现全选功能

删除确定功能

（8）在“Article_Manage.asp”文件中输入下列代码段：

```
<SCRIPT language=javascript>
function ConfirmDel()
{
   if(confirm("确定要删除选中的新闻吗？一旦删除将不能恢复！"))
     return true;
   else
     return false;
```

```
}
</SCRIPT>
```

（9）在“Article_Manage.asp”文件中为“删除”文本添加下列代码：

```
<a href="#" onclick="return ConfirmDel();">删除</a>
```

按【F12】进行测试，结果如图5-24所示。

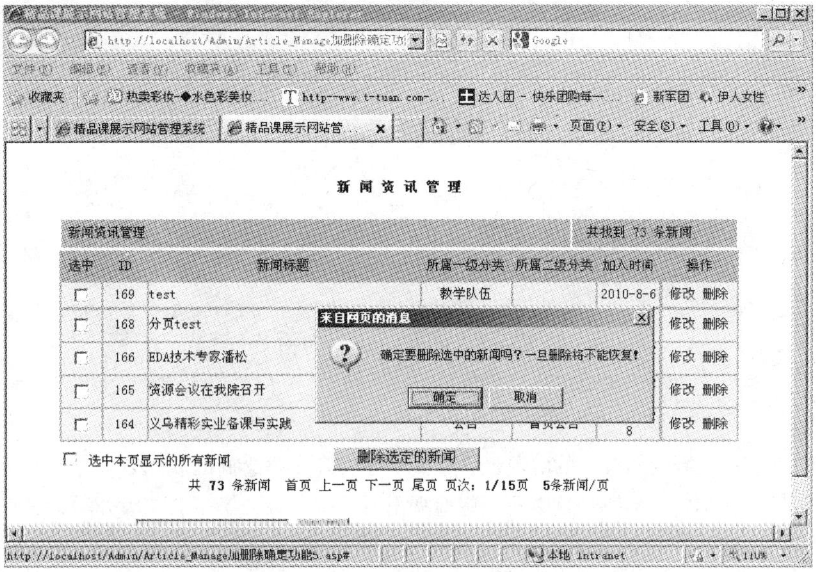

图5-24　删除提示

任务6 编写后台“文章添加”页面代码

任务背景：

后台“文章管理”页面已经完成，现在开始编写其中的“文章添加”页面。

任务要求：

1.页面具有HTML在线编辑器功能。

2.页面具有级联菜单功能。

【技术要领】：ADO 添加数据；JavaScript函数调用；嵌入HTML在线编辑器。

【解决问题】：实现二级联动菜单；提交表单数据到服务器；验证数据是否为空；

【应用领域】：网页表单提交数据验证。

【素材来源】：html素材\finelesson\admin\Article_Add.html

【ASP成品】：asp成品\finelesson\admin\Article_Add.asp

asp成品\finelesson\admin\Article_Save.asp

效果如图5-25所示。

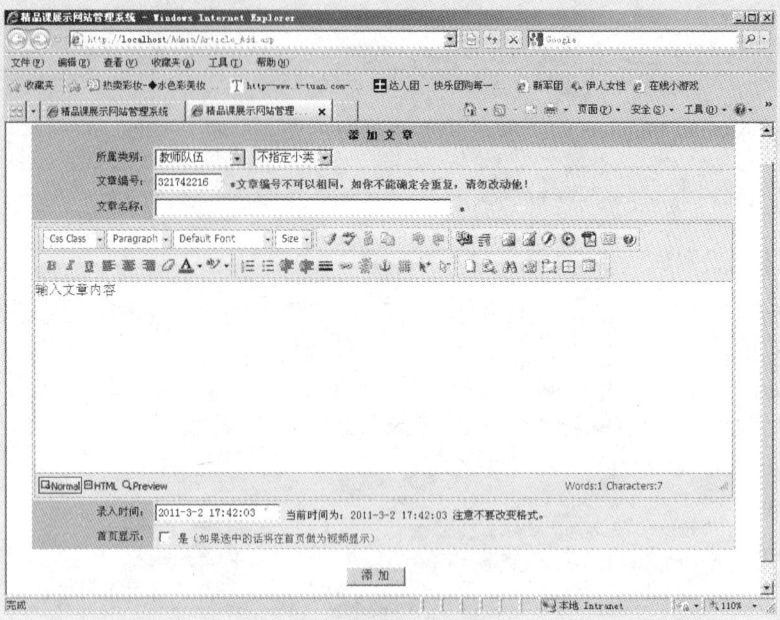

图5-25　文章添加操作界面

任务分析：

这个任务的重点是二级联动菜单的实现，文章大类与文章小类之间的联动效果，也就是说，当文章大类改变时，一级分类下拉列表中会相应地列出属于这一级分类下的二级分类。这一功能是用JavaScript实现的特效。

第2个重点是将HTML在线编辑器嵌套在页面中，从而实现文章内容的编辑。

重点、难点

嵌入HTML在线编辑器（cuteEditor）。

操作步骤：

添加数据库连接文件

（1）在Dreamweaver站点中，双击打开“站点-finelesson/admin/Article_add.html”文件，选择【插入】>【服务器端包括】命令，在弹出的对话框中找到“E:\finelesson\inc\conn_fine.asp”文件并选中，单击【确定】按钮将其引用到本页面中。页面会自动添加语句<!--#include file="../inc/conn_fine.asp" -->。把文件改名为“Article_add.asp”。

为表单设置属性

（2）在“Article_add.asp”文件中的<form>标签中输入下列代码段：

```
<form method="POST" name="myform"  action="Article_Save.asp?action=add" >
```

为表单元素设置名称及设置初始值

（3）在“Article_add.asp”文件中的<form>标签中输入下列粗体代码：

```
<%
  ranNum=int(9*rnd)+10
  iddata=month(now)&day(now)&hour(now)&minute(now)&second(now)&ranNum
  %>
<td width="150" height="22" align="right" bgcolor="#A4B6D7">文章编号 </td>
      <td bgcolor="#E3E3E3"> <strong>
    <input    name="Product_Id"    type="text"    id="Product_Id"
value="<%=iddata%>" size="10" maxlength="10">
       <font color="#FF0000">*文章编号不可以相同，如你不能确定会重复，请勿改动
它！</font></strong></td>
         </tr>
         <tr>
          <td width="150" height="21" align="right" bgcolor="#A4B6D7">
文章名称：</td>
          <td bgcolor="#E3E3E3"> <strong>
  <input name="Title" type="text"id="Title2" size="50" maxlength="80">
           <font color="#FF0000">*</font></strong></td>
         </tr>
…
          <td width="150" height="22" align="right" bgcolor="#A4B6D7">
录入时间：</td>
          <td bgcolor="#E3E3E3">
 <input name="UpdateTime" type="text" id="UpdateTime" value="<%=now()%>"
maxlength="50">
              当前时间为：<%=now()%> 注意不要改变格式。</td>
         </tr>
         <tr>
          <td height="22" align="right" bgcolor="#A4B6D7">首页显示：</td>
          <td bgcolor="#E3E3E3">
 <input name="IsIndexShow" type="checkbox" id="IsIndexShow" value="yes">
 是<font color="#0000FF">（如果选中的话将在首页做为视频显示）</font></td>
         </tr>
        </table></td>
      </tr>
     </table>
     <div align="center">
      <p>
   <input name="Add"  type="submit"  id="Add"  value="  添 加 "
```

```
onClick="document.myform.action='Article_Save.asp?action=add';document.
myform.target='_self';">
```

添加文章大类与小类的级联菜单

（4）复制“模块5\级联菜单代码\5-1.txt”文件中的代码段到Article_add.asp文件中。

5-1.txt文件中的代码段如下：

```
<%
dim sql
dim count
set rs=server.createobject("adodb.recordset")
sql = "select * from SmallClass  order by SmallClassID asc"
rs.open sql,conn,1,1
%>
<script language = "JavaScript">
var onecount;
subcat = new Array();
        <%
        count = 0
        do while not rs.eof
        %>
subcat[<%=count%>] = new Array("<%= trim(rs("SmallClassName"))%>","<%= tri
m(rs("BigClassName"))%>","<%= trim(rs("SmallClassName"))%>");
        <%
        count = count + 1
        rs.movenext
        loop
        rs.close
        %>
onecount=<%=count%>;

function changelocation(locationid)
    {
    document.addNEWS.SmallClassName.length = 1;
    var locationid=locationid;
    var i;
    for (i=0;i < onecount; i++)
```

```
        {
            if (subcat[i][1] == locationid)
            {
 document.addNEWS.SmallClassName.options[document.addNEWS.SmallClassName.
length] = new Option(subcat[i][0], subcat[i][2]);
            }
        }
    }
    </script>
```

（5）拷贝“模块5\级联菜单代码\5-2.txt”文件中的代码段，复制到Article_add.asp相应位置。

```
 <%
        sql = "select * from BigClass "
        rs.open sql,conn,1,1
        if rs.eof and rs.bof then
             response.write "请先添加新闻大类。"
        else
        %>                  <select                    name="BigClassName"
onChange="changelocation(document.addNEWS.BigClassName.options[document.
addNEWS.BigClassName.selectedIndex].value)" size="1">
             <option                                               selected
value="<%=trim(rs("BigClassName"))%>"><%=trim(rs("BigClassName"))%></
option>
            <%
          dim selclass
          selclass=rs("BigClassName")
          rs.movenext
          do while not rs.eof
          %>
             <option
 value="<%=trim(rs("BigClassName"))%>"><%=trim(rs("BigClassName"))%></
option>
             <%
              rs.movenext
           loop
        end if
        rs.close
```

```
                %>
                   </select> <select name="SmallClassName">
                    <option value="" selected>不指定小类</option>
                    <%
                sql="select * from SmallClass_New where BigClassName='"
& selclass & "'"
                rs.open sql,conn,1,1
                if not(rs.eof and rs.bof) then
                %>
                    <option
value="<%=rs("SmallClassName")%>"><%=rs("SmallClassName")%></option>
                    <% rs.movenext
                    do while not rs.eof%>
                    <option
value="<%=rs("SmallClassName")%>"><%=rs("SmallClassName")%></option>
                    <%
                       rs.movenext
                   loop
                end if
            rs.close
                %>
…
```

按【F12】键测试，结果如图5-26所示。

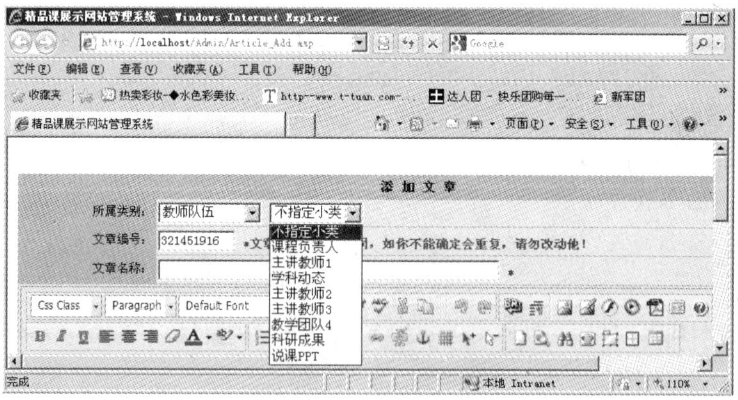

图5-26　级联菜单实现

嵌入在线编辑器

（6）把“code\cuteeditor在线编辑器\aspedit”文件夹下的“cuteeditor_files”文件夹复制到“E:\finelesson\admin”文件夹下。

（7）在“Article_add.asp”文件中的“<!--#include file="../Inc/Conn_fine.asp" -->”代码后

加入如下代码：

```
<!-- #include file = "cuteeditor_files/include_CuteEditor.asp" -->
```

（8）在“Article_add.asp”文件中输入下面代码段，实现在本页面中嵌入在线编辑器的目的：

```
<%
  dim content
  content ="输入文章内容"
  Dim editor
  Set  editor = New CuteEditor
  editor.ID = "Editor1"
  editor.Text = content
  editor.ImageGalleryPath = "/Uploads"
  editor.MaxImageSize = 50
  editor.AutoConfigure = "Simple"
  editor.Draw()
  %>
```

代码说明：

本步骤实现在线编辑器的初始化设置。

①Set editor = New CuteEditor 语句定义一个名为“editor”的在线编辑器对象。

②editor.ID = "Editor1" 语句为editor在线编辑器设置名称为“Editor1”。

③editor.Text = content 语句设置在线编辑器初始化内容为content变量中的字符串。

④editor.ImageGalleryPath = "/Uploads"语句设置在线编辑器中上传图片的路径为根目录下的Uploads文件夹。

⑤editor.MaxImageSize = 50语句设置上传图片文件大小为50kb。

⑥editor.AutoConfigure = "Simple"语句设置在线编辑器功能为"Simple"（简单）。

⑦editor.Draw() 绘制在线编辑器。

（9）在“Article_add.asp”文件中的<form>标签中输入下面粗体代码：

```
<form name="addNEWS" method="post" action=" Article_save.asp"
onSubmit="return CheckForm();">
```

代码说明：

onSubmit="return CheckForm();"是在表单向服务器提交数据前执行JavaSript函数CheckForm。

嵌入在线HTML编辑器效果如图5-27所示。

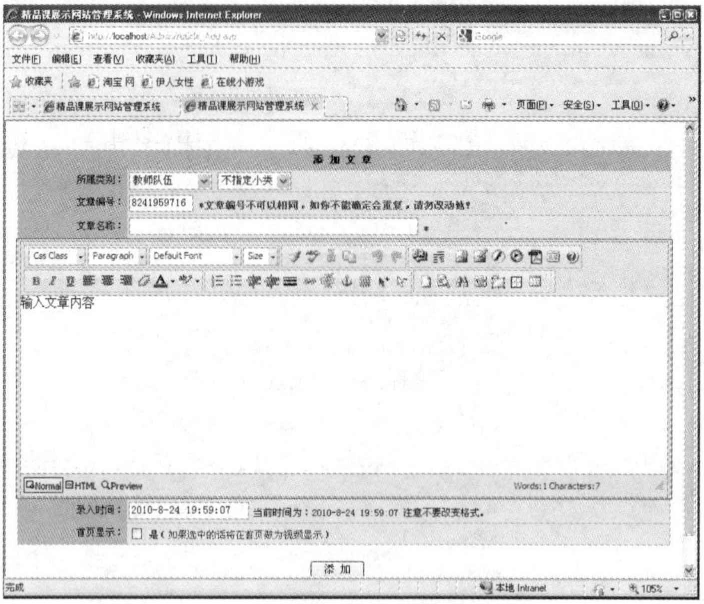

图5-27　嵌入在线HTML编辑器

添加判断数据有效性提示

（10）在上一步已经建立CheckForm函数，在CheckForm函数中输入下面代码，来保证“文章标题”、“文章发布人”两个输入文本框不为空：

```
function CheckForm()
{

  if (document.myform.Title.value=="")
  {
    alert("文章名称不能为空！");
     document.myform.Title.focus();
     return false;
  }
  if (document.myform.Product_Id.value=="")
  {
    alert("文章编号不能为空！");
    document.myform.Key.focus();
    return false;
  }

  if (document.myform.Content.value=="")
  {
    alert("文章内容不能为空！");
```

```
    editor.HtmlEdit.focus();
    return false;
  }
  return true;
}
```

添加表单数据处理代码

（11）在Dreamweaver站点中新建一个“Article_save.asp”文件，在【代码】窗口中输入以下代码：

```
<!--#include file="../Inc/Conn_fine.asp" -->
<!--#include file="../Inc/Function.asp" -->
<%
FoundErr=false
ArticleID=Trim(Request.Form("ArticleID"))
Product_Id=trim(request.form("Product_Id"))
BigClassName=trim(request.form("BigClassName"))
SmallClassName=trim(request.form("SmallClassName"))
Title=trim(request.form("Title"))
Content=Request.Form("Editor1")
UpdateTime=trim(request.form("UpdateTime"))
IsIndexShow=trim(request.form("IsIndexShow"))

if BigClassName="" then
     founderr=true
     errmsg=errmsg+"<li>未指定文章所属大类</li>"
end if
if Title="" then
     founderr=true
     errmsg="<li>文章标题不能为空</li>"
end if

if Content="" then
     founderr=true
     errmsg=errmsg+"<li>文章内容不能为空</li>"
end if

if founderr=false then
```

```
    if UpdateTime<>"" and IsDate(UpdateTime)=true then
        UpdateTime=CDate(UpdateTime)
    else
        UpdateTime=now()
    end if

    set rs=server.createobject("adodb.recordset")
    if request("action")="add" then
        sql="select top 1 * from Article"
        rs.open sql,conn,1,3
        rs.addnew
        call SaveData()
        rs.update
        ArticleID=rs("ArticleID")
        rs.close
        set rs=nothing
    elseif request("action")="Modify" then
        if ArticleID<>"" then
            sql="select * from Article where articleid=" & ArticleID
            rs.open sql,conn,1,3
            if not (rs.bof and rs.eof) then
                call SaveData()
                rs.update
                rs.close
                set rs=nothing
            else
                founderr=true
                errmsg=errmsg+"<li>找不到此文章　可能已经被删除　</li>"
                  call WriteErrMsg()
            end if
            else
                founderr=true
                errmsg=errmsg+"<li>不能确定ArticleID的值</li>"
                call WriteErrMsg()
            end if
            else
                founderr=true
                errmsg=errmsg+"<li>没有选定参数</li>"
```

```
            call WriteErrMsg()
        end if

        call CloseConn()
    %>
    <!-- #include file="Inc/Head.asp" -->
    <table width="100%" height="100%" border="0" cellpadding="0"
cellspacing="0">
    <tr>
     <td width="862" align="center" valign="top"> <br> <br> <b> </b><br> <br>
<br>
     <table class="border" align=center width="70%" border="0"
cellpadding="0" cellspacing="2" bordercolor="#999999">
    <tr align=center bgcolor="#A4B6D7">
     <td  height="25" colspan="2" class="title"><b>
         <%if request("action")="add" then%>
         添加
         <%else%>
         修改
         <%end if%>
         文章成功</b></td>
    </tr>
    <tr>
     <td width="24%" height="22" bgcolor="#C0C0C0" class="tdbg"> <p
align="right">文章序号 </p></td>
     <td width="76%" bgcolor="#E3E3E3" class="tdbg"><%=ArticleID%></td>
    </tr>
    <tr>
     <td height="22" bgcolor="#C0C0C0" class="tdbg"><div align="right">文章编
号  </div></td>
     <td bgcolor="#E3E3E3" class="tdbg"><%=Product_Id%></td>
    </tr>
    <tr>
     <td height="22" bgcolor="#C0C0C0" class="tdbg"><div align="right">文章名
称 </div></td>
     <td bgcolor="#E3E3E3" class="tdbg"><%=Title%></td>
    </tr>
    <tr>
```

```
    <td height="22" bgcolor="#C0C0C0" class="tdbg"><div align="right">所属类
别 </div></td>
    <td bgcolor="#E3E3E3" class="tdbg"> <%response.write BigClassName
      if SmallClassName<>"" then response.write " &gt;&gt; " &
SmallClassName
      if SpecialName<>"" then response.write "<br>所属专题 " & SpecialName
        %> </td>
   </tr>
   <tr>
     <td height="22" colspan="2" bgcolor="#E3E3E3" class="tdbg"> <p
align="center">
        <a href="Article_Modify.asp?ArticleID=<%=ArticleID%>">修改文章</a>
  <a href="Article_Add.asp">继续添加文章</a>   <a href="Article_
Manage.asp">文章管理</a>  </p></td>
   </tr>
 </table></td>
   </tr>
 </table>
 <!-- #include file="Inc/Foot.asp" -->
 <%
 else
      WriteErrMsg
 end if
 sub SaveData()
      rs("Product_Id") = Product_Id
      rs("BigClassName") = BigClassName
      rs("SmallClassName") = SmallClassName
      rs("Title") = Title
      rs("Content") = Content
      rs("UpdateTime") = UpdateTime

      if IsIndexShow = "yes" then
             rs("IsIndexShow") = True
      else
             rs("IsIndexShow") = False
      end if
 end sub
      %>
```

任务7 编写后台“文章修改”页面代码

任务背景：

后台“文章添加”页面已经完成，现在管理员可以任意地添加文章。但是如果某一个文章内容有错误，这时就需要一个“文章修改”页面。现在就来完成这一功能。

任务要求：

1. 进入“文章修改”页面时，文章大类与文章小类默认选择这个文章的类别。
2. 可以对文章大类、小类自由修改。
3. 当文章小类未做出选择时，提醒用户选择。
4. 在线编辑器中显示默认值。

【技术要领】：ADO 添加数据；JavaScript函数调用。

【解决问题】：二级联动菜单实现；提交表单数据到服务器；验证数据是否为空。

【应用领域】：网页表单提交数据验证。

【素材来源】：html素材\finelesson\admin\Article_Modify.html

【ASP成品】：asp成品\finelesson\admin\Article_Modify.asp

asp成品\finelesson\admin\Article_Save.asp

效果如图5-28所示。

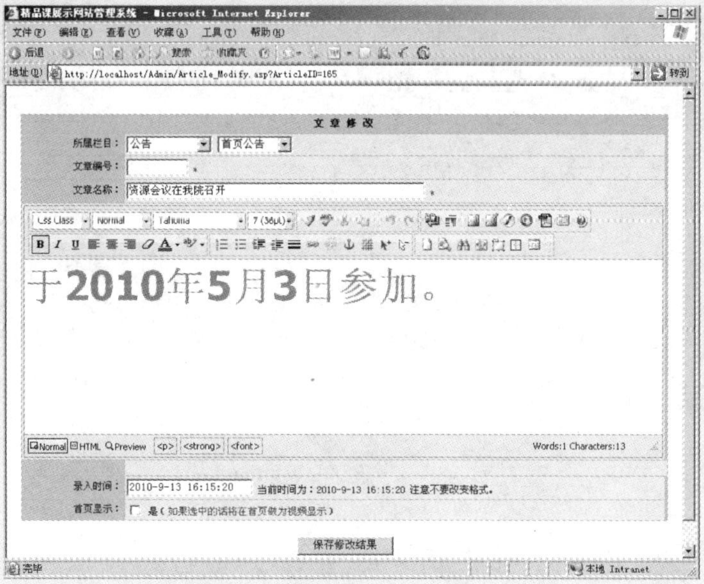

图5-28 “文章修改”操作界面

任务分析：

这个任务的代码实现与上一任务“文章添加”页面代码实现基本相同，只有几处需要修改的地方。

重点、难点：

默认显示级联菜单的初选值。

操作步骤：

添加数据库连接文件

（1）在Dreamweaver站点中打开“站点-finelesson/admin/Article_Modify.html”文件，选择【插入】>【服务器端包括】命令，在弹出的对话框中找到 “E:\finelesson\Inc\conn_fine.asp”文件并选中，单击【确定】按钮将其引用到本页面中。页面会自动添加语句<!--#include file="../inc/conn_fine.asp" -->，然后把“Article_Modify.html”文件改名为“Article_Modify.asp”。

为表单设置属性

（2）在“Article_Modify.asp”文件中的<form>标签中输入下列粗体代码：

```
<form method="POST" name="myform" action="Article_Modify.asp?action=Modify">
```

代码说明：

这是第一处与“文章添加”页面不同的地方，action="Article_Modify.asp? action = Modify " 中 action的设置与“文章添加”页面不同，不是把表单数据提交给其他页面进行数据处理，而是提交给本页面进行处理，这样做的好处是节省页面，但代码逻辑性比交给另一页面处理稍显复杂。

为表单元素设置名称

（3）在“Article_Modify.asp”文件中的<form>标签中，输入下列粗体代码：

```
        <input name="Product_Id" type="text" id="Product_Id" value="" size="9" maxlength="9">
          <font color="#FF0000">*</font> </td>
        </tr>
        <tr>
          <td height="22" align="right" bgcolor="#C0C0C0">文章名称 </td>
          <td bgcolor="#E3E3E3">
          <input name="Title" type="text" id="Title" value="" size="50" maxlength="80">
           <font color="#FF0000">*</font></td>
        </tr>
        <tr bgcolor="#E3E3E3">
           <td colspan="2" align="right" valign="middle"> <div align="left">
             </div></td>
        </tr>
        <tr>
          <td width="152" align="right" bgcolor="#C0C0C0"> </td>
          <td colspan="3" bgcolor="#E3E3E3"> </td>
```

```
        </tr>
        <tr>
          <td height="22" align="right" bgcolor="#C0C0C0">录入时间：</td>
          <td bgcolor="#E3E3E3">
            <input    name="UpdateTime"    type="text"    id="UpdateTime"
value="" maxlength="50">
             当前时间为 <%=now()%> 注意不要改变格式 </td>
        </tr>
        <tr>
          <td height="22" align="right" bgcolor="#C0C0C0">首页显示 </td>
          <td bgcolor="#E3E3E3">
            <input    name="IsIndexShow"    type="checkbox"    id="IsIndexShow"
value="yes" >
          是<font color="#0000FF"> 如果选中的话将在首页做为视频显示 </font></td>
        </tr>
      </table>
      <div align="center">
        <p>
       <input    name="ArticleID"      type="hidden"    id="ArticleID"
value="<%=rsArticle("ArticleID")%>">
      <input    name="Save"    type="submit"    id="Save"    value="保存修
改结果">
```

添加文章大类与小类的联动菜单

（4）复制“模块5\修改页面中的级联菜单代码\5-3.txt”文件中的代码片段到“Article_Modify.asp”文件中。

```
<%
    dim sql
    dim count
    set rs=server.createobject("adodb.recordset")
    sql = "select * from SmallClass order by SmallClassID asc"
    rs.open sql,conn,1,1
    %>
    <script language = "JavaScript">
    var onecount;
    subcat = new Array();
            <%
            count = 0
```

```
            do while not rs.eof
            %>
 subcat[<%=count%>] = new Array("<%= trim(rs("SmallClassName"))%>","<%= tri
m(rs("BigClassName"))%>","<%= trim(rs("SmallClassName"))%>");
            <%
            count = count + 1
            rs.movenext
            loop
            rs.close
            %>
 onecount=<%=count%>;

 function changelocation(locationid)
    {
    document.myform.SmallClassName.length = 1;
    var locationid=locationid;
    var i;
    for (i=0;i < onecount; i++)
        {
            if (subcat[i][1] == locationid)
            {
 document.myform.SmallClassName.options[document.myform.SmallClassName.
length] = new Option(subcat[i][0], subcat[i][2]);
            }
        }
    }
 </script>
```

（5）复制“模块5\修改页面中的级联菜单代码\5-3.txt”文件中的代码片段到“Article_Modify.asp”文件中。注意这段代码是前面“文章添加”程序所没有的。

```
<%
'取出指定的文章
dim ArticleID,rsArticle,FoundErr,ErrMsg
ArticleID=trim(request("ArticleID"))
FoundErr=False
if ArticleID="" then
    response.Redirect("Article_Manage.asp")
end if
```

```
sql="select * from Article where ArticleID=" & ArticleID
Set rsArticle= Server.CreateObject("ADODB.Recordset")
rsArticle.open sql,conn,1,1
if FoundErr=True then
    call WriteErrMsg()
else
%>
```

代码说明：

①用request对象获取从“Article_manage.asp”页面中传递过来的文章id号并且赋给变量ArticleID.

②定义一个Recordset记录集rs Article变量。

③"select * from Article where ArticleID="& ArticleID

语句中的ArticleID在Article数据表中定义的类型为“自动编号”。

假如ArticleID在Article数据表中定义的类型为“文本”类型，就必须写成ArticleID =''' &ArticleID&"''"。

完整语句为"select * from Article where ArticleID =' "& ArticleID &"''"。

注意 这里的单、双引号都必须在半角状态下输入。

（6）在“Article_Modify.asp”文件中加入下列文章大类、小类显示代码，注意下面代码①②③是与“文章添加”页面不同的地方。

```
<%
        sql = "select * from BigClass"
        rs.open sql,conn,1,1
            if rs.eof and rs.bof then
                    response.write "请先添加栏目。"
            else
            %>
      <select name="BigClassName" onChange="changelocation(document.myform.
BigClassName.options[document.myform.BigClassName.selectedIndex].value)"
size="1">
                <%
                do while not rs.eof
                    %>
        ①<option <% if rs("BigClassName")=rsArticle("BigClassName") then
```

```
response.Write("selected") end if%> value="<%=trim(rs("BigClassName"))%>"><
%=trim(rs("BigClassName"))%></option>
                <%
                    rs.movenext
        loop
           end if
       rs.close
                   %>
    </select>
     <select name="SmallClassName">
           ②<option value="" <%if rsArticle("SmallClassName")="" then
response.write "selected"%>>不指定小类</option>
                <%
                   sql="select * from SmallClass where BigClassName='" &
rsArticle("BigClassName") & "'"
                   rs.open sql,conn,1,1
                   if not(rs.eof and rs.bof) then
                          do while not rs.eof
                    %>
         ③<option <% if rs("SmallClassName")=rsArticle("SmallClassName")
then response.Write("selected") end if%> value="<%=rs("SmallClassName")%>">
<%=rs("SmallClassName")%></option>
                <%
                          rs.movenext
          loop
                   end if
           rs.close
                   %>
    </select>
...
```

（7）在“Article_modify.asp”文件中输入下列代码段：

```
<%
end if
rsArticle.close
set rsArticle=nothing
call CloseConn()
%>
```

按【F12】键进行测试，结果如图5-29所示。

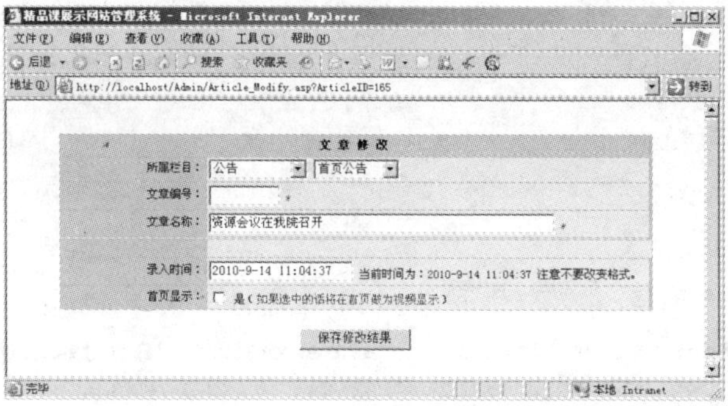

图5-29　级联菜单默认值设置

嵌入在线编辑器

（8）在“Article_modify.asp”文件中输入以下代码，实现在本页面中嵌入在线编辑器的目的。注意下面斜体代码是与“文章添加”页面不同的地方。

```
<%
        dim content
        Dim editor
        Set editor = New CuteEditor
        editor.ID = "Editor1"
        editor.Text = rsArticle("Content")
        editor.ImageGalleryPath = "/Uploads"
        editor.MaxImageSize = 50
        editor.AutoConfigure = "Simple"
        editor.Draw()
%>
```

按【F12】键进行测试，结果如图5-30所示。

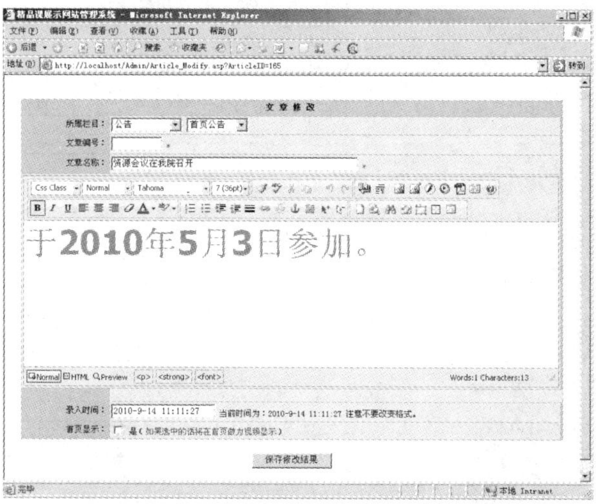

图5-30　在“文章修改”页面中嵌入在线编辑器

添加判断数据有效性提示

（9）在上一步已经建立的<script language="JavaScript" type="text/JavaScript">中输入下面加粗代码，来保证“文章标题”、“文章内容”两个输入文本框不为空：

```
<script language="JavaScript" type="text/JavaScript">
function CheckForm()
{
  if (editor.EditMode.checked==true)
       document.myform.Content.value=editor.HtmlEdit.document.body.
innerText;
  else
       document.myform.Content.value=editor.HtmlEdit.document.body.
innerHTML;

  if (document.myform.Title.value=="")
  {
    alert("文章名称不能为空！");
     document.myform.Title.focus();
     return false;
  }
  if (document.myform.Content.value=="")
  {
    alert("文章内容不能为空！");
     editor.HtmlEdit.focus();
     return false;
  }
  return true;
}…
```

（10）在“Article_modify.asp”文件中的<form>标签中加入如下粗体代码：

```
<form      method="POST"       name="myform"       onSubmit="return
CheckForm();" action="Article_Save.asp?action=Modify">
```

添加表单数据处理代码

（11）在“Article_modify.asp”文件中的<form>标签中加入如下粗体代码：

```
<form      method="POST"       name="myform"       onSubmit="return
CheckForm();" action="Article_Save.asp?action=Modify">
```

（12）在“Article_save.asp”文件中加入下列代码：

```
<%
FoundErr=false
ArticleID=Trim(Request.Form("ArticleID"))
Product_Id=trim(request.form("Product_Id"))
BigClassName=trim(request.form("BigClassName"))
SmallClassName=trim(request.form("SmallClassName"))
Title=trim(request.form("Title"))
Content=Request.Form("Editor1")
UpdateTime=trim(request.form("UpdateTime"))
IsIndexShow=trim(request.form("IsIndexShow"))

if BigClassName="" then
     founderr=true
     errmsg=errmsg+"<li>未指定文章所属大类</li>"
end if
if Title="" then
     founderr=true
     errmsg="<li>文章标题不能为空</li>"
end if

if Content="" then
     founderr=true
     errmsg=errmsg+"<li>文章内容不能为空</li>"
end if

if founderr=false then

     if UpdateTime<>"" and IsDate(UpdateTime)=true then
            UpdateTime=CDate(UpdateTime)
     else
            UpdateTime=now()
     end if

     set rs=server.createobject("adodb.recordset")
     if request("action")="add" then
            sql="select top 1 * from Article"
            rs.open sql,conn,1,3
            rs.addnew
```

```
            call SaveData()
            rs.update
            ArticleID=rs("ArticleID")
            rs.close
            set rs=nothing
        elseif request("action")="Modify" then
            if ArticleID<>"" then
                sql="select * from Article where articleid=" & ArticleID
                rs.open sql,conn,1,3
                if not (rs.bof and rs.eof) then
                    call SaveData()
                    rs.update
                    rs.close
                    set rs=nothing
                else
                    founderr=true
                    errmsg=errmsg+"<li>找不到此文章  可能已经被删除</li>"
                    call WriteErrMsg()
                end if
            else
                founderr=true
                errmsg=errmsg+"<li>不能确定ArticleID的值</li>"
                call WriteErrMsg()
            end if
        else
            founderr=true
            errmsg=errmsg+"<li>没有选定参数</li>"
            call WriteErrMsg()
        end if

        call CloseConn()
%>
```

代码说明：

本任务中的表单处理是提交到本页面进行处理的，这种方式的优点是节省页面，缺点是使用本页面的代码逻辑变得较为复杂。怎样区别是第一次运行本页面，还是表单提交本页面，这是这段代码的关键。这里在表单提交时，也就是单击【确定】或【提交】按钮时，加入了一个标质变量no (action="Article_modify.asp?no=modify")，这样就可以通过判断no变量是否为“modify”来确定。当no为“modify”时为提交表单数据，这时就执行后面的表单处理。

知识点拓展

Connection对象中的Execute方法

在ASP中对数据库进行查询、添加、修改和删除操作的方法有两种，第一种是用Recordset对象；第二种是用Connection对象中的Execute方法。

Execute方法用来执行数据库查询，它的语法有两种：

Set Recordset 对象 = Connection对象.Execute(SQL语句)

或

Connection对象. Execute(SQL语句)

区别是，第一种方法将返回一个Recordset对象（记录集）；第二种方法不返回Recordset对象。当对数据库查询记录时需要用到记录集，一般用第一种方法；而执行添加、删除和更新操作时没必要返回记录集，所以一般用第二种方法。

● 利用Execute 查询记录

```
Sql = "select * from user"
Set Rs = conn.execute(sql)
```

● 利用Execute 添加记录

```
Sql = "insert into user(username, password) values("王明","123456")"
conn.execute(sql)
```

● 利用Execute 更新记录

```
Sql = "update user set username='王明', password='123456'
where userID = 3
conn.execute(sql)
```

● 利用Execute 删除记录

```
Sql ="delete from user where userID=3"
conn.execute(sql)
```

独立实践任务

任务8 编写“添加文章子类”页面代码

任务背景：

后台“添加文章大类”页面已经在前面任务2制作完成，同样二级分类也需要添加操作界面，这个页面作为读者实践任务来完成。

任务要求：

1. 具有判断子类名称输入框为空提示。
2. 后台带有防止数据重复提交判断。

【技术要领】：JavaScript控制表单；ADO对象添加数据到数据库。

【解决问题】：后台数据添加。

【应用领域】：ASP网页编程。

【素材来源】：html素材\finelesson\admin\Class_AddSmall.html

【ASP成品】：asp成品\finelesson\admin\Class_AddSmall.asp

效果如图5-31～5-34所示。

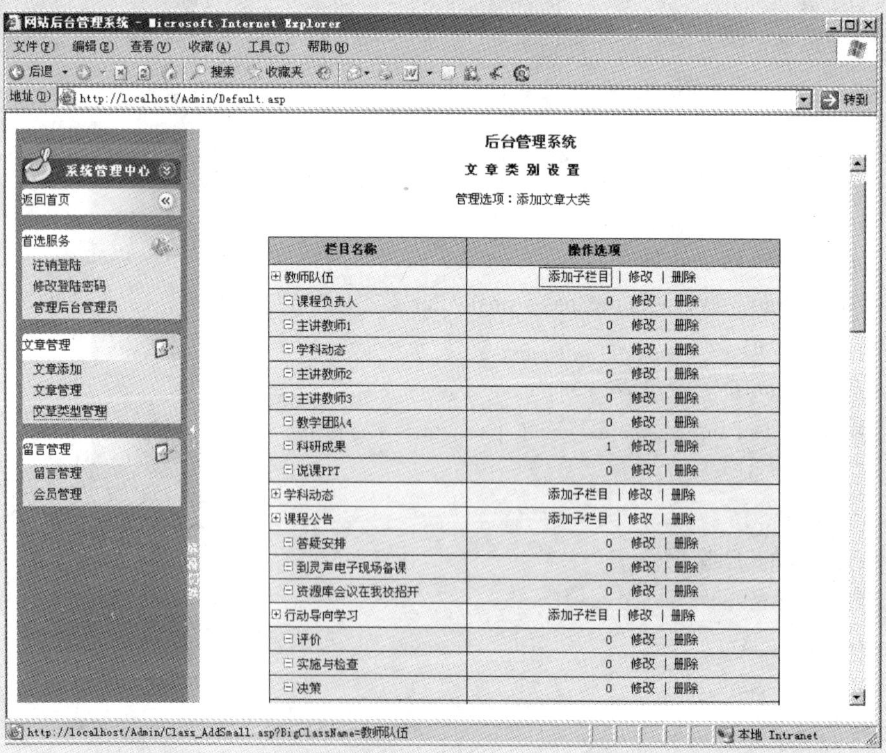

图5-31 单击“添加子栏目”链接

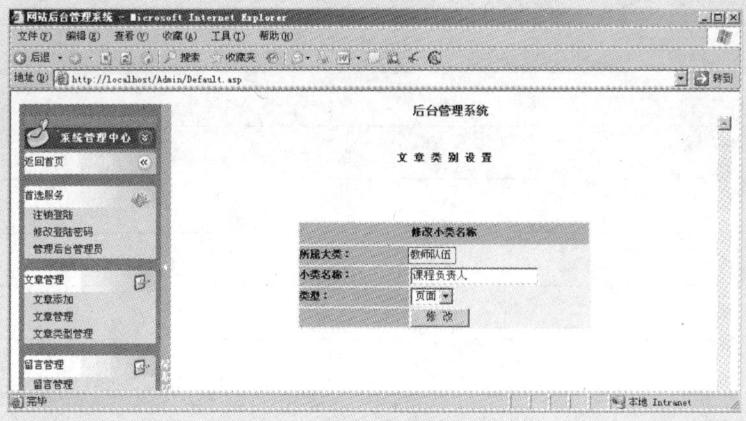

图5-32　添加文章子类操作界面

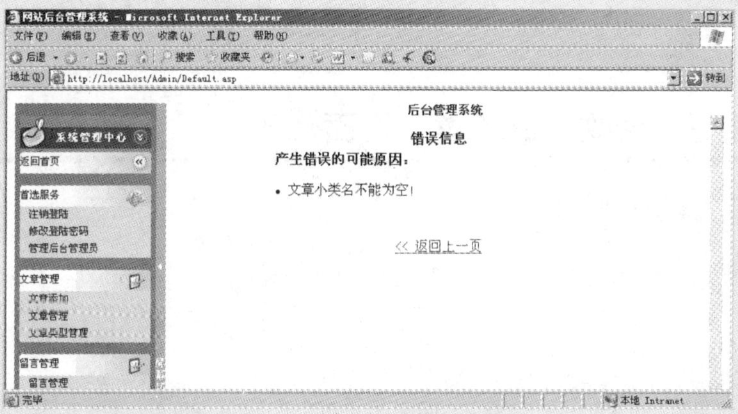

图5-33　添加文章子类名称为空提示

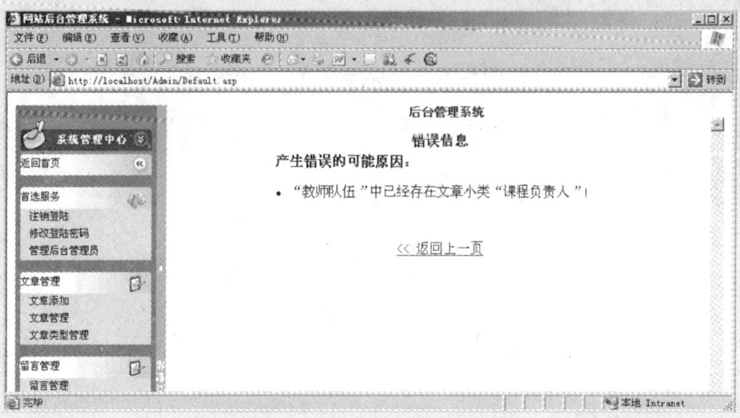

图5-34　添加文章子类重复提交提示

任务分析：

“添加文章子类”页面与“添加文章大类”页面实现方法基本相同，但有一点要注意，从“文章类别管理”页面单击“添加子栏目”链接后，进入“添加文章子类”页面，例如，单击“教师”大类后的“添加子栏目”链接后，进入添加文章子类操作界面时，大类列表默认为“教师队伍”。

主要制作步骤：

____

____

____

____

____

____

____

____

____

任务 9 编写“修改文章子类”页面代码

任务背景：

“修改文章大类”页面已经完成，请读者完成“修改文章子类”页面。

任务要求：

1. 修改界面显示所属大类、小类名称。
2. 具有判断小类名称输入框为空提示。
3. 后台带有防止数据重复提交判断。

【技术要领】：JavaScript控制表单；ADO对象修改数据库中数据。

【解决问题】：后台数据修改。

【应用领域】：ASP数据修改页面。

【素材来源】：html素材\admin\Class_ModifySmall.html

【ASP成品】：asp成品\finelesson\admin\Class_ModifySmall.asp

效果如图5-35、5-36所示。

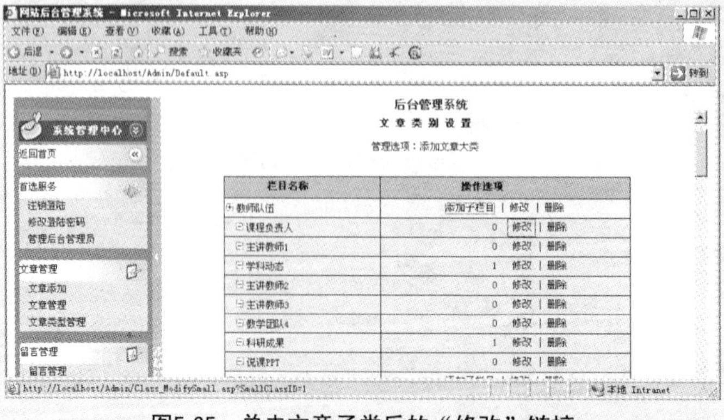

图5-35 单击文章子类后的“修改”链接

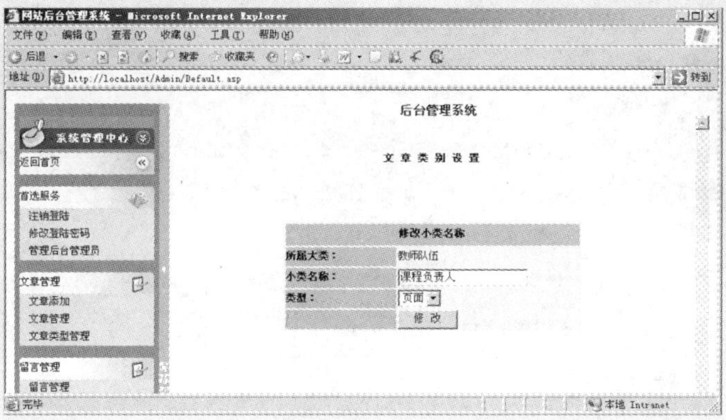

图5-36 修改文章子类操作界面

任务分析：

制作“修改文章子类”页面的流程是，修改任务由单独一个页面完成，先从“文章分类管理”页面用request获得要修改的子类记录的id号，然后在修改页面把子类相应的信息显示出来，最后单击【修改】按钮确认修改，使用SQL语句修改子类名称。

主要制作步骤：

任务10 编写“删除文章子类”页面代码

任务背景：

文章子类在不需要时，可以通过删除操作从数据表中将其删掉。

任务要求：

实现文章子类删除要实现，当删除子类表中的子类名称时，同时删除文章表中的子类名称。

【技术要领】：JavaScript弹出确认删除提示；ADO对象删除数据库中数据。

【解决问题】：后台数据删除。

【应用领域】：ASP数据删除页面。

【素材来源】：html素材\finelesson\admin\Class_DelSmall.html

【ASP成品】：asp成品\finelesson\admin\Class_DelSmall.asp

效果如图5-37、5-38所示。

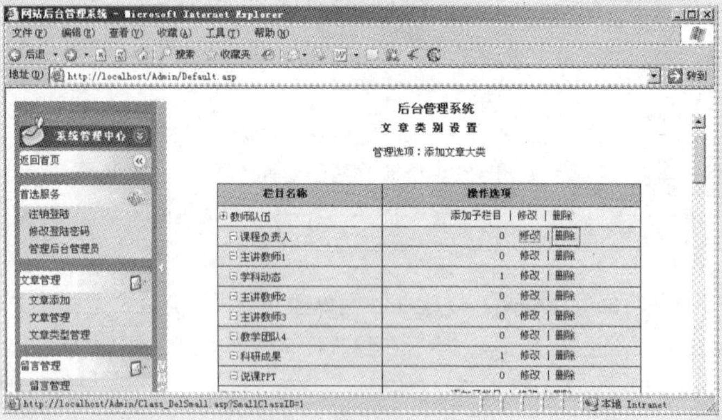

图5-37　删除文章子类

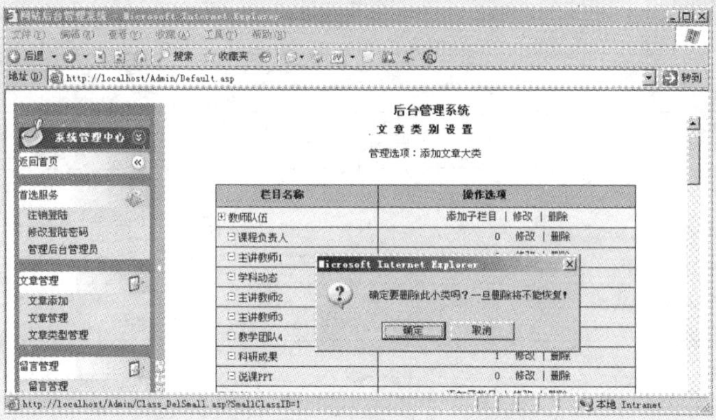

图5-38　弹出确认删除提示信息

任务分析：

制作“删除文章子类”页面的流程是，首先在用request获得“文章类别管理”页面传递过来的文章子类的id号，然后用conn.excute与SQL语句配合分别删除文章子类表中相应的记录以及文章表中属于这个子类的记录。删除完成返回“文章类别管理”页面，查看删除结果。

主要制作步骤：

____

____

____

____

____

职业技能知识点考核

1. Connection对象中的Execute方法的使用，例如现在某数据库中有一个book表，利用Execute 查询book表中的全部记录，两条语句________________________________。

2. 服务器包括文件的使用方法，比如要在文件中调用head.asp文件，请写出代码：________________________________。

3. 如果要把book表中的全部数据记录调出来，并用ASP中的循环语句显示出来。请写出所需要的代码：________________________________

____

____

____

____

4. 在本模块中我们学习了在线编辑的使用方法，请写出实现在线编辑器的初始设置代码并写出代码意思________________________________

____

____

____

____

____

____

____

模块06 留言板

在网站中留言板模块的使用非常广泛，在这个模块中将会接触到最简单的一种留言板。注册会员可以给老师留言，可以查看老师对自己留言的回复，但不能查看其他学生的留言。老师通过后台登录回复学生留言，也可以删除学生留言。

能力目标

1. 能引用inc文件，并调用其文件中的函数。
2. 能编写JavaScript函数，并调用。
3. 能用JavaScript控制HTML表单数据。
4. 能用response.redirect实现网页跳转。
5. 能使用隐藏域提交数据。
6. 能实现分页显示功能。
7. 能设置文本框只读属性。

知识目标

1. window.close()。
2. session()变量的用法。
3. ADO对象的用法。

学时分配

6课时（讲课3课时，实践3课时）

模拟制作任务

任务1 制作前台“站内留言”页面

任务背景：

“精品课程展示”网站建立以来，受到不少学生喜爱，学生可以在平台查看其他学生的作品，并且可投票，大家学习专业课的气氛日渐提高。应学生要求，希望可以在平台上开设一个留言板栏目，这样方便他们和老师沟通。

任务要求

1.只有注册用户才可以留言。
2.用户进入本页面联系电话与E-mail信息默认显示。
3.发表留言界面下方显示该用户以前的留言信息(只能看到本人信息)。
4.留言信息显示具有自动分页功能。
5.服务器端验证“留言标题”、“留言内容”文本框是否为空。

【技术要领】：JavaScript验证表单数据有效性；session（）变量的使用。
【解决问题】：ADO添加及显示数据，数据分页显示。
【应用领域】：网页表单提交数据验证。
【素材来源】：html素材\finelesson\fine\NetBook.html
【ASP成品】：asp成品\finelesson\fine\NetBook.asp
asp成品\finelesson\fine\NetBookSave.asp

效果图如图6-1、6-2所示。

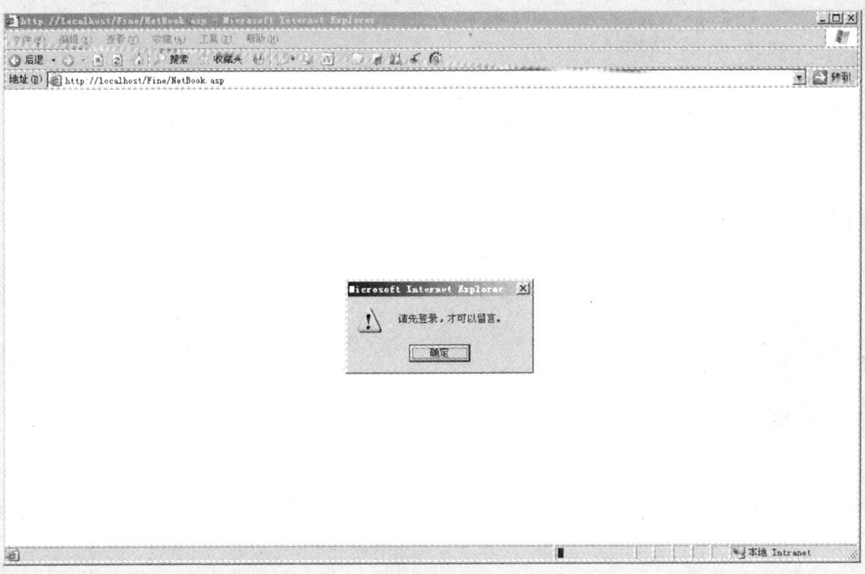

图6-1　会员留言界面1

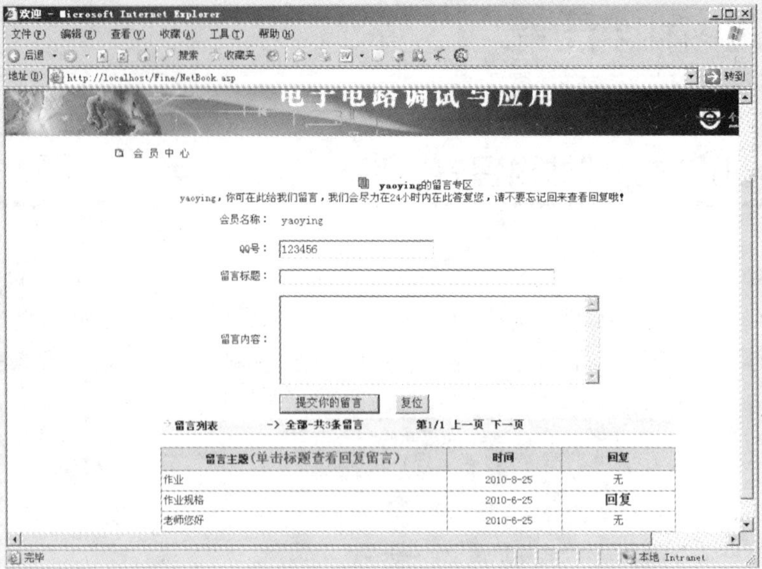

图6-2　会员留言界面2

任务分析

“站内留言”页面主要由3个大部分组成：

第一部分：判断用户是否已经登录，只有登录的用户才可以发表留言。

第二部分：实现留言功能。实现留言功能有两点要注意：

1.因为用户名称是不可以让用户修改的，所以用户名称必须设置为只读属性。

2.因为只读属性的文本框是不能传递到服务器端的，所以可以利用隐藏域将用户名数据提交到服务器端。

第三部分：实现分页显示留言功能。

任务重点

1.分页显示留言信息。

2.隐藏域传递参数。

3.为文本框设置只读属性。

任务难点

分页显示留言信息。

操作步骤：

引入数据库连接

（1）在Dreamweaver站点中双击打开“站点-finelesson/NetBook.html”文件，单击Dreamweaver上面【拆分】的标签，打开【拆分】窗口，然后把光标放置在代码窗口的第1行。

（2）选择【插入】>【服务器端包括】命令，在弹出的对话框中找到“E:\finelesson\Inc\

conn_fine.asp”文件并选中，单击【确定】按钮将其引用到本页面中。页面会自动添加语句<!--#include file="../inc/conn_fine.asp" -->，如图6-3、6-4所示。然后把“NetBook.html”文件改名为“NetBook.asp”，按【F12】键进行测试。

图6-3　选择【服务器端包括】命令

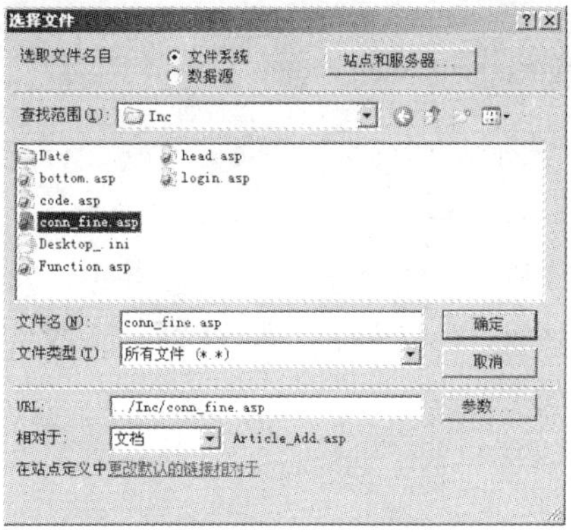

图6-4　选择“conn_fine.asp”文件

添加会员登录判断代码

（3）在“NetBook.asp”文件中的<!--#include file="../inc/conn_fine.asp" -->语句后面，输入下面代码：

```
If Session("userName")="" Then
  Call Alert("请先登录  才可以留言  ","main.asp")
end if
```

代码说明

当Session("UserName")为空时说明用户没有登录或未注册会员，用Call Alert "main.asp"语句使页面跳转到“main.asp”主页面进行登录或注册。Alert是Function.asp文件中的一个公共函数。网站上的网页程序都可以调用它以实现提示信息、跳转页面功能。

为表单设置属性

（4）在“NetBook.asp”文件中的<form>标签中，添加action="NetBookSave.asp"语句：

```
<form method="post" action="NetBookSave.asp">
```

代码说明：

设置表单数据的处理文件，这个程序文件的编写，会在下面的步骤中讲解。

实现用户留言表单元素属性设置

（5）在“NetBook.asp”文件中，对表单元素的name属性进行如下设置，粗体代码所示：

```
<form method="post" action=" NetBookSave.asp ">
  <table width="95%" border="0" align="center" cellpadding="4"
cellspacing="1">
```

```
<tr>
<td width="24%" align="right"></td>
<td width="76%"></td>
 </tr>
 <tr>
  <td width="24%" align="right">用户名称  </td>
   <td width="76%"><font>
<input type="text" name="userName" maxlength="36" value="" style="background-color: #FFFFFF; border-style: solid; border-color: #FFFFFF" >
    </font></td>
    </tr>
    <tr>
    <td align="right">联系电话  </td>
    <td width="76%"><font>
    <input type="text" name="Phone" size="24" maxlength="36" value="" style="font-size: 14px" >
    </font></td>
    </tr>
   <tr>
    <td align="right">E-mail  </td>
    <td width="76%"><font>
    <input type="text" name="Email" size="18" maxlength="36" value="" style="font-size: 14px" >
     </font></td>
     </tr>
     <tr>
     <td width="24%" align="right">留言标题  </td>
     <td width="76%"><input type="text" name="Title" size="22" maxlength="36" style="font-size: 14px; width: 320; height: 19" ></td>
     </tr>
     <tr>
     <td width="24%" align="right">留言内容  </td>
     <td width="76%"><textarea rows="6" name="Content" cols="50" style="font-size: 14px" ></textarea>
      </td>
      </tr>
      <tr>
```

```
              <td width="24%" align="right"></td>
              <td width="76%"><input type="submit" value="提交你的留言"
name="cmdOk">
                          
             <input type="reset" value="复位" name="cmdReset">
                          </td>
                        </tr>
                      </table>
                    </form>
```

添加隐藏域

（6）首先把光标放置在Dreamweaver【代码】窗口<form method="post" action="NetBookSave.asp">代码后面，要插入隐藏域的位置，在Dreamweaver上方，在插入栏中选择【表单】选项，使工具栏变为【表单】工具栏，选择【隐藏域】工具，如图 6-5所示。

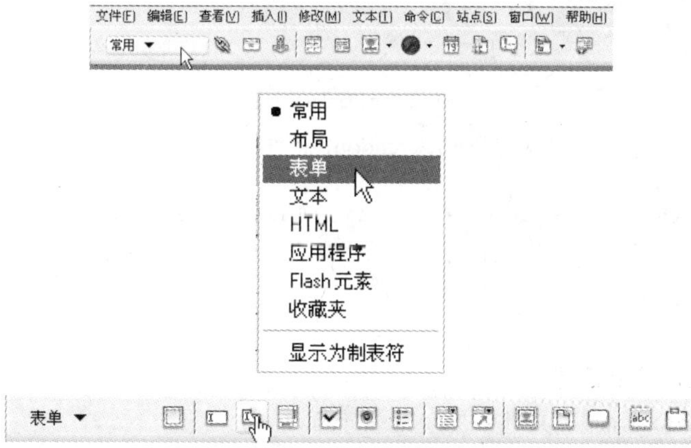

图6-5　插入隐藏域

（7）在弹出对话框中的【名称】文本框中输入“name”，为表单设置“name”属性，单击【确定】按钮，插入一个隐藏域。为隐藏域赋值 value="<%=Session("userName")%>"，如图6-6、6-7所示。

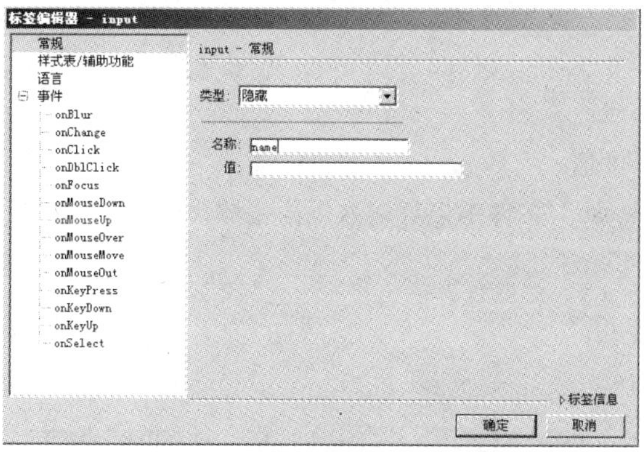

图6-6　设置隐藏域“name”属性

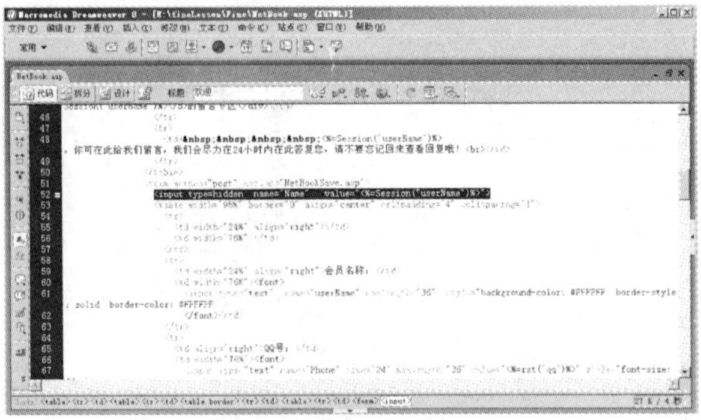

图6-7　成功插入隐藏域

为文本添加只读属性

（8）在Dreamweaver【代码】窗口中，把光标放置在<input type="text" name=" userName " maxlength="36" value="" style="background-color: #FFFFFF; border-style: solid; border-color: #FFFFFF">标签中的name="userName"属性前面，如图 6-8所示。

图6-8　放置光标位置

（9）在中文输入法关闭的状态下输入readonly，结果如下：

```
<input type="text" readonly name="userName" maxlength="36" value=""
style="background-color: #FFFFFF; border-style: solid; border-color:
#FFFFFF" >
```

显示会员用户注册信息

（10）在“NetBook.asp”文件中,输入下列代码：

```
<%
Id=Session("UserName")
set Rst = Server.CreateObject("ADODB.recordset")
sql="select * from User where UserName='" & Id & "'"
rst.open sql,conn,1,1
%>
```

设置表单元素value值

（11）在“NetBook.asp”文件中接着输入下面粗体代码：

```
<form method="post" action="NetBookSave.asp">
        <input type=hidden name="Name"
value="<%=Session("UserName")%>">
        <table width="95%" border="0" align="center" cellpadding="4"
```

```
cellspacing="1">
                <tr>
                  <td width="24%" align="right"></td>
                  <td width="76%"></td>
                </tr>
                <tr>
                  <td width="24%" align="right">会员名称：</td>
                  <td width="76%"><font>
                    <input type="text" readonly name="userName"
maxlength="36" value="<%=Session("UserName")%>" style="background-color:
#FFFFFF; border-style: solid; border-color: #FFFFFF" >
                   </font></td>
                </tr>
                <tr>
                  <td align="right">联系电话：</td>
                  <td width="76%"><font>
              <input type="text" name="Phone" size="24" maxlength="36"
value="<%=rst("Phone")%>" style="font-size: 14px" >
                   </font></td>
                </tr>
                <tr>
                  <td align="right">E-mail </td>
                  <td width="76%"><font>
              <input type="text" name="Email" size="18" maxlength="36"
value="<%=rst("Email")%>" style="font-size: 14px" >
                   </font></td>
                </tr>
                <tr>
                  <td width="24%" align="right">留言标题：</td>
                      <td width="76%"><input type="text" name="Title"
size="22" maxlength="36" style="font-size: 14px; width: 320; height: 19"
></td>
                </tr>
                <tr>
                  <td width="24%" align="right">留言内容：</td>
             <td width="76%"><textarea rows="6" name="Content" cols="50"
style="font-size: 14px" ></textarea>                    </td>
```

```
                    </tr>
                    <tr>
                        <td width="24%" align="right"></td>
                          <td width="76%"><input type="submit" value="提交你的
留言"
 name="cmdOk">   <input type="reset" value="复位" name="cmdReset"> </
td>
                    </tr>
                </table>
            </form>
```

分页显示会员留言记录

（12）在“NetBook.asp”文件中接着输入下面粗体代码：

```
<%

'获取登录用户的留言
name=Session("UserName")
set rs=server.createobject("adodb.recordset")
sql="select * from book where name='"&name&"'  order by id desc"
rs.open sql,conn,1,1

dim MaxPerPage
MaxPerPage=10'一页显示记录数

'取得页数,并判断留言输入的是否为数字类型的数据，如不是将以第1页显示
dim text,checkpage
text="0123456789"
Rs.PageSize=MaxPerPage
for i=1 to len(request("page"))
checkpage=instr(1,text,mid(request("page"),i,1))
if checkpage=0 then
exit for
end if
next

If checkpage<>0 then
If NOT IsEmpty(request("page")) Then
```

```
CurrentPage=Cint(request("page"))
If CurrentPage < 1 Then CurrentPage = 1
If CurrentPage > Rs.PageCount Then CurrentPage = Rs.PageCount
Else
CurrentPage= 1
End If
If not Rs.eof Then Rs.AbsolutePage = CurrentPage end if
Else
CurrentPage=1
End if

call list
'显示帖子的子程序
Sub list()%>
<table width="90%" height="19" border="0" align="center" cellpadding="0"
cellspacing="0">
<tr><td width="21%" height="18" bgcolor="#eeeeee"><img src="images/arrow.
gif" width="16" height="13"><strong>留言列表</strong></td>
<td width="79%" bgcolor="#eeeeee">
<%Response.write "<strong><font color='#000000'>-> 全部-</font>"
Response.write "共</font>" & "<font color=#FF0000>" & Cstr(Rs.RecordCount)
& "</font>" & "<font color='#000000'>条留言</font></strong>   
;       "
Response.write "<strong><font color='#000000'>第</font>" &
"<font color=#FF0000>" & Cstr(CurrentPage) & "</font>" & "<font
color='#000000'>/" & Cstr(rs.pagecount) & "</font></strong> "
If currentpage > 1 Then
response.write "<strong><a href='NetBook.asp?&page="+cstr(1)+"'><font
color='#000000'>首页</font></a><font color='#ffffff'> </font></strong>"
Response.write "<strong><a href='NetBook.asp?page="+Cstr(currentpage-
1)+"'><font color='#000000'>上一页</font></a><font color='#ffffff'> </
font></strong>"
Else
Response.write "<strong><font color='#000000'>上一页 </font></strong>"
End if
If currentpage < Rs.PageCount Then
Response.write "<strong><a href='NetBook.asp?page="+Cstr(currentPage+1)+"'
><font color='#000000'>下一页</font></a><font color='#ffffff'> </font>"
```

```
Response.write "<a href='NetBook.asp?page="+Cstr(Rs.PageCount)+"'><font
color='#000000'>尾页</font></a></strong>  "
Else
Response.write ""
Response.write "<strong><font color='#000000'>下一页</font></
strong>  "
End if
%> </td></tr>
<tr><td height="1" colspan="2" bgcolor="#999999"></td></tr>
</table>
<%
If rs.eof and rs.bof then
  response.write ""
  response.end
End if
%> <br> <table width="90%" height="18" border="0" align="center"
cellpadding="2" cellspacing="1" bgcolor="#666666">
                <tr bgcolor="#99CCFF">
                 <td    width="56%"   height="25"   align="center"
bgcolor="#CCCCCC">
                <p align="center"><font color="#000000"><b>留言主题</b></
font>(单击标题查看回复留言)</p></td>
                 <td width="22%" height="21" align="center"
bgcolor="#CCCCCC"><font color="#000000"><b>时间</b></font></td>
```

添加服务器端处理表单数据

（13）在Dreamweaver站点中新建“NetBookSave.asp”文件，双击“NetBookSave.asp”文件打开，把光标放置在【代码】窗口的第1行，选择【插入】>【服务器端包括】命令，在弹出的对话框中找到 “E:\finelesson\Inc\conn_fine.asp”文件并选中，单击【确定】按钮将其引用到本页面中。页面会自动添加语句<!--#include file="../inc/conn_fine.asp" -->。

（14）同理按照上一步骤，把“E:finelesson\Inc\function.asp”文件引用到本页面中。Dreamweaver 自动生成如下代码：

```
<!--#include file="..Inc/Conn_fine.asp"-->
<!--#include file="..Inc/Function.asp"-->
```

服务器端验证表单中 “标题”、“内容”两个输入框不为空

（15）在“NetBookSave.asp”文件中的“<!--#include file="..Inc/Function.asp"-->”语句后输入下面代码：

```
If request.form("title")="" Then
Response.Write("<script language=""JavaScript"">alert(""错误：您没输入标题，请返回检查！！"");history.go(-1);</script>")
response.end
end if
If request.form("content")="" Then
Response.Write("<script language=""JavaScript"">alert(""错误：您没输入留言内容，请返回检查！！"");history.go(-1);</script>")
response.end
end if
```

代码说明

①用Response.Write()客户端输出JavaScript提示信息代码。

Alert('') 用于提示用户。

history.go(-1);是window.history.go(-1);的缩写形式，作用是返回上一页面。

②If request.form("title")="" Then

Response.Write("<script language=""JavaScript"">alert(""错误：您没输入标题，请返回检查！！"");history.go(-1);</script>") '用服务器端代码输出服务器端代码

response.end

end if

这里注意Response.Write()中的JavaScript代码以前用到双引号的地方，现在用两个双引号""代替，这是使用了转意符。因为Response.Write('')中已经包含有一个双引号，这时被Response.Write语句包括的JavaScript语句中再有双引号"就得用转意符，也就是说用两个双引号。

把表单数据添加到留言信息数据表book中

（16）在“NetBookSave.asp”文件中接着输入下面代码：

```
Set rs = Server.CreateObject("ADODB.Recordset")
sql="select * from book"
rs.open sql,conn,1,3
rs.addnew
rs("name")=request.form("name")
rs("title")=request.form("title")
rs("content")=request.form("content")
rs("time")=date()
rs.update
rs.close

response.redirect "NetBook.asp"
```

代码说明

① date()获取当前日期。

②添加完数据后，用response.redirect "NetBook.asp"语句返回“NetBook.asp”页面，“NetBook.asp”页面会从头到尾再执行一遍，达到重新刷新页面的作用。这样新添加的留言信息就会显示出来。

任务 2 制作前台“查看回复留言”页面

任务背景：

“精品课程展示”平台已经有了会员留言的功能，这为学生和老师沟通提供了很大的方便，现在再加入一个学生查看老师回复留言的功能。

任务要求：

1. “回复”栏目显示老师是否回复留言，回复后显示“回复”，未回复显示“无”。
2. 单击标题可以查看老师回复的留言。
3. 单击【关闭】按钮关闭IE浏览器。

【解决问题】：单击按钮关闭浏览器。

【应用领域】：网页表单提交数据验证。

【素材来源】：html素材\finelesson\fine\NetBookRe.html

【ASP成品】：asp成品\finelesson\fine\NetBookRe.asp

效果图如图6-9、6-10所示。

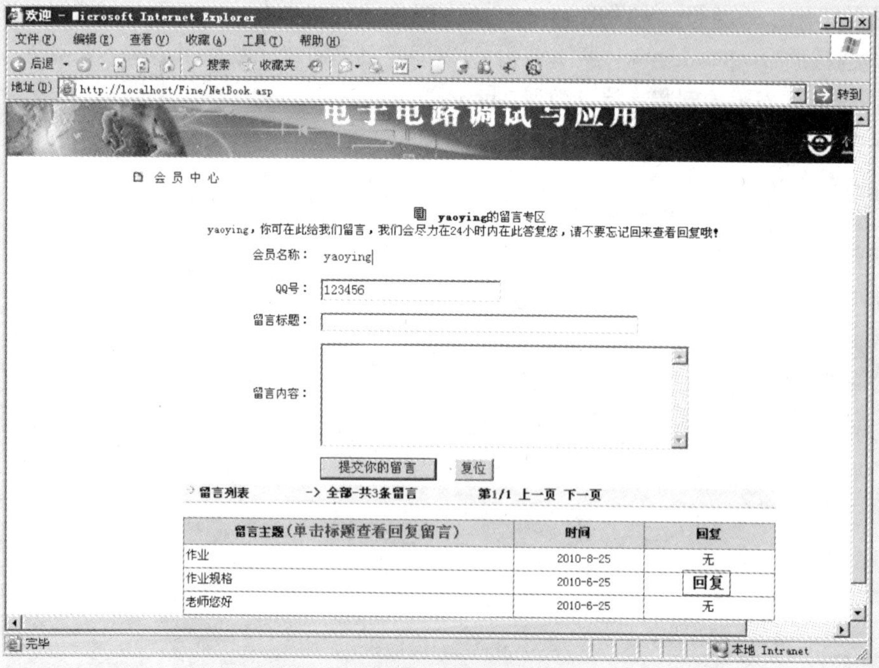

图6-9 查看回复留言1

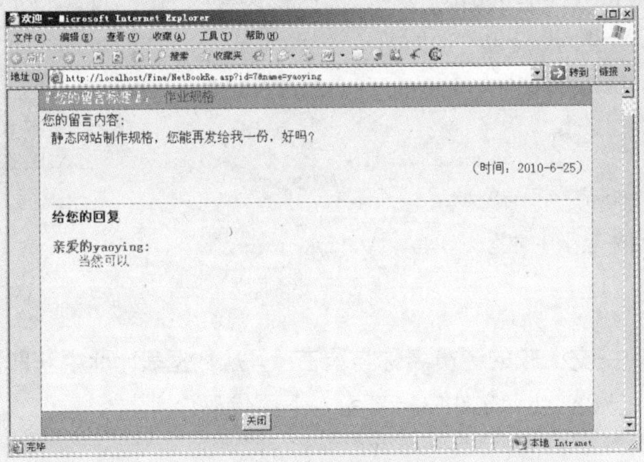

图6-10　查看回复留言2

任务分析：

“查看回复留言”页面只有显示留言和回复留言的功能。也就是说，只是从数据表中取出记录把它们显示出来，并且只有一条记录显示，不用提交数据到服务器向数据表中添加数据，所以可以不用表单。

重点、难点：

用JavaScript实现关闭IE浏览器。

操作步骤：

为查看回复留言添加链接

（1）在Dreamweaver站点中双击打开“NetBook.asp”文件，找到“<%=rs("title")%>”语句，添加下列粗体代码：

```
<a
href="javascript:window.open('NetBookRe.asp?id=<%=rs("id")%>&amp;name=<%=rs("name")%>')">
                    <%=rs("title")%></a>
```

代码说明：

上面代码实现的功能为，实现单击留言标题可查看回复信息功能。用JavaScript语句实现在弹出的新页面显示“NetBookRe.asp”文件，并向“NetBookRe.asp”文件传递参数id，name。“NetBookRe.asp”文件会在后面讲解。

添加数据库连接文件

（2）在Dreamweaver站点中双击打开“NetBookRe.html ”文件，把光标放置在【代码】窗口的第1行，选择【插入】>【服务器端包括】命令，在弹出的对话框中找到 “E:\finelesson\Inc\conn_fine.asp”文件并选中，单击【确定】按钮将其引用到本页面中。页面会自动添加语句<!--#include file="../inc/conn_fine.asp" -->。然后把文件改名为“NetBookRe.asp”进行测试。

添加会员登录判断代码

（3）在“NetBookRe.asp”文件中的“<!--#include file="../inc/conn_fine.asp" -->”语句后面输入下面代码：

```
If Session("userName")="" Then
  Call Alert("请先登录  才可以留言  ","main.asp")
end if
```

根据获取表单提交上来的会员名称与留言id号从数据表book中获取记录集

（4）在“NetBookRe.asp”文件中接着输入下面代码：

```
'获取隐藏域信息
name=request.querystring("name")
id=request.querystring("id")
Set rs = Server.CreateObject("ADODB.Recordset")
rs.Open "Select * From book where id="&id, conn,3,3

'保证用户只能查看自己的留言记录
if rs("name")<>name then
response.redirect "NetBook.asp"
end if
```

显示老师回复信息

（5）在“NetBookRe.asp”文件中输入下面粗体代码：

```
<%If rs("rebook")<>"" then%>
<hr size="1"> <p style="word-spacing: 0; margin-top: 0; margin-bottom: 0"><b>给您的回复</b></p>
<p style="word-spacing: 0; margin-top: 0; margin-bottom: 0"> </p>
<p style="word-spacing: 0; margin-top: 0; margin-bottom: 0"><font color="#FF0000"><b>亲爱的<%=Session("UserName")%>:</b></font></p>
<p style="word-spacing: 0; margin-top: 0; margin-bottom: 0"><font color="#FF0000">   
<%=rs("rebook")%>
<%else%>
我们的工作人员还未回复您的留言，请耐心等待！
<%end if%>
```

代码说明：

判断老师是否回复留言，就可以根据rs("rebook")字段是否为空来判断，如果

rs("rebook")<>""说明老师已经回复留言，这时就显示留言；为空时显示“我们的工作人员还未回复您的留言，请耐心等待！”

用JavaScript实现单击按钮关闭IE浏览器

在“NetBookRe.asp”文件中找到“关闭按钮”，输入下面粗体代码：

```
<input type="button" value="关闭" name="B5" onClick="window.close();" style="font-size: 9pt">
```

代码说明：

单击【关闭】按钮使其触发一段JavaScript代码，onClick="window.close();"可以用onClick实现。Window.close();实现关闭IE浏览器功能。

按【F12】键进行测试。

任务3 制作后台“管理留言”页面

任务背景：

师生作品展示平台现在已经具有学生发表留言、查看老师回复留言这两项功能。现在就来完善留言板后台老师管理留言这一功能。

任务要求：

页面具有分页功能，每页显示5条记录。

【技术要领】：ADO显示记录:do while…loop使用。
【解决问题】：实现记录集显示;实现分页功能。
【应用领域】：数据显示页面。
【素材来源】：html素材\finelesson\admin\Book_Manage.html
【ASP成品】：asp成品\finelesson\admin\Book_Manage.asp

效果图如图6-11所示。

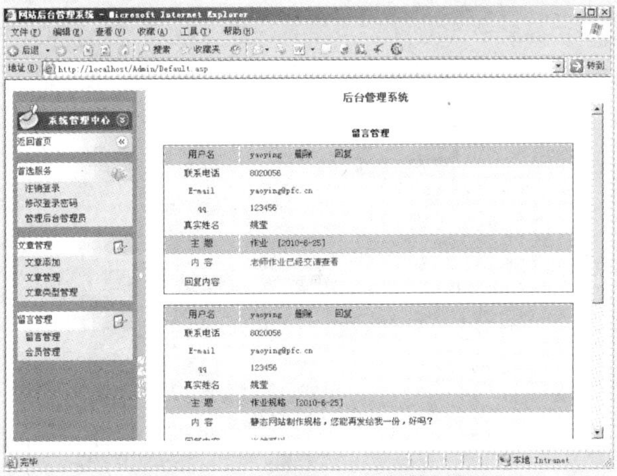

图6-11 “管理留言”页面效果图

任务分析：

本页面功能较简单。实现从数据表book中用ADO方法获取全部记录，然后用do while…loop循环把记录逐行显示出来展示给用户。本任务的关键点是实现分页功能，分页功能在以前任务中已经详细讲过，这次是对分页功能的复习。

重点、难点：

分页功能。

操作步骤：

添加数据库连接文件

（1）在Dreamweaver站点中双击打开“Book_manage.html ”文件，选择【插入】>【服务器端包括】命令，在弹出的对话框中找到 “E:\finelesson\Inc\conn_fine.asp”文件并选中，单击【确定】按钮将其引用到本页面中。页面会自动添加语句<!--#include file="../inc/conn_fine.asp" -->。然后把文件改名为“Book_manage.asp”。

添加获取留言信息代码

（2）在“Book_manage.asp”文件中输入下列代码段：

```
'获取留言信息
set rs=server.createobject("adodb.recordset")
sql="select * from book order by id desc"
rs.open sql,conn,1,1
if rs.eof and rs.bof then
    response.write "<p align='center'>还没有任何留言!</p>"
     response.End()
end if
```

代码说明：

当 rs.eof and rs.bof为真时表示数据表中没有记录，这时提示用户，并且用response.End停止网页程序代码向下执行。

添加设置分页变量所需参数代码

（3）在“Book_manage.asp”文件中输入下列代码段：

```
'当前页设置
if not isempty(request("page")) then
  currentPage=cint(request("page"))
else
  currentPage=1
end if
```

```
totalPut=rs.recordcount '总记录数
'计算当前页给currentpage赋值
if currentpage<1 then
  currentpage=1
end if
if (currentpage-1)*MaxPerPage>totalput then
     if (totalPut mod MaxPerPage)=0 then
            currentpage= totalPut \ MaxPerPage
     else
            currentpage= totalPut \ MaxPerPage + 1
     end if
end if
```

添加循环显示记录集中记录过程代码

（4）在“Book_manage.asp”文件中输入下列粗体代码：

```
'循环显示记录集中记录，逐行显示
sub showContent
dim i
i=0
'循环留言记录
do while not rs.eof %>
          <table  width="560" border="0" cellpadding="2" cellspacing="1" >
            <tr bgcolor="#A4B6D7">
              <td width="18%" height="25">
               <div align="center">
                   用户名
                </div></td>
              <td  width="82%">  <%=rs("name")%>   删除
    
                     回复
                     </td>
               </tr>
               <tr bgcolor="#ECF5FF">
                 <td height="22">
                   <div align="center">联系电话</div></td>
                 <td>  <%=rs("Phone")%></td>
               </tr>
```

```
                <tr bgcolor="#ECF5FF">
                  <td height="22">
                    <div align="center">E-mail</div></td>
                  <td><%=rs("email")%></td>
                </tr>
                <tr bgcolor="#A4B6D7">
                  <td height="25">
                    <div align="center">主 题</div></td>
                   <td height="25">  <%=rs("title")%>  
[<%=rs("time")%>]</td>
                </tr>
                <tr bgcolor="#ECF5FF">
                  <td height="25">
                    <div align="center">内 容</div></td>
                  <td height="25">  <%=rs("content")%></td>
                </tr>
                <tr bgcolor="#ECF5FF">
                  <td height="25">
                    <div align="center">回复内容</div></td>
                  <td height="25">  <%=rs("rebook")%></td>
                </tr>
              </table>
            </div></td>
        </tr>
      </table>
      <br> <table width="550" border="0" align="center" cellpadding="0"
cellspacing="0">
        <tr>
          <td><div align="center">
              <% i=i+1
    if i>=MaxPerPage then exit do
    rs.movenext
    loop
    end sub


    %>
```

代码说明：

①本页面程序把循环显示表中留言信息记录的内容制作成了一个过程。

```
sub showContent
    ….
End sub
```

```
②dim i                                        '定义计数器变量
  i=0                                         '为计数器赋初值
  '循环留言记录
  do while not rs.eof                         '不是记录集尾就循环
    显示字段值
      i=i+1                                   '计数器累加1
  if i>=MaxPerPage then exit do          '计数器大于等于每页最大显示记录数时
                                              ' 退出循环
  rs.movenext                                 '记录集向后移动一条
  loop
```

上面代码完成记录循环显示。

添加显示分页码过程

（5）复制“模块6/留言板后台管理分页代码/6-10.txt”文件中的代码片段到“Book_managc.asp”文件中。

```
<%
'显示分页码
sub showpages()
dim n
if (totalPut mod MaxPerPage)=0 then
n= totalPut \ MaxPerPage
else
n= totalPut \ MaxPerPage + 1
end if
if n=1 then
response.write "留言簿管理界面"

exit sub
end if
dim k
response.write "<p align='left'>&gt;&gt; 留言分页 "
for k=1 to n
```

```
if k=currentPage then
response.write "[<b>"+Cstr(k)+"</b>] "
else
response.write                                          "[<b>"+"<a
href='Book_Manage.asp?page="+cstr(k)+"'>"+Cstr(k)+"</a></b>]"
end if
next
end sub
 %>
```

添加按照当前选择页码显示表中记录代码

（6）在“Book_manage.asp”文件中输入下列代码段：

```
'按照当前选择页码显示表中记录
if currentPage=1 then
     showpages     '调用showpages过程显示页码
     showContent   '调用showContent过程显示内容
     showpages     '调用showpages过程显示页码
else
     if (currentPage-1)*MaxPerPage<totalPut then
          rs.move (currentPage-1)*MaxPerPage
          dim bookmark
          bookmark=rs.bookmark
          showpages     '调用showpages过程显示页码
          showContent   '调用showContent过程显示内容
          showpages     '调用showpages过程显示页码
     else
          currentPage=1
          showContent   '调用showContent过程显示内容
     end if
end if
```

添加关闭数据记录集代码

（7）在“Book_manage.asp”文件中输入下列代码段：

```
'关闭数据记录集
rs.close
set rs=nothing
conn.close
set conn=nothing
```

按【F12】键进行测试。

知识点拓展

[1] 服务器端输出客户端代码及转义符

下列是服务器端代码与客户端代码相切换写法：

```
<% If request.form("title")="" Then%>          '服务器端代码
<script language="JavaScript">                 '客户端代码
alert("错误：您没输入标题，请返回检查！！");history.go(-1);</script>
<% response.end                                '服务器端代码
end if
%>
```

ASP代码也就是在<%%>中的代码都是运行在服务端的JavaScript代码，例如：

```
<script language="JavaScript">
alert("错误：您没输入标题，请返回检查！！")；history.go(-1);
</script>
```

是运行在客户端的代码，Response.write(“<script language="JavaScript">….. </script>”)的作用是用ASP代码输出JavaScript代码。这时要注意一点，因为这种写法Response.write("")中已经有了双引号，所以写在双引号之中的JavaScript代码如果有双引号就得用'单引号替换。写成如下代码：

```
If request.form("title")="" Then
Response.Write("<script language='JavaScript'>alert('错误：您没输入标题，请返回检查！！')；history.go(-1)；</script>") '用服务器端代码输出服务器端代码
response.end
end if
```

或者写成如下代码：

```
If request.form("title")="" Then
Response.Write("<script language=""JavaScript"">alert(""错误：您没输入标题，请返回检查！！"");history.go(-1);</script>") '用服务器端代码输出服务器端代码
response.end
```

上面代码是把JavaScript中的一个双引号"改为两个双引""也是可以的。

[2] 控制每页显示记录个数

第一种方法：

```
dim i                 '计数器
i=0                   '为计数器赋初值
'循环留言记录
```

```
do while not rs.eof                        '不是记录集尾就循环
显示字段值
i=i+1                                      '计数器累加1
if i>=MaxPerPage then exit do              '计数器大于等于每页最大显示记录数时退出循环
rs.movenext                                '记录集向后移动一条
loop
第二种方法:
dim i                                      '计数器
i=0                                        '为计数器赋初值
'循环留言记录
do while not rs.eof  and i<= MaxPerPage
 '不是记录集尾并且记录数据不大于MaxPerPage就循环
显示字段值
i=i+1                                      '计数器累加1
rs.movenext                                '记录集向后移动一条
loop
```

独立实践任务

任务4 制作后台“回复留言”页面

任务背景:

网站已经基本制作完成，“站内留言”、“查看回复留言”、管理员后台“管理留言”3个页面。现在就缺一个后台用户“回复留言”页面。现在就来完善留言板后台老师回复留言这一功能。

任务要求:

建立留言信息添加页面，具体要求如下:

1. 对用户留言内容过滤HTML非法字符串。
2. 添加隐藏域传递记录id号。
3. 添加与修改操作同一操作页面。

【技术要领】: 隐藏域应用。

【解决问题】: 过滤HTML非法字符串。

【应用领域】: 提交表单数据。

【素材来源】: html素材\finelesson\admin\Book_Manage.html

html素材\finelesson\admin\Book_Re.html

【ASP成品】: asp成品\finelesson\admin\Book_Manage.asp

asp成品\finelesson\admin\Book_ Re.asp

效果图如图6-12、6-13所示。

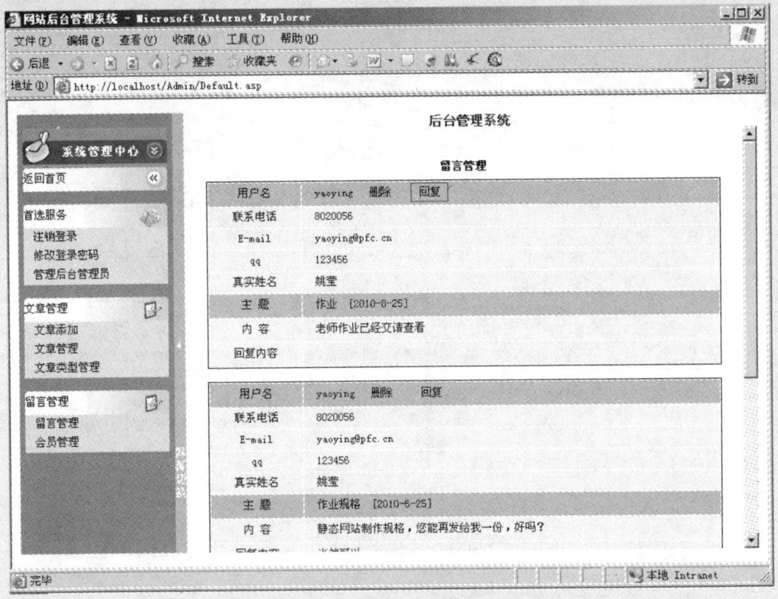

图6-12　后台留言管理页面

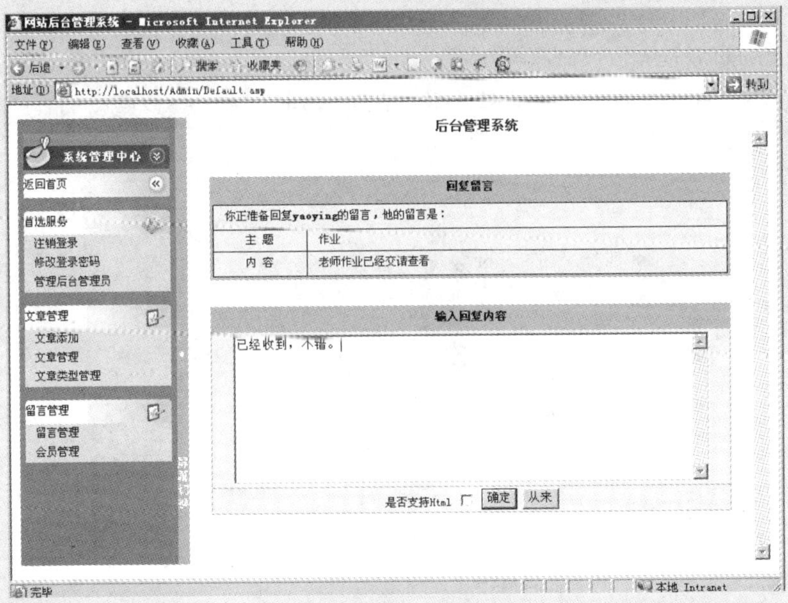

图6-13　后台留言回复页面

任务分析：

实现“回复留言”页面的关键点是根据记录id号查找到相应的留言记录，修改用户留言记录Rebook字段。记录的id号不用显示出来，所以用隐藏域的方法来提交数据，因为服务器端要根据留言记录id号来修改记录回复字段Rebook。

主要制作步骤：

____

____

____

____

____

____

职业技能知识点考核

1. 请在下列代码后面写出代码作用：

```
If request.form("title")="" Then
Response.Write("<script language=""JavaScript"">alert(""错误：您没输入标题，请返回检查！！"");history.go(-1);</script>")
response.end
end if
If request.form("content")="" Then
Response.Write("<script language=""JavaScript"">alert(""错误：您没输入留言内容，请返回检查！！"");history.go(-1);</script>")
response.end
end if
```

2. 修改下列代码，使其显示的记录数据为10条。

```
dim i             '计数器
i=0               '计数器赋初值
'循环留言记录
do while not rs.eof   '不是记录集尾就循环
显示字段值
i=i+1        '计数器累加1
if i>=5 then exit do  '计数器等于大于每显示记录数时退出循环
rs.movenext            '记录集向后移动一条
loop
```

3. 下列代码是否正确，如果不正确请改正。

```
If request.form("title")="" Then
Response.Write("<script language="JavaScript">alert("错误：您没输入标题，请返回检查！！");history.go(-1);</script>") '用服务器端代码输出服务器端代码
response.end
```

模块07

网站发布与维护

到模块六为止我们已经完成网站的全部代码编写。接下来在这一模块就要学习网站的服务器安全配制、网页代码的优化及数据库安全配制等方面的知识，这才是一个网站发布的完全体系，所以这一模块也非常重要，请读者认真学习。

能力目标

1. 服务器安全配置。
2. 代码的优化。
3. 数据库安全配置。

学时分配

6课时（讲课3课时，实践3课时）

知识目标

1. IIS配制及安全设置。
2. Access数据库加密。
3. Access设置密码。
4. 防止Access数据库下载设置。

模拟制作任务

任务1 网站服务器安全配置

任务背景

小明公司做的网站要上线了，公司把这个任务交给了学计算机的小明，小明把服务器装上了Windows 2003 Server版的操作系统，并且安装驱动，安装补丁（Winodws 2003 Server SP2），进行了网上更新（Windows Update）操作之后，下面就差对系统进行安全配置了。

任务要求

对Windows 2003 Server服务器进行基本和安全配置，有效防范黑客入侵。

【技术要领】：添加IIS服务；IIS基本配置；IIS安全配置；Window 2003 Server服务器上传及下载文件大小设置。

【解决问题】：提供ASP网站稳定安全的运行环境。

【应用领域】：网站服务器安全配置。

【操作准备】：已经安装Window 2003 Server操作系统的计算机一台。

任务分析

在进行下列操作之前，先做好一些准备，需要事先安装好的软件有：Windows 2003正版安装文件、Windows 2003补丁集、服务器硬件驱动、一套杀毒软件及防火墙。Windows 2003 Server最好是正版。Windows 2003 Server补丁集包括Windows 2003 Server SP2和SP3的补丁。先从微软网站或其他下载网站下载Windows 2003 Server SP2、SP3补丁集安装，执行完补丁集后再进行网上更新一下。服务器硬件驱动就是在购买服务器的同时附带的。

重点、难点

1. IIS基本配置。
2. IIS安全设置。

操作步骤：

添加IIS服务

（1）单击【开始】>【设置】>【控制面板】命令打开【控制面板】窗口，双击【添加或删除程序】图标，在打开的窗口中单击【添加/删除 Windows 组件】选项，弹出【Windows组件向导】对话框，选择【应用程序服务器】选项，然后单击【详细信息】按钮，双击【Internet信息服务】，选中“Internet 信息服务管理器”、“公用文件”、“万维网服务”复选框。单击【确定】按钮，返回【Windows组件向导】对话框，单击【下一步】按钮，添加好IIS服务。

注意
上面操作有一个前提条件，保证Windows 2003 Server安装盘在光驱中。

IIS基本配置

（2）打开Internet 信息服务(IIS)管理器。右击桌面上的【我的电脑】图标，选择【管理】命令，打开【计算机管理】窗口，依次展开并选择【服务和应用程序】>【Internet 信息服务（IIS）管理器】选项，如图 7-1所示。

（3） 配置网站主目录。把的“asp成品/finelesson”文件夹复制到服务器非系统安装盘上，这里复制到E:\盘上。展开并选择【Internet 信息服务（IIS）管理器】>【网站】>【默认网站】选项，然后单击【停止】按钮，停止“默认网站”一项，如图7-2所示。

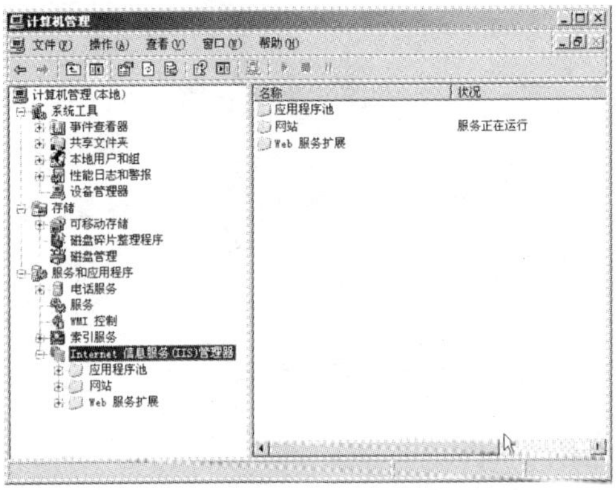

图7-1　选择【Internet 信息服务(IIS)管理器】

图7-2　停止“默认网站”

（4）右击【Internet 信息服务(IIS)管理器】>【网站】选项，在弹出的快捷菜单中选择【新建】>【网站】命令，如图7-3所示。

（5）在弹出的【网站创建向导】对话框中单击【下一步】按钮继续，进入【网站描述】界面，在【描述】文本框中输入名称“finelesson”，这里仅仅是一个显示名称，没什么实际功能，如图7-4所示。

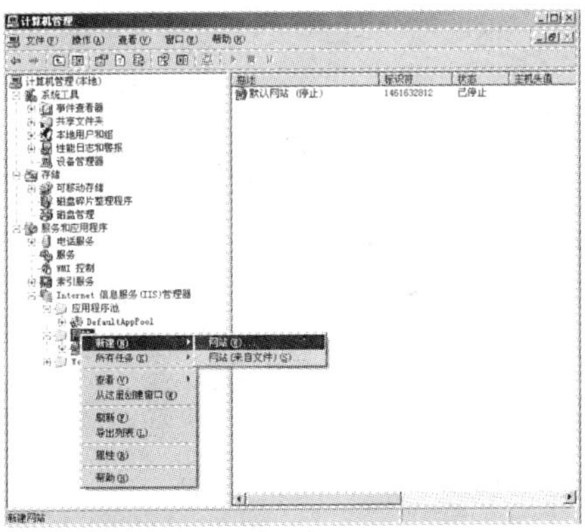

图7-3　选择【网站】命令

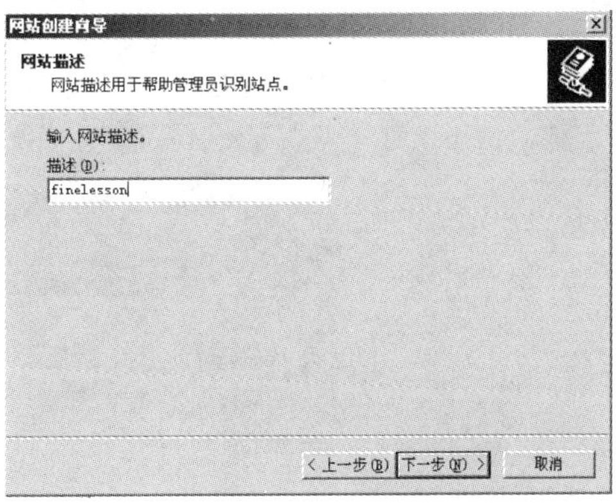

图7-4　输入网站描述

（6）单击【下一步】按钮，进入【IP地址和端口设置】界面，以这个网站将要使用的端口号作为名称，保持IIS默认网站的端口80不动，单击【下一步】按钮，如图7-5所示。

（7）进入【网站主目录】界面，单击【浏览】按钮，选择“E:\finelesson”文件夹，单击【下一步】按钮，如图7-6所示。

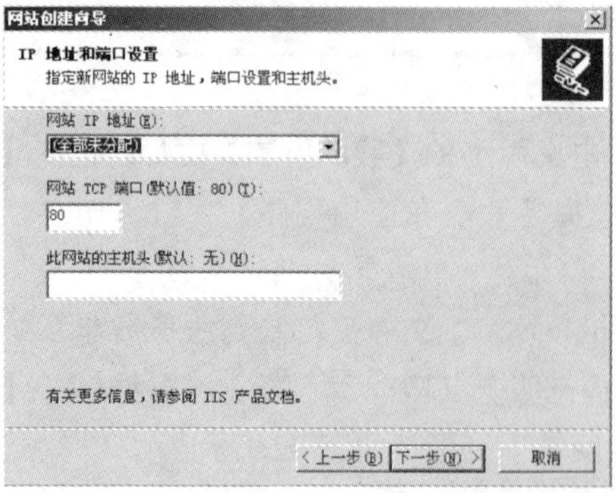

图7-5 【IP地址和端口设置】界面

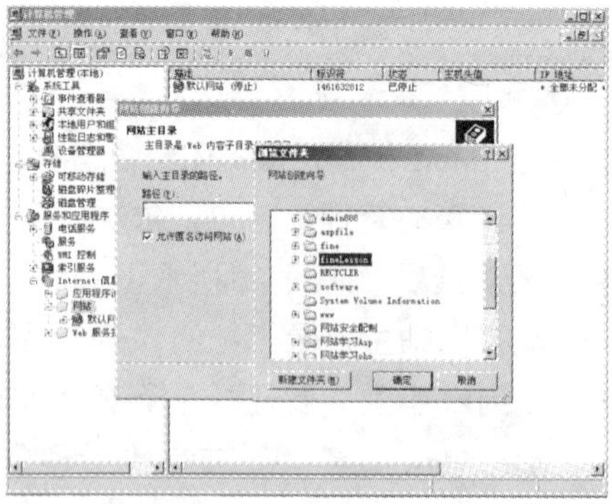

图7-6 选择“E:\finelesson”文件夹

（8）进入【网站访问权限】对话框中选中【运行脚本（如ASP）】复选框，单击【下一步】按钮，如图7-7所示。最后单击【完成】按钮，完成设置。

（9）启用父路径。右击【网站】选项，在弹出的快捷菜单中选择【属性】命令，在弹出的对话框中选择【主目录】选项卡，单击【配置】按钮，在弹出的对话框中选中【启用父路径】复选框，如图7-8所示。

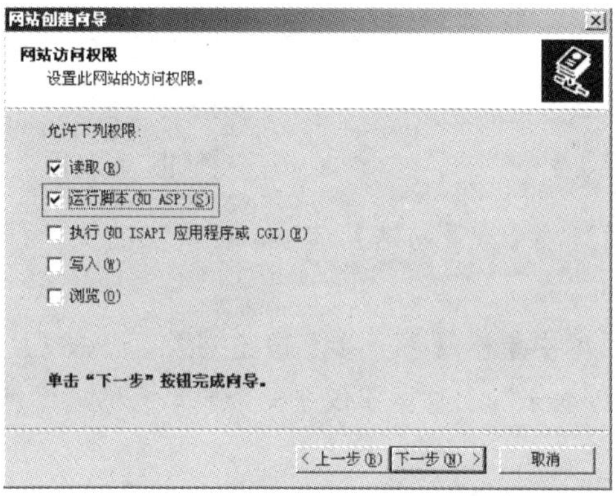

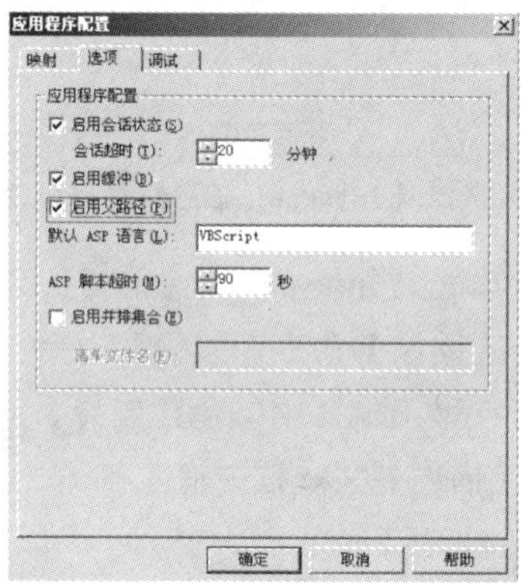

图7-7 选中【运行脚本（如ASP）】复选框　　图7-8 选中【启用父路径】复选框

（10）让IIS支持ASP。在【Internet 信息服务（IIS）管理器】下选择【Web服务扩展】选项，在右侧窗口中选择【Active Server Pages】选项，单击【允许】按钮，如图7-9所示。

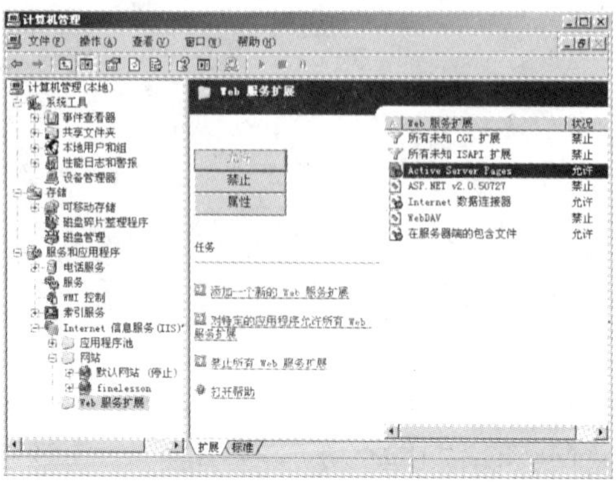

图7-9 选择【Active Server Pages】选项

IIS安全设置

（11） 禁用默认的Web站点。在【Internet 信息服务（IIS）管理器】下选择【默认的网站】选项，单击【停止】按钮。

（12）修改日志文件目录。打开Internet 信息服务(IIS)管理器，右击【网站】选项，在弹出的快捷菜单中选择单击【属性】命令，弹出【网站属性】对话框，选择【网站】选项卡，在【活动日志格式】下拉列表框后单击【属性】按钮，弹出【日志记录属性】对话框，在【日志文件目录】文本框内输入或单击【浏览】按钮选择新的默认日志目录（最好设置到非操作系统盘）。如图7-10~7-12所示。选择【高级】选项卡，选中需要记录的项目，单击两次【确定】按钮，如图7-13所示。

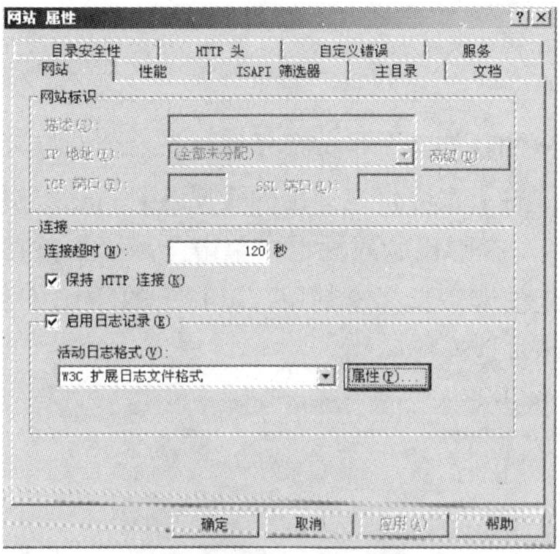

图7-10 【网站属性】对话框

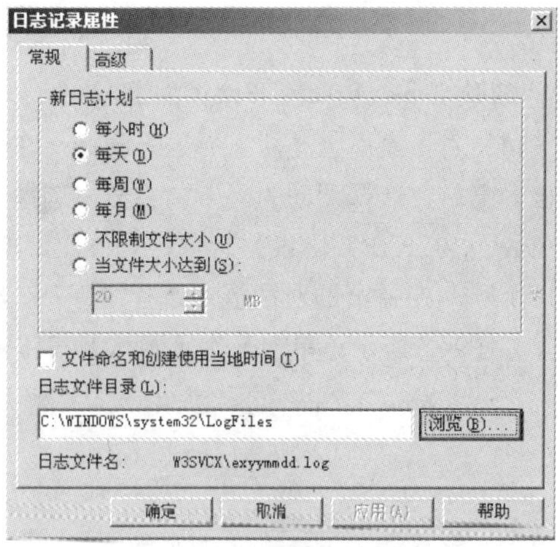

图7-11 【日志记录属性】对话框

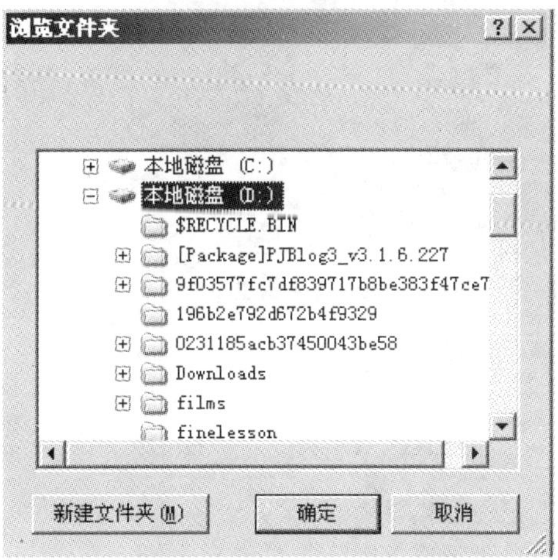

图7-12 选择存放日志目录

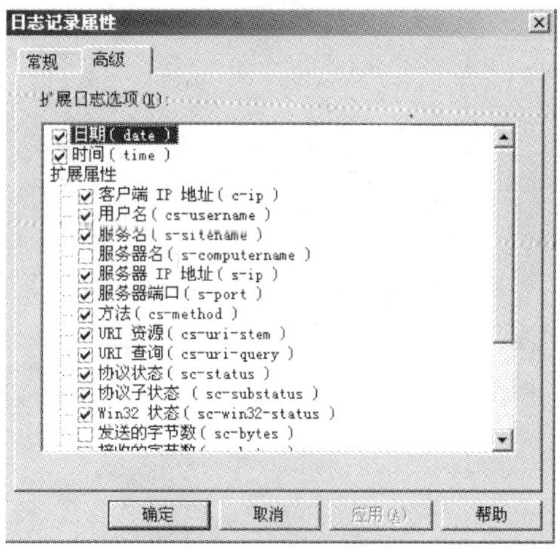

图7-13 选中需要记录的项目

(13)删除不必要的IIS扩展名映射。打开Internet 信息服务(IIS)管理器，右击【网站】选项，选择【属性】命令，在弹出的对话框中选择【主目录】选项卡，单击【配置】按钮，弹出【应用程序配置】对话框，删除不必要的应用程序映射，主要为.shtml、shtm、stm，如图7-14所示。

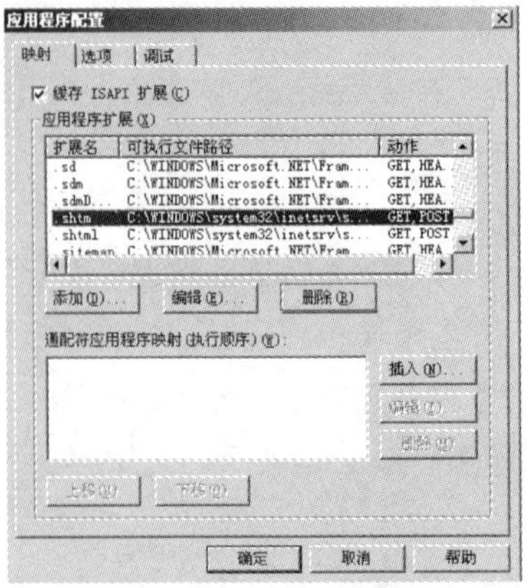

图7-14　删除不必要的映射

解除Netbios和TCP/IP协议的绑定

（14）右击桌面上【网上邻居】图标，在弹出的快捷菜单中选择【属性】命令，打开【网络连接】窗口，选择活动的网卡，右击，选择【属性】命令，在弹出的【属性】对话框中双击【Internet（TCP/IP）协议】选项，如图7-15所示。在弹出的对话框中单击【高级】按钮，如图7-16所示，在弹出的对话框中选择【WINS】选项卡。选择“禁用TCP/IP上的NetBIOS”单选项，如图7-17所示。单击三次【确认】按钮关闭本地连接属性。

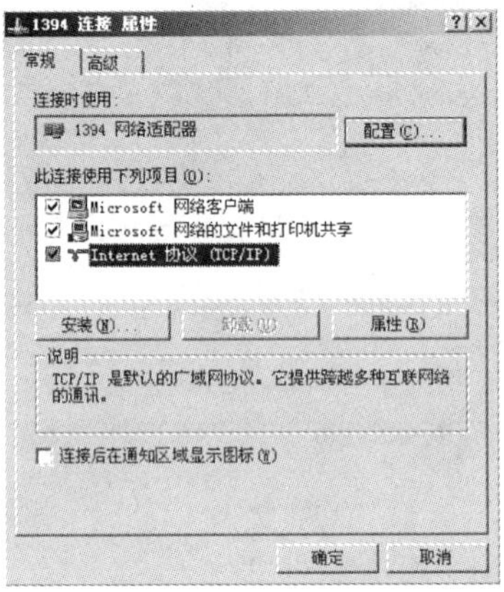

图7-15　双击【Internet（TCP/IP）协议】选项

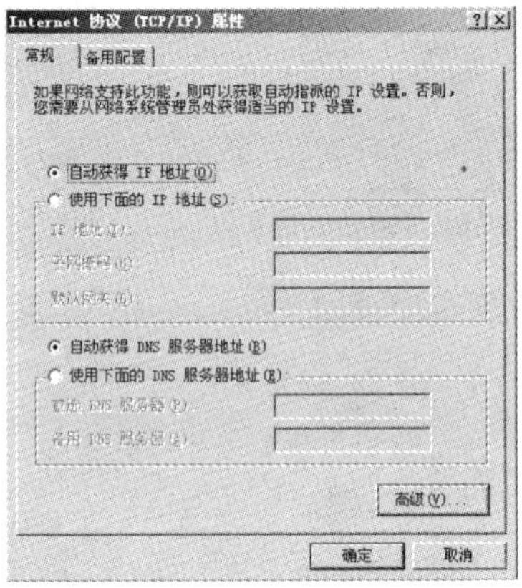

图7-16　单击【高级】按钮

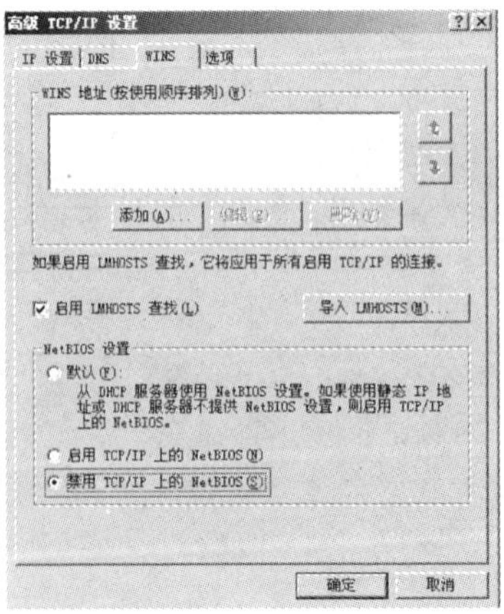

图7-17　选择“禁用TCP/IP上的NetBIOS”单选项

关闭自动播放功能

（15）选择【开始】>【运行】命令，如图7-18所示。弹出【运行】对话框，在【打开】文本框中输入“Gpedit.msc”，单击【确定】按钮，打开【组策略编辑器】窗口，如图7-19所示。依次展开【计算机配置】>【管理模板】>【系统】选项，在右侧窗口双击【关闭自动播放】选项，如图7-20所示。在弹出的对话框中选择【已启用】单选项，然后在【关闭自动播放】下拉列表框中选择【所有驱动器】选项，单击【确定】按钮完成设置，如图7-21所示。

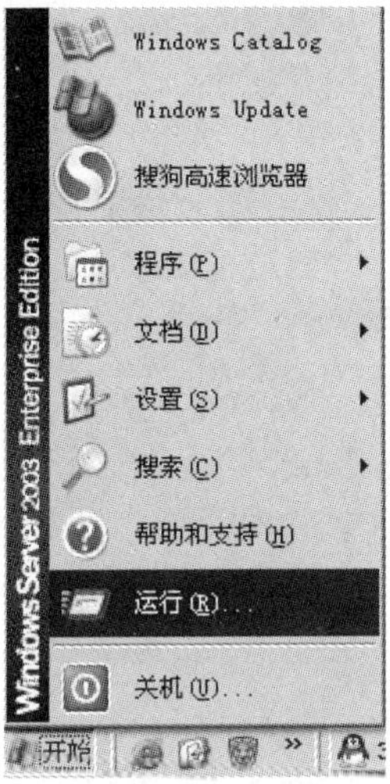

图7-18　选项【开始】>【运行】命令

图7-19　【运行】对话框

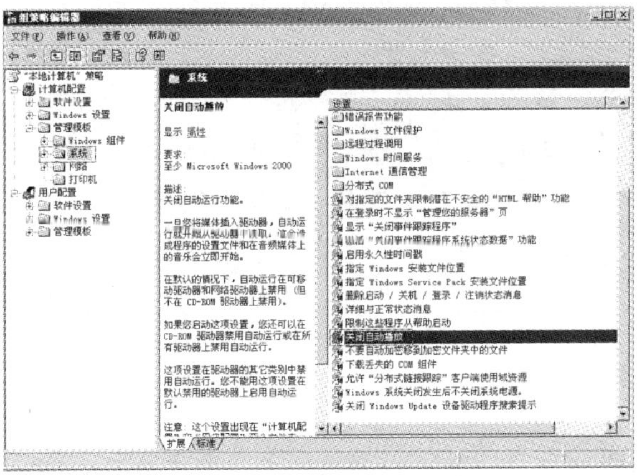

图7-20　【组策略编辑器】窗口

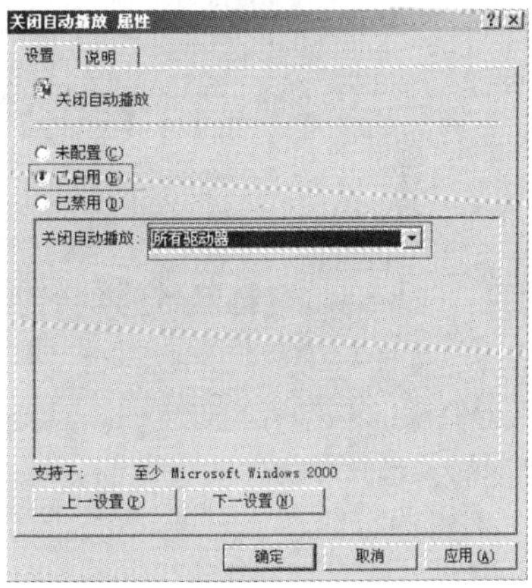

图7-21　设置关闭自动播放属性

禁止默认共享

（16）选择【开始】>【运行】命令，弹出【运行】对话框，在【打开】文本框中输入“Regedit”，单击【确定】按钮，打开注册表编辑器，打开注册表项“HKEY_LOCAL_MACHINE\SYSTEM\CurrentControlSet\Services\lanmanserver\parameters”，在右侧窗口中右击，在弹出的快捷菜单中选择【新建】>【DWORD值】命令，如图7-22所示。【数值名称】设为“AutoShareServer”，【数值数据】设为“0”，如图7-23所示。退出注册表编辑器。

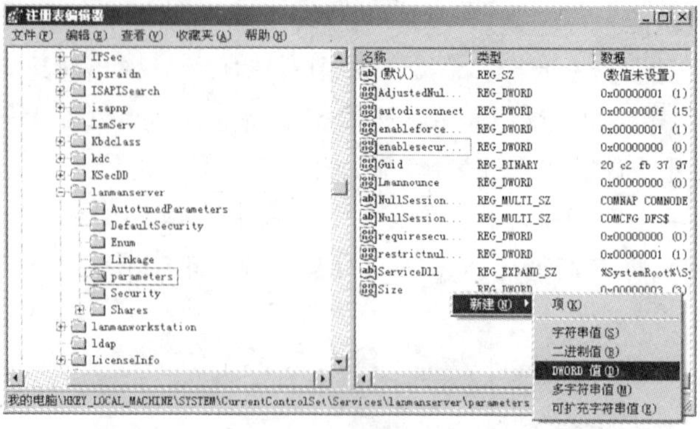

图7-22 新建DWORD值

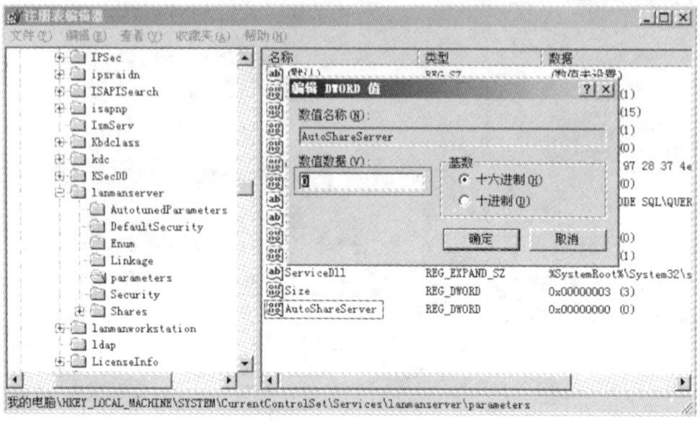

图7-23 设置DWORD值

修改远程桌面的端口

（17）远程桌面默认的3389是许多扫描工具都要扫描的，修改端口，可减少一些不必要的威胁。选择【开始】>【运行】命令，弹出【运行】对话框，在【打开】文本框中输入“Regedit”，打开注册表编辑器，打开注册表项“HKEY_LOCAL_MACHINE\SYSTEM\CurrentControlSet\Control\Terminal Server\Wds\rdpwd\Tds\tcp”，找到“PortNumber”，其默认值是“3389”（选择基数为“十进制”），如图7-24所示，将其修改为想要的端口，比如“8888”等任意的数字。再打开“HKEY_LOCAL_MACHINE\SYSTEM\CurrentContro1Set\Control\Tenninal Server\WinStations\RDP-Tcp”注册表项，找到“PortNumber”，同样，其默认值是3389，将其修改为和上面的修改一样的端口号，如图7-25所示。退出注册表编辑器。

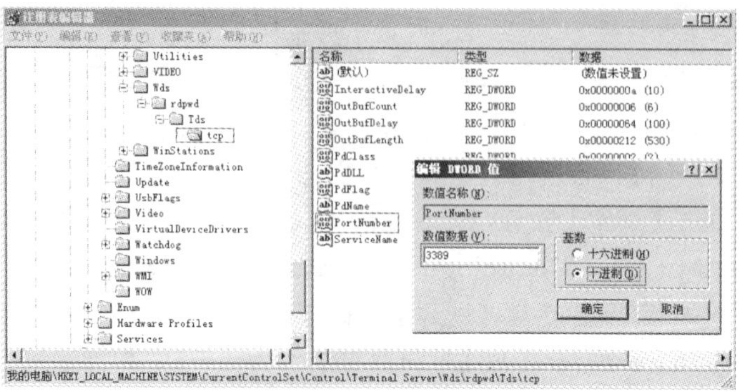

图7-24 修改端口号前

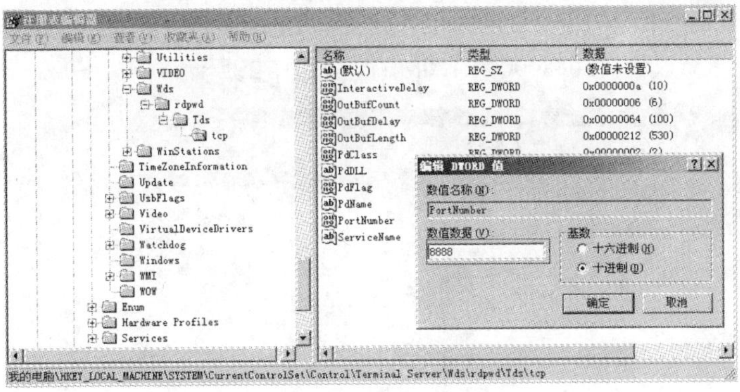

图7-25 修改端口号后

修改request最大值（最大上传文件大小设置）

（18）选择【开始】>【控制面板】>【管理】>【服务】命令，打开【服务】窗口，在服务列表中选中“IIS Admin Service”选项，如图7-26所示。单击【停止服务】按钮，关闭IIS Admin Service服务，如图7-27所示。

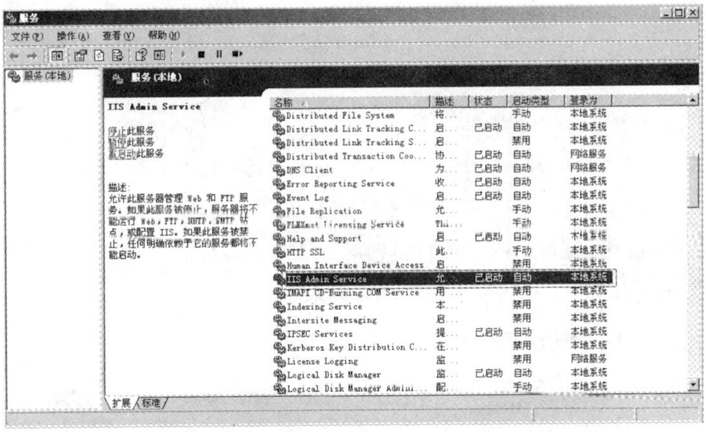

图7-26 选中“IIS Admin Service”选项

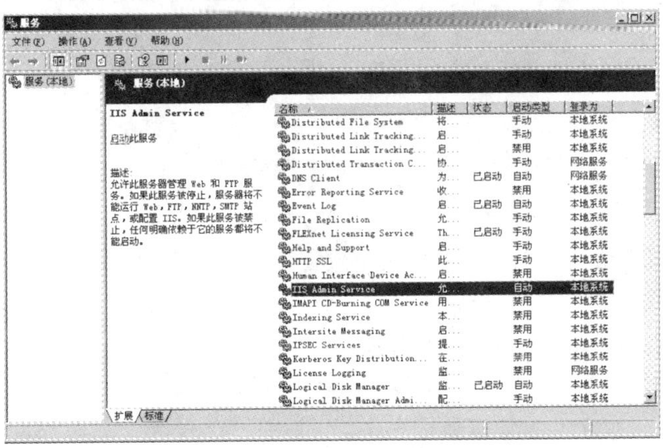

图7-27 关闭IIS Admin Service服务

（19）在“操作系统安装目录“\Windows\System32\Inesrv”(本书是C:\WINDOWS\system32\inesrv)下找到“Metabase.xml”文件并打开，如图7-28所示。找到

“ASPMaxRequestEntityAllowed”选项，这里就是上传文件最大值，默认为“204800”（200KB），把它修改为“20480000”(20MB)，如图7-29所示。

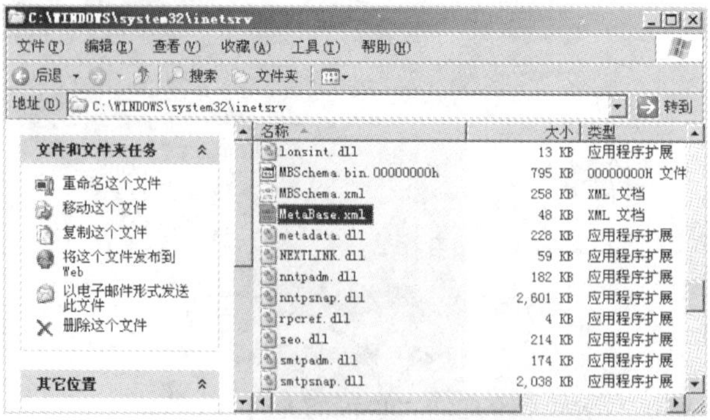

图7-28 选择“MetaBase.xml”文件

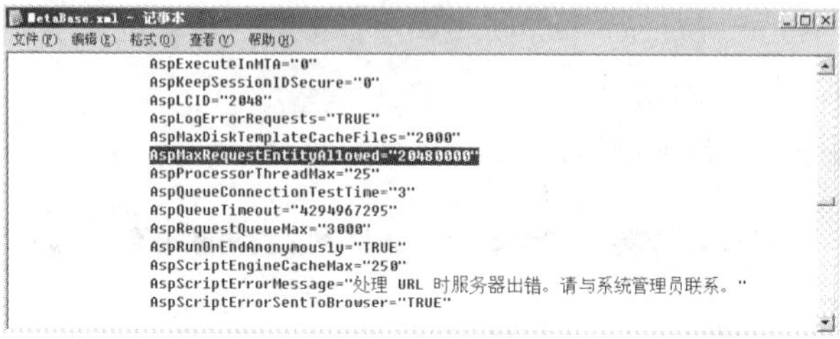

图7-29 把“ASPMaxRequestEntityAllowed”选项值修改为“20480000”

（20）选择【开始】>【控制面板】>【管理】>【服务】命令，打开【服务】窗口，在服务列表中找到“IIS Admin Service”选项并选中，单击【重新启动服务】按钮，重启IIS Admin Service服务，如图7-30所示。

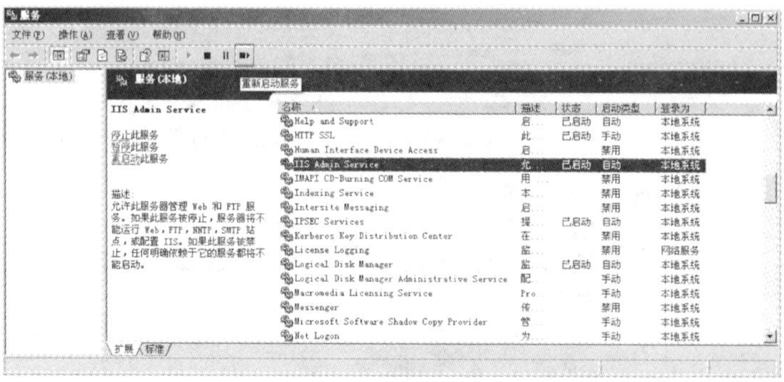

图7-30 重启IIS Admin Service服务

修改Buffer最大值（最大下载文件大小设置）

（21）和上面操作一致，先关闭IIS Admin Service服务，找到操作系统安装目录“Windows\System32\Inesrv”下的“Metabase.xml”文件并打开，找到“AspBufferingLimit”选项，将其修改为需要的值，默认为4MB，把它修改为10240000(10MB)，按上面方法，然后重启IIS Admin Service服务，修改即完成。

开启远程桌面

（22）右击桌面上的【我的电脑】图标，在弹出的快捷菜单中选择【属性】命令，弹出【系统属性】对话框，选择【远程】选项卡，选中“启用这台计算机上的远程桌面”复选框。

单击【选择远程用户】按钮，在随后弹出的对话框中添加或删除允许使用远程桌面的用户，单击【确定】完成设置，如图7-31所示。

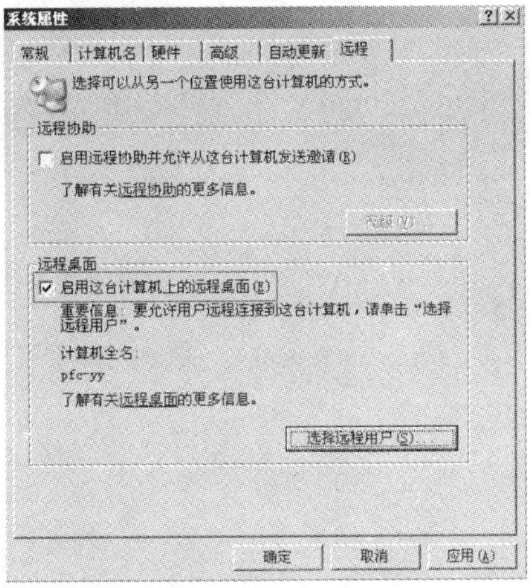

图7-31 【远程】选项卡

任务2 ASP代码优化

任务背景：

为了提高网站的运行速度，可以为ASP代码做一下优化。

任务要求：

对已经编写好的网站页面程序代码进行整理，以提高网站代码的运行速度，提高网站整体效率。

【技术要领】：提高使用request集合的效率；优化ASP中的ADO操作。

【解决问题】：提高代码运行效率。

【素材来源】：asp成品\fineLesson下的文件

任务分析：

ASP开发人员使他们在设计项目中获得更好的性能和可扩展性。

重点、难点：

强制声明VBScript变量。

操作步骤：

提高使用request集合的效率

如果不是别无选择，否则不要使用strPage=request"page"这样的形式来获取参数，因为这将按顺序搜索全部的集合——QueryString、Form、Cookies、ClientCertificate、ServerVarible，直到发现第1个匹配值的名称。这样做比直接访问适当的集合效率低，并且是不安全的，除非能绝对保证这个值不会出现在另外一个集合中。

用Dreamweaver打开“E:\fineLesson\fine”文件夹下的 “register_save.asp”文件，如图7-32所示。

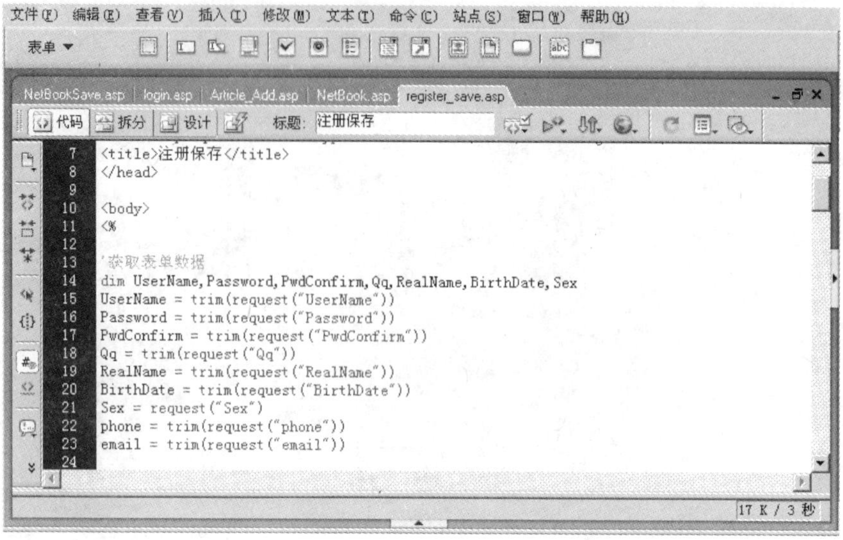

图7-32　打开“register_save.asp”文件

在这里文件中的代码段:

```
UserName = trim(request("UserName"))
Password = trim(request("Password"))
PwdConfirm = trim(request("PwdConfirm"))
Qq = trim(request("Qq"))
RealName = trim(request("RealName"))
BirthDate = trim(request("BirthDate"))
Sex = request.Form("Sex")
```

都是从表单中获取数据，应该改为request.form,修改后的代码如下：

```
UserName = trim(request.Form("UserName"))
Password = trim(request.Form("Password"))
PwdConfirm = trim(request.Form("PwdConfirm"))
Qq = trim(request.Form("Qq"))
RealName = trim(request.Form("RealName"))
BirthDate = trim(request.Form("BirthDate"))
Sex = request.Form("Sex")
```

优化ASP中的ADO操作

当打开ADO记录集时，除非需要获得所有的列，否则不应自动地使用表名（即select *）。使用单独的列意味着将减少发送到服务器或从服务器取出的数据量。即使需要使用全部列，单独地命名每个列也会获得最佳的性能，因为服务器不必再解释这些列的名字。

用Dreamweaver打开“E:\fineLesson\fine”文件夹下的“main. asp”文件，如图7-33所示。

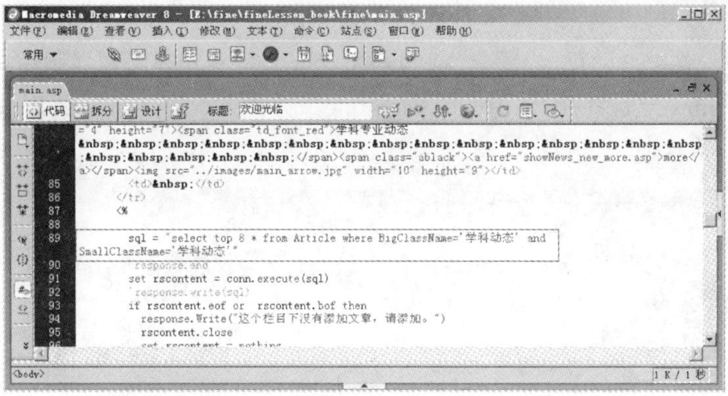

图7-33　打开"main.asp"文件

可以看出来，网页中就用到Article表中的两个字段"ArticleID"和"title"，不用把数据表中的字段都调用出来，所以进行以下修改。

把其中的语句：

sql = "select top 8 * from Article where BigClassName='学科动态' and SmallClassName='学科动态'"

改为：

sql = "select top 8 ArticleID，title from Article where BigClassName='学科动态' and SmallClassName='学科动态'"

按【F12】键运行网页，查看结果是否正常，如图7-34所示。

图7-34　运行网页

强制声明VBScript变量<% Option Explicit %>

（1）由于ASP中已经模糊了变量类型的概念，所以在进行ASP与VBScript交互的过程中，很多程序员惯于不声明VBScript的变量，这样加重了服务器的解析负担，进而影响服务器的响应请求速度。

正确方法是，在ASP 网页中加上<% Option Explicit %>语句，可以强制用户声明变量。

（2）用Dreamweaver打开“E:\fineLesson\fine”文件夹下的“Article_Save.asp”文件，如图7-35所示。

图7-35　打开“Article_Save.asp”文件代码

可以看出文件中的代码没有进行变量声明，运行起来会影响执行速度,所以在网页的最前面加上<%Option Explicit%>语句。

代码修改如图 7-36所示。

图7-36　添加<%Option Explicit%>语句

（3）加上变量声明，加入代码如图7-37所示。

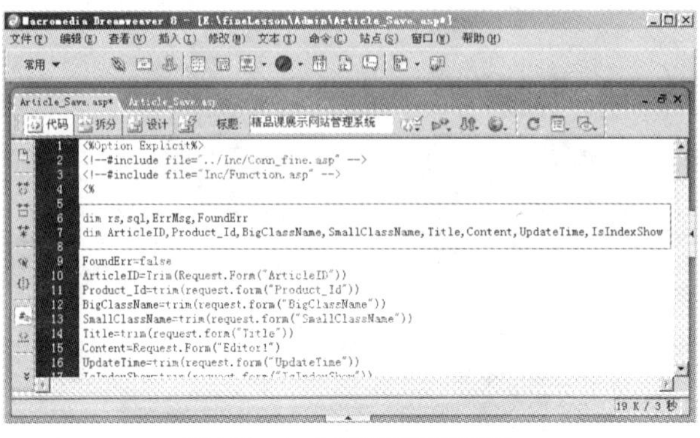

图7-37　加上变量声明代码段

使用case进行条件选择

在进行多条件选择的时候，尽量使用case语句，避免使用if语句。使用case语句可以使程序流程化，执行起来也比if语句来得快。

HTML代码和ASP代码最好不要频繁交叉

尽量使ASP代码或HTML代码连成片，以提升脚本运行效率。

如果在代码中的好几个地方用<%=...%>格式书写输出结果，那么应考虑把这些结果合到一块，用一个response.Write语句写出来，不要把HTML代码和VBScript脚本散布得太开，尽量写成成块的HTML和VBScript脚本。

适当使用绝对路径

如果可能的话尽量避免使用相对路径，而使用绝对路径。使用相对路径将需要IIS返回当前服务器路径，这就意味着对IIS的特殊请求造成执行速度低下。然而使用相对路径可以大大增强程序的灵活性和可移植性，关键在于恰当地处理这对矛盾。本书中的代码大部分使用了相对路径以提高网站的灵活性。

及时释放资源

应尽早释放对象、关闭连接等。

不要使用这样的方式，先进行处理，然后再将处理结果输出到页面，造成在处理的这段时间内，客户端页面没有任何变化。一个再有耐心的人也会因此而感到无比懊恼，应该尽量采用边处理、边输出的方式。

避免使用过多session变量

使用会话变量会降低效率，原因在于不仅需要为每位访问者创建一个变量，而且直到访问者离开20分钟后（默认Timeout设置），会话变量所占内存才会被释放。

任务3 Access数据库安全配置

任务背景：

Access数据库作为微软推出的桌面型数据库系统，由于具有操作简单、界面友好等特点，具有较大的用户群体。因此ASP＋Access成为许多中小型网上应用系统的首选方案。但ASP＋Access解决方案在带来便捷的同时，也带来了不容忽视的安全问题。

任务要求：

1.修改Access数据库存放的目录与文件名。

2.为Access数据库设置密码并修改ASP连接数据库文件。

【技术要领】：隐藏数据库中的表；防下载数据库设置；数据库加密。

【解决问题】：Access数据库安全配置。

【素材来源】：asp成品\fineLesson\inc\conn_fine.asp
asp成品\fineLesson\Databases\FinelessonData.mdb

【ASP成品】：模块7\inc\conn_fine.asp
模块7\Databases\FinelessonData.mdb

任务分析：

Access数据库是桌面程序的一种。因为其简单、方便、易用的特性受到广大用户喜爱。但其也有自己的致命缺点，当用户知道数据所在的路径的时候，就可以轻而易举的把数据库下载下来。这对于一个运行的网站来说无疑是非常危险的，用户的账号和密码，以及后台管理员的账号与密码全部暴露在外。所以上线后的网站必须要进行一定的安全配置，以保证网站的正常运行。

重点、难点：

防止数据库被下载。

操作步骤：

防止数据库被下载

（1）双击打开“E:\fineLesson \ Databases\ FinelessonData.mdb”数据库文件，单击数据库左侧的【表】选项，然后单击上方的【新建】选项，如图7-38所示。在弹出的【新建表】对话框中双击【设计视图】选项，打开表设计窗口，在第1行【字段名称】下输入“notdown”，【数据类型】选择“OLE 对象”类型，如图7-39、7-40所示。按【Ctrl+S】组合键，弹出【另存为】对话框，在【表名称】文本框中输入 “nodown”，为表起名字，如图7-41所示。单击【确定】按钮完成新建表操作。

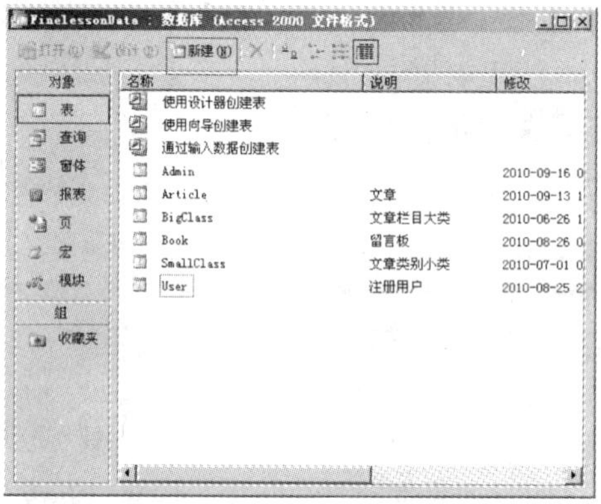

图7-38　单击【新建】选项

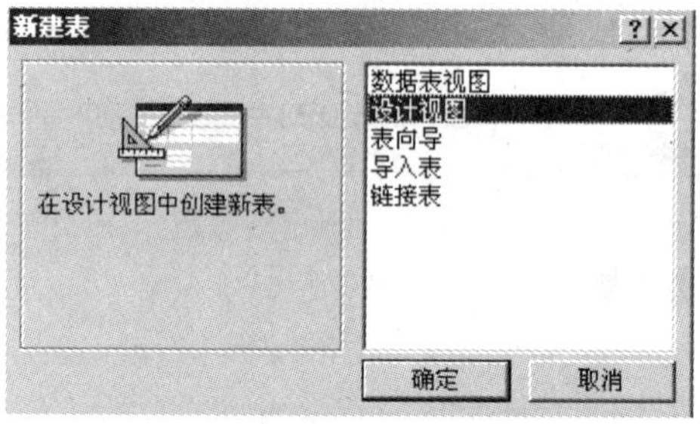

图7-39　【新建表】对话框

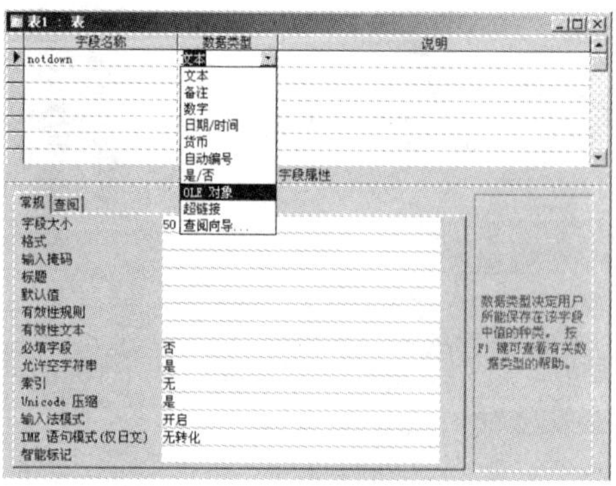

图7-40　表设计窗口

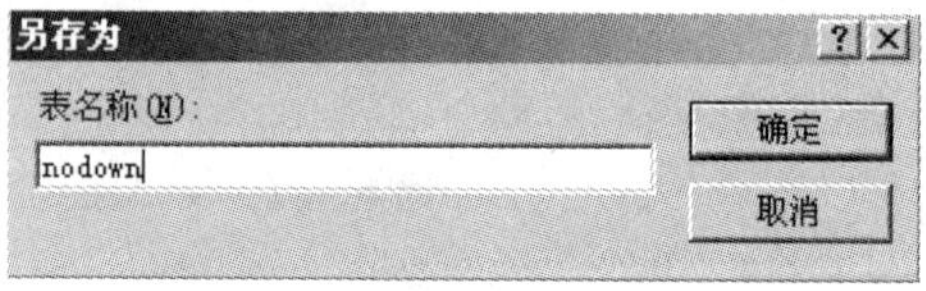

图7-41　【另存为】对话框

（2）在桌面上用记事本新建一个“aaa.txt”文件，用记事本打开，在文件里输入“<%”语句。

（3）在数据库中双击打开上面新建的“nodown”表，右击记录，在弹出的快捷菜单中选择【插入对象】命令。在弹出的对话框中选择【由文件创建】单选项，然后单击【浏览】按钮，插入之前建立的“aaa.txt”文本文件，单击【确定】按钮，完成操作。如果操作正确的话，应该可以看到一个新的名为“包”的记录，如图7-42~7-44所示。

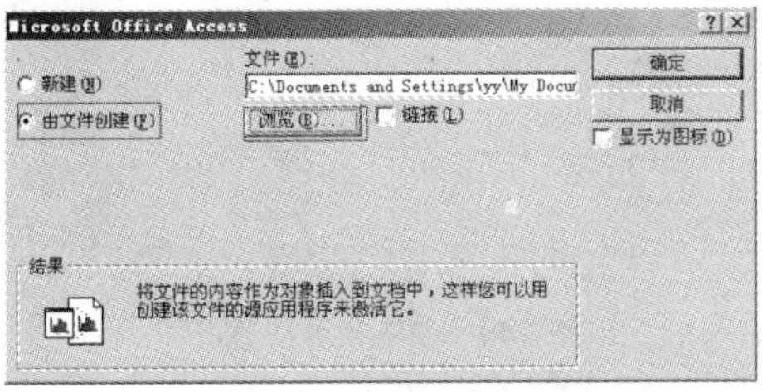

图7-42　插入对象操作

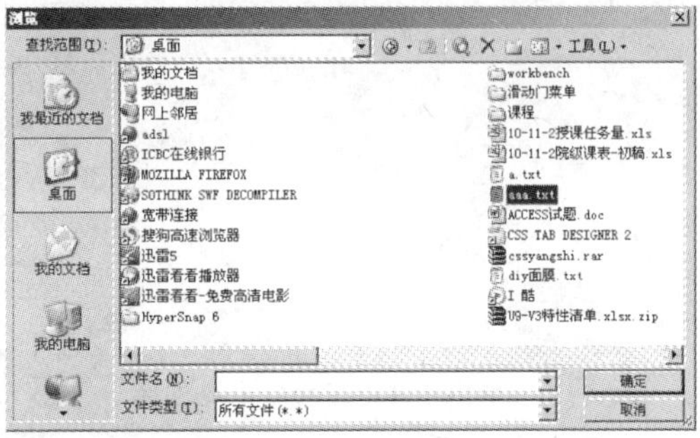

图7-43　插入“aaa.txt”文件

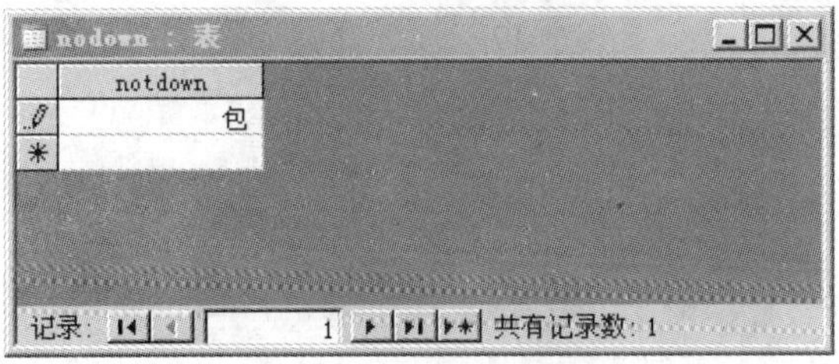

图7-44　显示一个新的名为“包”的记录

隐藏Access数据库中的表

（4）双击打开“E:\fineLesson \ Databases\ FinelessonData.mdb”数据库文件，右击“user”表，在弹出的快捷菜单中选择【属性】命令，弹出【User属性】对话框，在对话框的下方选中“隐藏”复选框，如图7-45所示。

用同样的方法把数据库中其余的表“SmallClass”、“Book”、“BigClass”、“Article”、“Admin”的属性设置为隐藏，效果如图7-46所示。

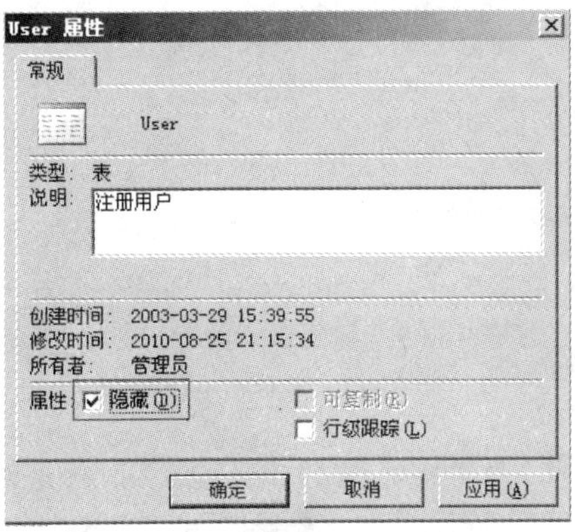

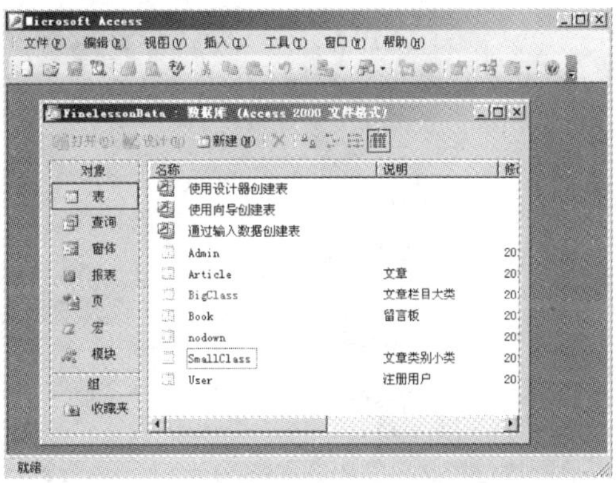

图7-45　【User属性】对话框　　图7-46　把数据库中的表全部设置成隐藏属性

（5）选择数据库菜单栏中的【工具】>【选项】命令，在弹出的【选项】对话框中选择【视图】选项卡。在【视图】选项卡中取消选中【隐藏对象】复选框，如图7-47所示。隐藏表效果，如图7-48所示。

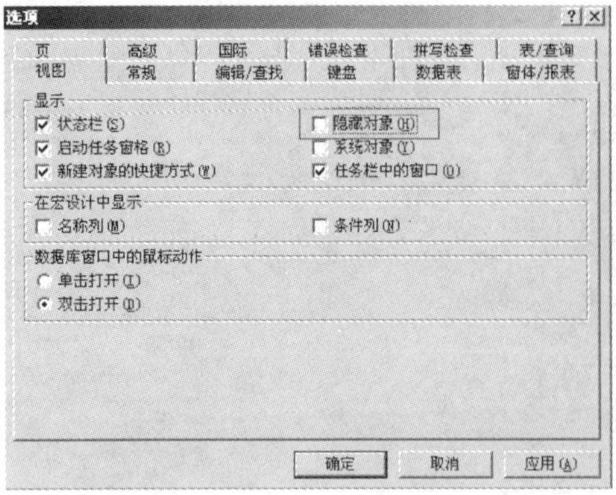

图7-47　取消选中【隐藏对象】复选框

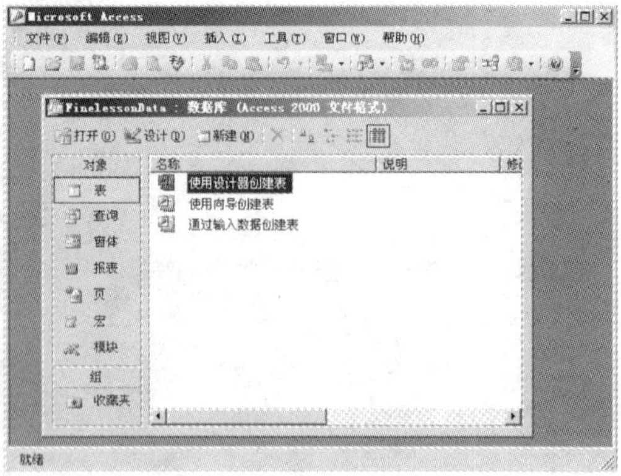

图7-48　隐藏表效果图

为Access数据库的加密

（6）打开“E:\fineLesson \ Databases”文件夹，把数据库“FinelessonData.mdb”文件重新改名为“FinelessonData1.mdb”，如图7-49所示。

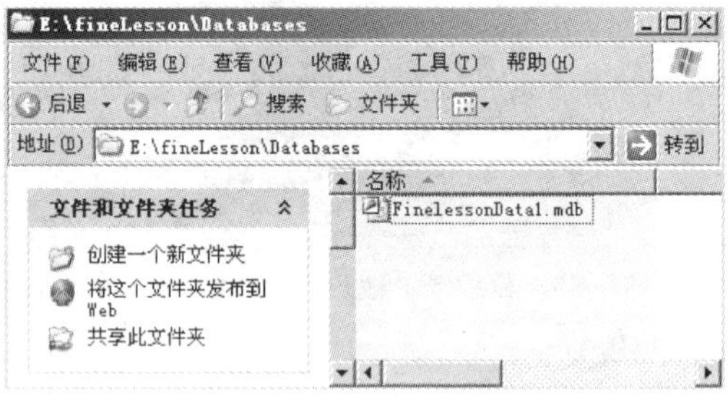

图7-49　重命名数据库

（7）在Access数据库菜单栏中选择【工具】>【安全】>【加密/解密数据库】命令，在弹出的对话框中选择数据库“E:\fineLesson \ Databases\ FinelessonData1.mdb”，然后单击【确定】按钮，弹出【数据库编码后另存为】对话框，另存为“FinelessonData.mdb”，如图7-50所示。

图7-50　另存为“FinelessonData.mdb”

注意 以上的操作并不是对数据库设置密码，而只是对数据库文件加以编码，目的是为了防止他人使用别的工具来查看数据库文件的内容。下面才是对数据库设置密码的操作。

为Access数据库设置密码

（8）以独占方式打开数据库。首先双击打开“E:\fineLesson \ Databases\ FinelessonData.mdb”数据库文件，单击“FinelessonData.mdb”数据库窗口上的【关闭】按钮，先把数据库关闭，如图7-51所示。

（9）选择【文件】>【打开】命令，弹出【打开】对话框，选择“E:\fineLesson \ Databases\”文件夹下的“FinelessonData.mdb”文件，使其被选中，然后单击【打开】按钮右边的下拉按钮，在弹出的菜单中选择【以独占方式打开】选项，如图7-52所示。

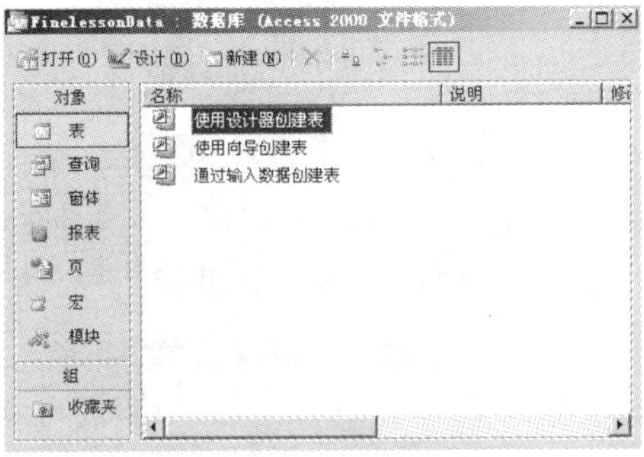

图7-51　把数据库关闭

图7-52　【打开】对话框

（10）选择数据库菜单栏中的【工具】>【安全】>【设置数据库密码】命令，在弹出的对话框中的【密码】文本框中输入“Finelesson123”，【验证】文本框中同样输入“Finelesson123”，如图7-53所示。这里注意密码输入是区分大小写字母的，“Finelesson123”与“finelesson123”不一样。这样修改后，数据库即使被人下载了，别人也无法打开（前提是数据库连接页中的密码没有泄露）。

图7-53　在“密码”和“验证”文本框中输入密码

（11）用Dreamweaver打开“E:\fineLesson \Inc\conn_fine.asp”文件。在连接数据库语句中加入数据库的密码语句uid=;password=Finelesson123;，如图7-54、7-55所示。密码设置完成。

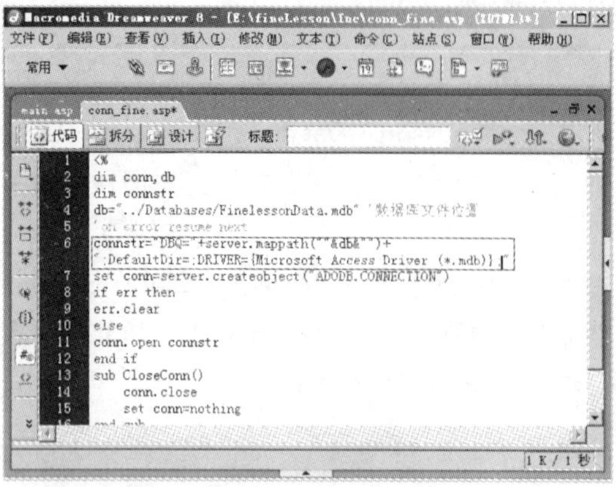

图7-54　数据库连接语句修改前

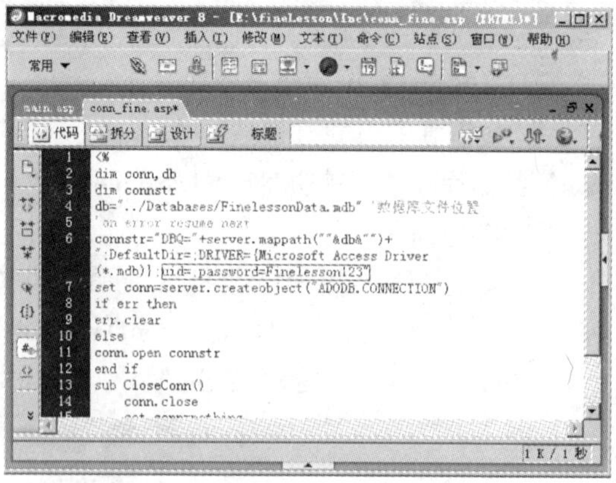

图7-55　数据库连接语句修改后

修改Access数据库的路径

（12）在“E:\fineLesson”下选择Access数据库所在的文件夹“Databases”，如图7-56所示。将文件夹改名为“Databases_apple2008@#$”，如图7-57所示。

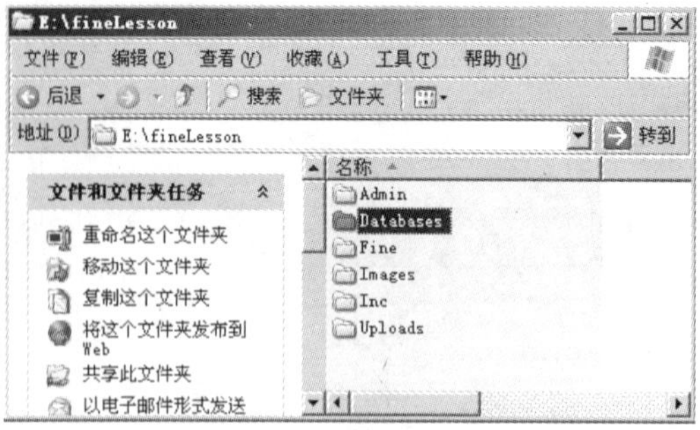

图7-56　文件夹未修改前

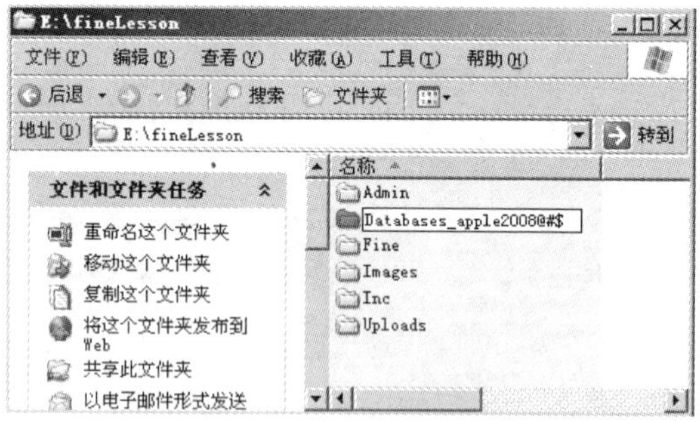

图7-57　文件夹修改后

（13）打开“E:\fineLesson\Databases_apple2008@#$”文件夹，将其中的“FinelessonData.mdb”数据库文件修改为“FinelessonData.asp”。这样假设用户猜出数据库文件路径，也不可能下载下来了，如图7-58、7-59所示。

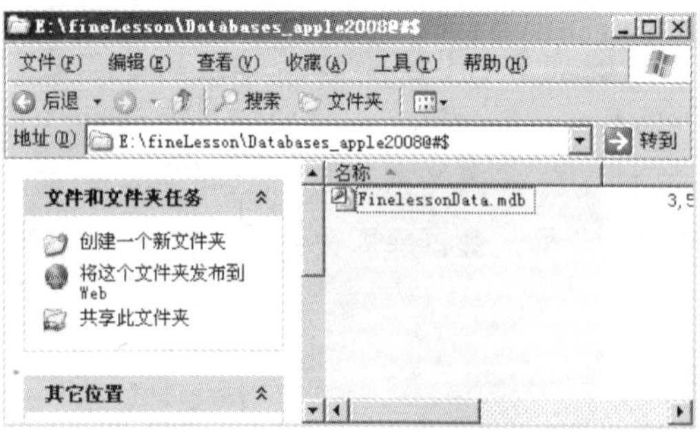

图7-58　数据库文件名修改前

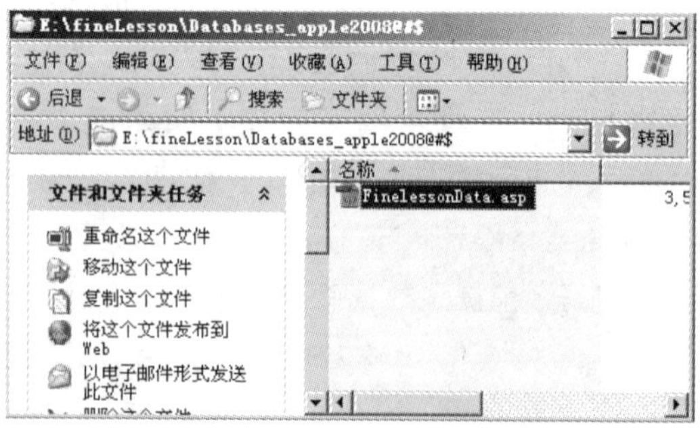

图7-59　数据库文件名修改后

（14）在Dreamweaver中打开“E:\fineLesson\inc\conn_fine.asp”文件，修改其数据库文件路径为db="../Databases_apple 2008@#$/FinelessonData.asp”，如图7-60、7-61所示。

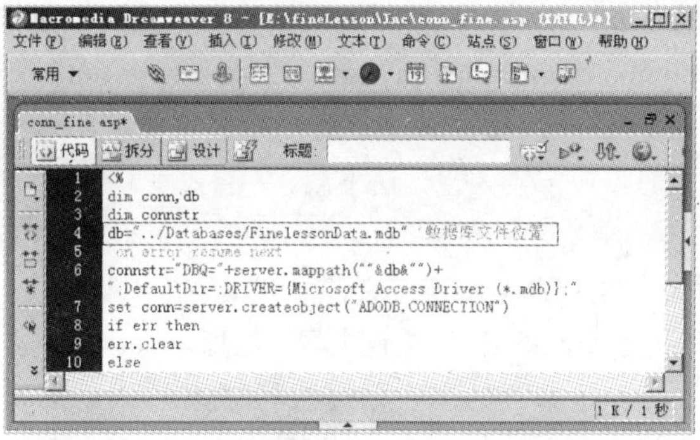

图7-60 “conn_fine. asp”数据库路径修改之前

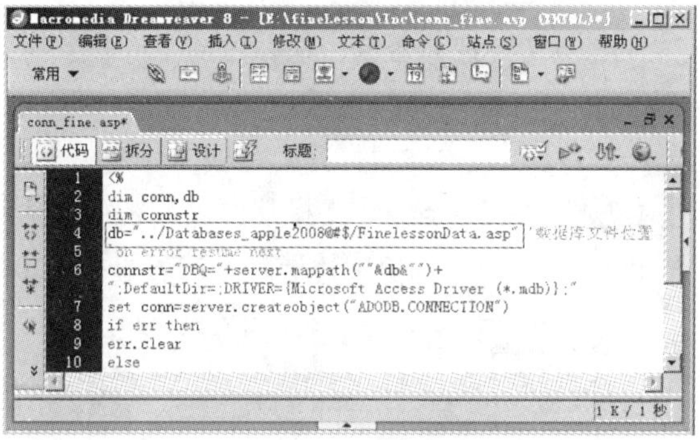

图7-61 “conn_fine. asp”数据库路径修改之后

（15）按【F12】键测试，在IE浏览器地址栏中输入“http://localhost/index.asp”，按【Enter】键，查看主页是否可以正常连接数据库。

知识点拓展

[1] IIS开启与关闭的另外方法

选择【开始】>【运行】命令，打开DOS命令输入窗口，输入“net stop iisadmin”命令，单击【确定】按钮即可终止IIS服务。输入“net start w3svc”命令，单击【确定】按钮即可重新启动IIS服务。

[2] 防止数据库下载的另两种方法

方法一：

数据库名前加“#”。只需要把数据库文件前名加上“#”、然后修改数据库连接文件（如conn_fine.asp）中的数据库地址。原理是下载的时候只能识别“#”号前的部分，对于后面的自动去掉，比如要下载：http://www.myfinelesson.com/ database /#FinelessonData.mdb (假设存在的话）。无论是IE浏览器还是FLASHGET浏览器等下载的都是http:// www.myfinelesson.com / database /index.asp(或index.htm、default.jsp等在IIS设置的首页文件)。

另外在数据库文件名中保留一些空格也起到类似作用，由于HTTP协议对地址解析的特殊性，空格会被编码为“%”如http:// www.myfinelesson.com / database /123 FinelessonData.mdb，下载时变为http:// www.myfinelesson.com / database /123% FinelessonData.mdb。而网站目录中根本没有“123% FinelessonData.mdb”这个文件，所以下载也是无效的，经过这样的修改后，即使暴露了数据库地址，一般情况下别人也无法下载。

方法二：

数据库放在网站目录外或将数据库连接文件放到其他虚拟目录下，例如，网站目录是E:\fineLesson，可以把数据库放到E:\data这个文件夹里，在E:\ fineLesson里的数据库连接页中修改数据库连接地址为“../data/数据库名”的形式，这样数据库可以正常调用，但是无法下载，因为它不在网站目录里。但是这个方法有个缺陷，就是不适合购买虚拟空间的用户。

〔3〕 撤销数据库Access数据库密码

1.在Access中选择【文件】>【打开】命令，在弹出的【打开】对话框中选择“我的电脑\E:\fineLesson\Databases\”下的“FinelessonData.mdb”文件，然后，单击【打开】按钮右边的下拉按钮，在弹出的菜单中选择【以独占方式打开】选项。

2.选择数据库菜单栏【工具】>【安全】>【撤消数据库密码】命令。在弹出对话框中的【密码】文本框中输入“Finelesson123”，单击【确定】按钮即可，如图7-62所示。

图7-62　撤销数据库密码

〔4〕 Access数据库加密可以破解

本模块中已经讲解了怎么样给Access数据库设置密码，以防止Access数据库被下载，但是要注意，由于Access数据库的加密机制比较简单，即使设置了密码，解密也很容易。该数据库系统通过将用户输入的密码与某一固定密钥进行“异或”来形成一个加密串，并将其存储在*.mdb文件从地址“&H42”开始的区域内。所以一个好的程序员可以轻松制作一个几十行的小程序就可以获得任何Access数据库的密码。因此，只要数据库被下载，其信息安全依然是个未知数。

〔5〕 Access数据库的存储隐患

本模块前面提到数据库路径，这里讲一下Access数据库存在的路径隐患。在ASP＋Access应用系统中，如果获得或者猜到Access数据库的存储路径和数据库名，则该数据库就可以被下载到本地。例如，对于网上书店的Access数据库，人们一般命名为book.mdb、store.mdb等，而存储的路径一般为“URL/database”或干脆放在根目录（URL/）下。这样，只要在浏览器地址栏中输入地址：“URL/database/store.mdb”，就可以轻易地把store.mdb下载到本地的计算机中。

〔6〕 新建表数据库防止下载的另外方法

1.先创建一个表，在SQL命令窗口内输入如下内容：

Create Table [nodown]（[notdown] oleobject）

然后选择工具栏中的【运行】工具，这样就会在当前数据库内创建一个“nodown”表，其中的字段名称为“notdown”，字段类型为“OLE对象”。

2. 将SQL查询窗口中的内容更改为如下命令：

Insert into [nodown]（ notdown） values（0x3C25）

这一句的意思是向“nodown”表的“notdown”字段中插入“0x3C25”数据（“0x3C25”为字符“<%”的十六进制）。

执行完毕后，再次查看数据库中的表，就会发现其中已多了一个“nodown”表，打开后效果如图7-63所示，字段显示的是“长二进制数据”，这种方法和某些专业ASP程序中的防下载字段相似。

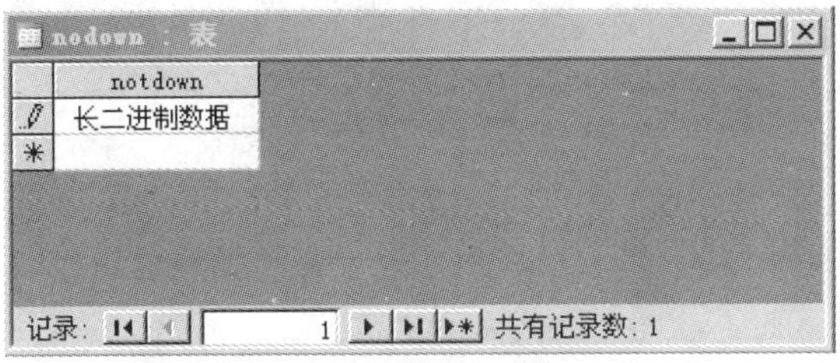

图7-63　字段显示的是“长二进制数据”

独立实践任务

任务4　优化finelesson网站的所有代码

任务背景：

本模块对优化代码举了一些例子，但是未对全部代码进行优化，这个任务要求读者对网站后台中admin中的全部页面进行代码优化，以提高网站的实际运行速度。

任务要求：

1. 检查request集合使用是否准确。
2. 优化ASP中的ADO操作，暂时不用的字段不取出来。
3. 每个页面强制声明VBScript变量。

【技术要领】：JavaScript控制表单数据；无组件上传类使用。

【解决问题】：优化代码；提高网页运行效率。

【应用领域】：ASP网站。

【素材来源】：html素材\finelesson\admin\下的所有网页代码。

任务分析：

注意在制作强制声明VBScript变量代码优化时，要把<% Option Explicit %>代码放在页面的最开始位置，否则会提示“缺少语句”错误提示。

主要制作步骤：

____

____

____

____

____

____

____

____

____

____

职业技能知识点考核

1. 在Windows 2003服务器上，修改最大上传文件大小设置。需要修改哪个文件____。修改的语句为____。

2. 开启远程桌面，需要进行哪些操作，请简要写出步骤：

3. 优化下列代码：

```
UserName = trim(request("UserName"))
Password = trim(request("Password"))
PwdConfirm = trim(request("PwdConfirm"))
Qq = trim(request("Qq"))
RealName = trim(request("RealName"))
BirthDate = trim(request("BirthDate"))
Sex = request.Form("Sex")
```

____

____

____

4. 简述一下“Access数据库安全配制”包括哪几项。

____

____

____

____